PATENT

专利创新
与转移转化
全流程

魏　亮◎著

U0650055

中国铁道出版社有限公司
CHINA RAILWAY PUBLISHING HOUSE CO., LTD.

图书在版编目（CIP）数据

专利创新与转移转化全流程 / 魏亮著. —北京：
中国铁道出版社有限公司，2024.8
ISBN 978-7-113-31064-6

I.①专…　II.①魏…　III.①专利技术-技术转让-
研究　IV.①G306.3

中国国家版本馆CIP数据核字（2024）第052090号

书　　名：专利创新与转移转化全流程
　　　　　ZHUANLI CHUANGXIN YU ZHUANYI ZHUANHUA QUAN LIUCHENG
作　　者：魏　亮

责任编辑：奚　源　　　编辑部电话：（010）51873005
封面制作：尚明龙
责任校对：安海燕
责任印制：赵星辰

出版发行：中国铁道出版社有限公司（100054，北京市西城区右安门西街8号）
网　　址：http://www.tdpress.com
印　　刷：北京盛通印刷股份有限公司
版　　次：2024年8月第1版　2024年8月第1次印刷
开　　本：710 mm×1 000 mm　1/16　印张：17.75　字数：318千
书　　号：ISBN 978-7-113-31064-6
定　　价：88.00元

序

众所周知，创新往往是从萌生一个想法开始，然后经过创新主体在自己的认知范围内对创新目标系统性的权衡和取舍，再经过对技术的攻坚和确定，最终成型。技术成型后，接下来就是专利的申请和专利的转移转化了。

我在从事知识产权工作的过程中发现，很多人对创新过程中的系统性知识认识不深，导致创新结果会出现各种各样的问题。鉴于此，为了提高创新者们的认识，也为了让创新者们更加深入地理解发明创新过程中每一环节中的要点和技巧，再加上众多朋友的强烈要求，我写了本书。

本书的内容适合以下四类人群阅读：

一是创新能力待加强者；

二是创新能力还可以，但不知道该怎么选品和做产品定位者；

三是创新能力还不错，选品定位也可以，但专利申请布局环节不擅长者；

四是创新能力还不错，选品和定位也可以，专利申请布局环节的能力也还行，但后期不知道该怎么做专利转移转化者。

不管创新主体是高校科研院所的研究人员、企业工程师，还是非职务发明人，主导创新工作的主体其实都是人。而在这个过程中，有潜力的创新主体无非分成以下两种：

第一种，创新能力很强，无师自通，具有一定的创新天赋，满脑子都是创意；第二种，天赋一般，但是通过学习掌握了一些创新的技法，从事创新工作时也可以做到游刃有余。

不管是通过天赋还是后天的学习，最终都会面对两个问题：创新该如何选择？选品完成后，产品该如何定位？据我观察，绝大部分的创新主体在这两个环节都拿捏不好。

可以说，在发明创造的整个过程中，思维阶段是创新主体的强项，但是后面的板块就是他们的弱项。选品和定位一旦做错了，再继续做下去是收获不到什么好结果的。即使后面的专利申请布局做得很好也没有太大的作用。选品和定位出现问题的创新，即便做出了产品也不会有什么市场。没有市场的产品是没有人愿意仿效的，而没有模仿者也就谈不上发挥专利的作用了。

在选品与定位环节做对的前提下，想通过专利转移环节获利的创新主体，在专利申请布局的环节一定不能出现问题。如果这个环节出现了问题，会直接影响后面的专利转移是否成功。

专利是否具有强大的排他性是专利转移的根本。专利很容易被绕开或排他性较弱，则专利转移的逻辑就不成立了。对于结构类的专利，专利的排他性尤为重要。而对于工艺方法类的专利，专利背后的技术秘密才是转移的重点。对于这类专利技术的转移，专利大概率只是幌子，因为大部分工艺配方类的专利，仅靠看专利的文本资料是做不出东西的，还是要靠专利权人在背后掌握的关键技术秘密才可以把东西做出来。

在选品与定位环节都做对的前提下，对通过专利转化环节获利的创新主体来说，专利申请布局这个环节不太重要。也就是说，这些产品专利申请质量的好与坏，甚至不申请专利，都不会给销售获利带来较大的影响。这种类型主要针对的是企业，企业做创新的目的就是产业化后获利，其本身已经具有一定的营销能力和营销体系，就算不申请专利或专利申请得不好，也可以利用现有的营销体系来获利。只是当这个产品畅销了以后，没有专利的排他性保护，创新主体的市场份额大概率会受到一定的蚕食。

在创新能力也具备，选品与定位也没有问题，专利申请布局也过得去的情况下，专利的转移转化就显得尤为重要了。因为在整个创新发明的过程中，前面的环节都是在付出，只有这个环节将专利技术转移转化才可获利。所以这个环节至关重要，务必要重视并做对、做好。

本书按照上述的逻辑分为五章来阐述这些知识点：

第一章讲述创新与创新方法论；

第二章讲述产品的选品与定位；

第三章讲述 80 个创新的案例；

第四章讲述 99 个专利方面的知识；

第五章讲述专利转移转化系统性知识。

　　我初次出书，深感写书不易，经过一年的煎熬和坚持，终于完成了本书的撰写工作。书的内容虽然写完了，但在很长一段时间内，我不知道该给本书起一个什么名字更为合适，也曾经让别人帮忙起名，但总感觉不是很好。后来想想，还是叫《专利创新与转移转化全流程》吧，书名虽不惊艳，但直观明了，读者一看就知道书里讲述什么内容。只是本来想在书名里面表达跟选品与定位相关的意思并没有如愿，不然书名太长，过于烦琐。

　　由于我才疏学浅，再加上写书的经验并不丰富，书中难免有不足之处，欢迎读者朋友们批评指正，不胜感激。

魏　亮

2024 年 5 月

目　录

第1章　创新与创新方法论

第2章　产品的选品与定位

第3章　创新案例分享

3

第4章　专利基础知识

第**5**章

专利技术的转移转化

第 1 章

创新与创新方法论

在人类历史进程中，创新一直被视为推动社会进步和发展的核心驱动力。这是因为创新能够带来技术的革新，进而引发经济的增长、社会的进步，以及人类生活水平的提高。随着社会的不断发展，创新的重要性愈发凸显，其概念已经深入每一个人的心中，并已成为推动社会发展的重要力量。

1.1 创新之道：定义、分类与重要性

1.1.1 创新的定义

创新是指以某种思维方法对特定的事或物，以提出具有目标价值的新见解为导向，在特定的环境中，利用现有的知识体系和物质资源，通过某些维度的改变，以期达到特定目的的过程。创新是为了更好更优，而不是为了哗众取宠，需要以市场为先导，形成有效的转化，才是一次成功的创新行为。同时，创新过程中要特别注重三大元素，即创新对象、创新过程和创新结果。

1.1.2 创新的分类

创新可以从不同维度进行划分，下面是十种常见的创新分类：

（1）根据创新对象的宏观性质进行分类：可分为物的创新和事的创新。

（2）根据创新的具体表现形式进行分类：技术创新、服务创新、制度创新、组织创新、管理创新、营销创新等。

（3）根据创新来源进行分类：自主创新、引进创新。

（4）根据创新范围进行分类：局部创新、系统创新。

（5）根据创新的领域进行分类：教育创新、金融创新、工业创新、农业创新、国防创新、社会创新、文化创新等。

（6）根据创新的行为主体进行分类：政府创新、企业创新、团体创新、高校创新、科研机构创新、个人创新等。

（7）根据创新的方式进行分类：个人独立创新、多人合作创新等。

（8）根据创新的意义大小进行分类：渐进性创新、突破性创新、革命性创新等。

（9）根据创新的效果进行分类：有价值的创新、无价值的创新、伪需求创新、负效应创新、无实际使用价值创新等。

（10）根据创新的层次进行分类：首创型创新、改进型创新、应用型创新等。

1.1.3　创新的重要性

随着时代的进步和社会的发展，创新已经成为企业发展的核心竞争力，同时也是推动社会进步的重要因素。在竞争日益激烈的市场环境下，企业和人才只有不断追求创新，才能保持持续的竞争力和满足市场不断变化的需求。基于此，下面将从市场需求、技术进步、产品质量和企业形象等方面，探讨创新的重要性，以便能够更好更全面地去了解创新。

1.　市场需要企业不断创新

企业立足市场，而市场永远充斥着竞争，有竞争才会驱动企业不断优化迭代产品。在激烈的市场竞争背景下，唯有不断创新，才有可能创造更多的机会，才不会被市场淘汰。

纵观当下各行业，市场竞争趋于白热化，消费者对于企业提供的产品或服务要求不断提高，企业在认真对待的同时，需要通过不断创新来满足消费者的需求，以增加企业的市场竞争力。例如，随着智能化产品的升级，日常应用中的常规产品需要更为人性化的服务，这就倒逼企业在这方面要下足功夫，否则很难在市场中体现出竞争优势；再如，随着消费者对于健康的关注度不断提高，企业也需要不断研发新的更符合健康要求的产品，以满足市场的需求，不然将被市场所淘汰。

2.　技术进步迫使企业要不断创新

技术进步是生产力的进步，生产力进步则是企业发展的推动力量，也是企业保持竞争力的必要手段，而创新正是技术进步的核心所在。在激烈的市场竞争中，企业只有通过技术创新，才能开发出更加先进、高效、可靠的产品或服务。

在制造行业中，随着机器学习和人工智能技术的不断发展，许多重复性劳动密集行业开始采用自动化生产线来提高生产效率、降低生产成本。通过自动化生产线，一些企业可以实现 24 小时不间断生产，大大提高了生产效率。同时，自动化生产线还可以实现精细化生产管理，对每一个生产环节进行精确控制和监测，从而提高产品质量和生产稳定性。

技术进步和技术创新，不仅是推动企业不断发展的核心动力，更是企业茁壮成长的根本所在。这些创新和进步不仅带来了更加先进、高效、可靠的产品或服务，同时也推动了企业生产力的提升，增强了企业的核心竞争力，使得企业能够在激烈的市场竞争中立于不败之地。

3. 产品质量需要企业不断创新

产品质量是企业获得市场认可、展示企业形象和保障客户体验的重要因素，也是企业保持竞争力的关键。许多企业能够长期繁荣，正是因为它们严格把关产品质量，不断创新。没有哪个企业可以不用创新持续售卖一个质量标准的产品，这是因为消费者对产品质量和安全性的要求并非一成不变，而是随着时间的推移会越来越高。企业要想获得生存发展，必须通过不断研发来提高产品的质量和安全性，以满足消费者的需求。毕竟产品质量始终是企业发展和消费者选择的重要因素，也是维系双方关系长期稳定的关键。

4. 企业形象需要企业不断创新

企业形象是企业在市场及用户面前的展示，是企业在市场竞争中的重要标志，也是企业保持竞争力的重要因素。面对多变的市场环境，只有通过不断创新，才能更为有效地提高企业形象和品牌价值。

例如，专大师平台定位为知识产权全产业链服务平台，在此定位下的服务板块基本已经开发完成，但现实中却一刻都不能停止开发创新。为了保持平台竞争力，需要不断挖掘用户新的需求，让开发人员开发出解决这些需求的新板块出来，并对这些新的板块功能不断迭代更新，以提高用户的体验感。这样的持续创新为专大师平台在用户心中树立了可靠、专业和前瞻性的形象。好的形象又让用户相信，选择专大师平台可以获得最新、最专业的解决方案，这种信任与支持成为专大师平台不断前进的动力，也为平台带来了更多的商业机会。

通过专大师的例子不难发现，创新是企业发展的核心，也是推动社会发展进步的重要力量。尤其是在市场竞争日益激烈的今天，只有不断创新才能保持竞争力，满足市场需求，提高产品质量，增强企业的核心竞争力。

1.2 创新方法论

创新方法是人们在长期的创新活动中，通过归纳总结而找出的规律和方法，这些规律和方法供不同人群去学习、借鉴和效仿。人们在长期的生产活动中，已经总结出了上百种创新技法，每种创新技法都有各自的特点。在实际应用过程中，要遵循不同的创新技法适用不同的领域，同一个待创新对象也可以采用多个创新技法的原则。

事实上，不管哪种创新技法，最终都会归于"变"这个字。也就是说，"变"是各种创新方法论概况总结后的高度浓缩，不管创新者学的是什么创新体系，应用的是什么创新方法，所有的创新方法其实最终都会归于"变"这个字。

这已经上升到哲学层面，因为方法论的高度概括总结本身就具有一定的哲学属性。创新人员若通过自己的不懈努力，总结归纳出来这一点，此时作为创新人员会感觉所有的创新，不管是物还是事都变得非常容易，因为他已经掌握了创新的基本原理。达到这个境界会发现创新对于他来说，已经变得非常简单了。

这就是学习创新方法论的目的，它指引创新，并给予足够的理论支持。在实际创新过程中，可以大幅度提高创新的效率和成功概率，接下来介绍几种易学的创新方法论，最后再讲我自创的 ESCC 广义创新方法论。

1.2.1　矛盾创新法

任何产品都不可能做到十全十美，从不同维度去看都会有不足之处，而这些不足之处就是矛盾点。这里提到的矛盾创新法就是通过找出待创新产品尽可能多的矛盾点，针对这些矛盾点尽可能多地想出解决这些矛盾点的方案。大多数情况下，一个产品若能找到问题的所在，那么就已经成功一半了。

矛盾创新法的具体操作步骤如下：

（1）尽可能多地寻找该产品的矛盾点。

（2）假设想出的方案可以解决这些矛盾点。

（3）用具体内容去填充假设的技术方案。

（4）保留有市场价值的方案。

（5）不断优化迭代保留下来的技术方案。

（6）在整个过程中做好优质技术方案的知识产权布局保护。

需要注意一点，实际操作过程中，当想出对某个矛盾点的解决方案时，起初可能感觉想法太过天马行空、不着边际，这时候先不要用惯性思维否定自己的想法，更不要受别人的影响，而是先顺着这个想法往下想。想象的过程充满各种机会与可能性，如果最终发现不合适，后面舍弃这个想法即可。

以生活中常见的插线板为例（如图 1-1 所示），先列出几个常见的矛盾点，当然并不局限于表格中的矛盾点，如果有兴趣，还可以想出更多的矛盾点。然后根据这些罗列的矛盾点，试着思考有几种解决方案可以解决，并将想出的方案记录在表格中。解决方案越多越好，方便后续做取舍。

图1-1　插线板

表1-1　插线板矛盾创新法举例

序号	矛盾点	方案1	方案2	方案3	方案4	方案5
1	插位空间太小					
2	不能单独控制插位的通断电					
3	插孔太大，对小孩子不安全					
4	插线板电线太烦琐					
5	输入与输出电压一样					
6	没有专门的手机充电插位					
7	无定时通断电功能					

插线板矛盾点的解决方案：

（1）矛盾点1的解决方案

其实，对于矛盾点1，只要满足插头插入插线板后，在物理空间上不产生干涉，所有符合插线板标准要求且具有市场价值的技术方案都是可行的。下面列举几个解决方案，供大家参考。

矛盾点1的解决方案1：围绕中心转轴可以旋转的插线板，插位可以围绕中心轴进行旋转，避免插头互相干涉的问题，如图1-2所示。

图1-2　围绕中心转轴可以旋转的插线板

矛盾点1的解决方案2：骰子形插线板，多个面可以插入插头，避免插头互相干涉的问题，如图 1-3 所示。

　　矛盾点 1 的解决方案 3：分线插线板，这种设计由总线进行了多支分线，使得插头之间没有互相干扰的可能，如图 1-4 所示。

图 1-3　骰子形插线板

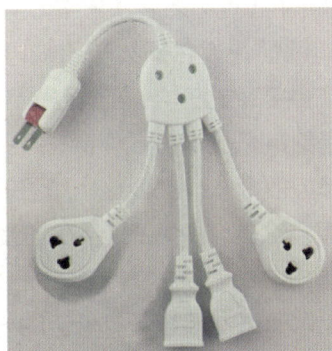

图 1-4　分线插线板

　　矛盾点 1 的解决方案 4：插线板由原来的平面化设计改为立体化设计，且由多个模块组成，每个模块之间可以转动。这种设计一般不会发生插头之间的干扰，若发生插头干扰，转动模块即可轻松解决，如图 1-5 所示。

　　矛盾点 1 的解决方案 5：插线板每个插位要旋转才能将插头插入，一定程度上解决了插头之间互相干扰的问题，如图 1-6 所示。

图 1-5　立体模块化插线板

图 1-6　旋转插位插线板

　　假设上面五种方案都是首创的，初步判断这五种都具有市场价值，且生产制造成本也不高，这种情况下可以不用取舍，全部保留下来。同时，若这五种方案的专利新颖性、创造性都比较好，则全部申请专利，并做好每一种方案的布局保护工作。

除了上面这五种解决方案外，其实还有很多可以解决插头之间互相干扰问题的解决方案，读者可以开动脑筋思考一下。

（2）矛盾点2的解决方案

现有的插线板在插线板的输电端设有总的开关，按下总开关整个插线板每个插位都会接通或断电，而无法单独控制插位的通断电。解决这个问题最简单的方法就是给每个接电单元设置一个开关，需要接通或断开哪个插位就按下哪个开关，简单但很高效。实现这个想法的解决方案有三个，具体如下：

矛盾点2的解决方案1：在插线板的每个插位设置开关，如图1-7所示。

矛盾点2的解决方案2：在插头上设置开关，如图1-8所示。虽然这不是在插线板上做改进，但想到有价值的方案先不要舍弃。

图1-7　每个插位设置开关的插线板　　　　　图1-8　带开关的插头

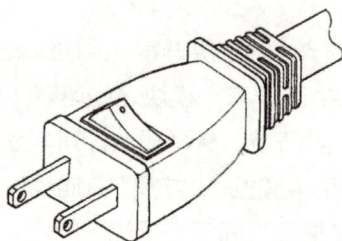

矛盾点2的解决方案3：在用电器电线上设置开关。在整体思考系统性解决方案时，不要局限于插线板，可以发散到待创新目标的外围，没人规定外围不可以思考，如图1-9所示。

（3）矛盾点3的解决方案

插孔太大，对小孩子不安全的解决方案：可以堵住插孔，如图1-10所示，也可以改变内部机构，即使不小心将手指头伸进去也不会触电。

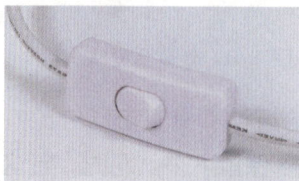

图1-9　带开关的电线　　　　　图1-10　插孔堵塞器

（4）矛盾点 4 的解决方案

插线板电线太烦琐。有时候现场需要一个线长为 1 米的插线板，但找来的却是 5 米的插线板，线放在地上很凌乱，一点也不美观。解决方案可以参考卷尺原理，将线收在插线板内部。图 1-11、图 1-12、图 1-13 所示的 3 种解决方案大体上一致，基本都是将线藏在插线板本体中。另外，也可以在线上设置某个收线装置方便收线。

图 1-11　带有收线功能的插线板

图 1-12　带有收线功能的插线板

图 1-13　带有收线功能的插线板

（5）矛盾点 5 的解决方案

输入与输出电压一样。常用的插线板都是输入输出电压一样，但有些国家的电压是 110V，如日本和美国，去这些国家需要带特殊的转换设备，十分不方便。其实，可以直接将电压可调装置安装在插线板上，不管去哪个国家都可以直接使用，如图 1-14 所示。

图 1-14　可调电压的插线板

（6）矛盾点 6 的解决方案

没有专门的插位，每次给手机充电还得用手机充电器。手机充电器插头的体积往往比较大，会出现与其他插头争抢插线板空间的现象。其实可以在插线板上设置 USB 充电接口，将充电器隐藏在插线板内部，即可轻松解决这个问题，如图 1-15 所示。

（7）矛盾点 7 的解决方案

常规的插线板没有定时通断电功能，而现实中常需要让某个用电器工作一段时间后断电，或者在某个时间点接通电源，这种情况下常规插线板就无能为力了。解决办法就是在插线板上设置定时功能，如图 1-16 所示。

图 1-15　带有 USB 充电接口的插线板

图 1-16　带有定时功能的插线板

插线板上除了表格中列出的矛盾点外，还有没列出的矛盾点，读者可以开动脑筋仔细思考，并参考上面的方法给出可能的解决方案。上述方案发明、实用新型、外观设计三种类型的专利，理论上都可以申请，实际中需要根据情况具体问题具体分析。

1.2.2　头脑风暴法

头脑风暴法也称集思广益法、自由思考法、智力激励法等。这个做法的目的就是充分利用参会者的头脑，像狂风暴雨一样，想出许多种方法，然后从中选择有价值的方法。

头脑风暴法的特点，是让参与者敞开思想，提出的各种设想再相互碰撞，并在碰撞过程中激起脑海的创造性风暴。这是由创造学家奥斯本于 1939 年首先提出的，并于 1953 年首次发表的一种激发性思维的方法。

头脑风暴法使用过程中，为了保证创造性讨论的有效性，一般都要设置会议的讨论规则。具体操作过程中，由领导者或组织者有组织、有规则地组织多人针对某个议题集体思考、集体设想，使思维碰撞产生火花，进而达到集思广益的效果。

从程序来上来说，组织头脑风暴法关键在于以下几个环节：

（1）确定议题及规则。为了用好头脑风暴法，领导者或组织者必须在会前确定一个参会议题，让所有参会者都明白，这个头脑风暴会议想要解决什么问题，同时也要明确是否限定解决问题的方案范围，以及整个会议的规则是什么样的。较为具体的议题，有利于参会者较快进入状态、产生设想，而明确的规则有利于主持者掌握整个会议的局面。

（2）参会前的准备工作。为了提高会议效率，可以在会前收集一些与会议待解决问题有关的资料，提前发给大家以供参考，以便参会者了解与议题有关的内容，让他们事先开动脑筋，以便更好地沟通交流。至于会场条件方面，没有特别严格的限制，一般会议室即可，发言时轮流就行。

（3）参会人选的确定。一般情况下，人太少没有气氛，不利于激发参会人员的大脑；人太多会让效率比较低，言论过于庞杂，导致过程不易掌控。这里建议 5 ～ 15 人为宜。

（4）头脑风暴阶段。人员就座后，主持人要重点讲清楚本次头脑风暴讨论什么议题及会场纪律的一些要求，在会议进程中启发和引导与会人员，并安排一个人作为会议记录员。头脑风暴开始后，所有人员都要发言，按照顺时针或逆时针转动，遇到暂时没有想法的，可以让下一个先发言。某人回答问题时，要求其他人保持倾听状态，千万不要嘲笑。对待每个发言，不论想法好坏，全程都要做好记录工作。

（5）风暴末尾。头脑风暴会议结束，要将所有参会者的方案分门别类地进行研究、评价、筛选，从中选出有价值的方案来。最后说一下会议时间，一般情况下，由主持人灵活决定，不宜过长，以 30～45 分钟为宜。

（6）头脑风暴法成功要点。在整个头脑风暴会议中，参会者可以自由表达观点，不要受任何限制。禁止直接反驳或批评他人观点，因为这会破坏氛围并降低参会者的积极性。此外，主持人也不应进行自谦式自我批评，因为这会打乱发言节奏，不利于下一轮想法的提出，妨碍了进程的完整性。采取这些措施是为了收集更多想法，因为数量是头脑风暴的关键，有了数量基础，才能筛选出有价值想法，这是整个风暴的灵魂和目的。

1.2.3 奥斯本检核表法

创新活动离不开问题的提出，提问不但能促进人思考，还能在一系列问题提出后，使人们捕捉到创新的立足点。奥斯本发现很多人不善于提问或不愿意提问，针对这个现象，奥斯本将创新过程中可能的提问分成了九大类，共计 75 个问题，并汇总成了一个表格。这个表格就叫奥斯本检核表，这个创新方法就叫奥斯本检核表法。

奥斯本检核表法是按照某种特定要求制定的检核表，主要用于新产品的研制开发。其作用是引导创新主体在创造过程中，对照九个方面的问题进行思考，以帮助人们突破不愿提问或不善提问的心理障碍，通过逐项检核，强迫思维扩展，突破旧的思维框架，开拓创新的思路。这种方法有利于提高发现创新的成功率，可以产生大量的原始思路和原始创意。这九个大类，分别为能否他用、能否借用、能否改变、能否扩大、能否缩小、能否代用、能否重新调整、能否颠倒、能否组合。

奥斯本检核表法（表1-2）在众多的创造技法中，是一种产生创意比较好的方法。其通过直接的方式激发人们的思维活动，让人们横向思考问题。由于创新效果突出，被誉为创造之母。不少人运用该方法产生了很多不错的发明创造，很多人因此而收益。

表 1-2　奥斯本检核表法

检核项目	含　义
能否他用	现有的东西（如发明、材料、方法等）有无其他用途？保持原状不变能否扩大用途？稍加改变，有无别的用途

检核项目	含　义
能否借用	能否从别处得到启发？能否借用别处的经验或发明？外界有无相似的想法，能否借鉴？过去有无类似的东西，有什么东西可供模仿？谁的东西可供模仿？现有的发明能否引入其他创造性设想中
能否改变	现有的东西是否可以进行某些改变？改变一下会怎么样？可否改变一下形状、颜色、音响、味道？是否可改变一下意义、型号、模具、运动形式？改变之后，效果又将如何
能否扩大	放大、扩大。现有的东西能否扩大使用范围？能不能增加一些东西？能否添加部件、拉长时间、增加长度、提高强度、延长使用寿命、提高价值、加快转速？等等
能否缩小	缩小、省略。缩小一些会怎么样？现在的东西能否缩小体积、减轻重量、降低高度、压缩、变薄？能否省略？能否进一步细分？等等
能否替代	能否代用。可否由别的东西代替？由别人代替？用别的材料、零件代替？用别的方法、工艺代替？用别的能源代替？可否选取其他地点
能否调整	从调换的角度思考问题。能否更换一下先后顺序？可否调换元件、部件？是否可用其他型号？可否改成另一种安排方式？原因与结果能否对换位置？能否变换一下日程？更换一下，会怎么样
能否颠倒	从相反方向思考问题，通过对比也能成为萌发想象的宝贵源泉，可以启发人的思路。倒过来会怎么样？上下是否可以倒过来？左右、前后是否可以对换位置？里外可否倒换？正反是否可以倒换？可否用否定代替肯定？等等
能否组合	从综合的角度分析问题。组合起来怎么样？能否装配成一个系统？能否把目的进行组合？能否将各种想法进行综合？能否把各种部件进行组合？等等

以风扇为例（图 1-17），创新性设想对应表 1-3。

图 1-17　风扇

表 1-3　创新性设想表

序号	检核类别	创新性设想
1	能否他用	①粮食的粒皮分离装置；②除烟装置；③洞内新风装置
2	能否借用	①衣架电风扇；②借用压电陶瓷制成的无翼电风扇
3	能否改变	①可吹出香味的电风扇；②可吹出冷热风的电风扇；③带有两个吹风单元的电风扇
4	能否扩大	①做成超大电风扇；②超高转速电风扇；③增加立柱高度将下部变成挂衣区电风扇
5	能否缩小	①超小电风扇；②无叶电风扇；③超薄电风扇
6	能否替代	①玻璃纤维风叶的电风扇；②全木质材料的电风扇；③烧酒精的斯特林发动机电风扇
7	能否调整	①模拟自然风的电风扇；②空气过滤电风扇；③根据人群调整吹风角度电风扇
8	能否颠倒	①利用转栅改变送风方向的电扇；②全方位风向的电扇
9	能否组合	①带音乐的电风扇；②飞机造型的电风扇；③智能对话的电风扇

1.2.4　ESCC 广义创新法

1. ESCC 广义创新方法论的基本原理

ESCC 广义创新理论是我 2010 年前后创立的一个简单易上手的创新方法论。这个理论不仅包括产品创新，还包括商业模式创新、管理方法创新、营销创新等事的创新。比起常规的创新方法论，其创新面更广泛，在现实生活中用处更大，实用性也更强。不管是什么人，只要学会这套理论，对工作、学习、生活都会有极大的帮助。

ESCC 广义创新理论的基本原理如下：不管是事还是物，都是由基本元素组成的，这些元素都是由众多物理量叠加而成，而这些基本元素的物理量，从不同的维度都可以改变，针对每一个元素的物理量进行变化，筛掉没有价值的变化，留下有价值的变化，即可实现创新目的。

ESCC 广义创新理论中的每个字母所对应的单词为：

这里的 E（element）是元素，S（split）是拆分，C（change）是改变，C（choose）是选择。元素和拆分往往是一起进行的，对于物来说，可将物拆分成组成物的一级元素和组成一级元素的二级元素。每一个物的基本元素包括但不局限于以下物理量：重量、体积、厚度、尺寸、形状、数量、颜色、密度、声音、气味、发光、透明度、温度、压力、材料、硬度、表面粗糙度、均匀性、耐受性、可靠性、运动状态等。这些物理量对于某一特定物体来说，在某一范围内都是确定的、唯一的，或存在某一范围区间。

ESCC 创新理论的创新步骤分四步。

第一步：对组成物的这些元素进行拆分。

第二步：列出每一个元素背后的物理量。

第三步：对每一个物理量进行多维度改变。

第四步：说出每一个维度改变后的好处和坏处，筛选出有价值的变化。

需要注意的是，第一步的元素拆分，可以先拆出组成物这个系统中的一级元素，每一个一级元素理论上还可以再更进一步细致拆分为二级元素，是否要再细分为二级元素，考虑具体的需要；在罗列每一个元素背后的物理量时，可用这个理论提供的一些物理量作为参考，但不应局限于这些物理量，创新者还可以对某个物理量进行延展和细化，如尺寸分长宽高；至于耐受性可以是耐候性、耐酸碱度、抗压性、抗拉性、抗疲劳性等。在做第三步改变的时候，要注意物理量与自身系统中其他元素之间的关系，以及物理量与人文环境和自然环境的关系。

对于事来说，绝大部分事件的组成都会包含物，这种情况下，物的创新依然参照物的创新方法步骤即可。而对于纯粹的事来说，整件事情还是会由元素组成，只不过纯粹事的元素，有时不需要涉及像物一样的物理量，只需要对参与事的元素进行改变，围绕事的主旨留下有用的元素改变即可。即对于纯粹事的创新，可能存在无 ESCC 创新理论上面的第二和第三步的情况。

2.　用 ESCC 广义创新法对物进行创新举例

下面举一个实际物的创新案例，可以了解 ESCC 广义创新理论是如何应用的。

探讨物的创新，以实际案例为证，选择一瓶娃哈哈纯净水（图 1-18），看看哪些元素物理量的改变，可以解决现实中的问题或实现商业上的目的。第一步进行元素拆分，一瓶娃哈哈纯净水包括瓶盖、瓶体、包装纸，还有里面的水五个元素组成；第二步参照给出的物理量（重量、体积、厚度、尺寸、形状、数量、颜色、密度、声音、气味、发光、透明度、温度、压力、材料、硬度、表面粗糙度、均匀性、耐受性、可靠性、运动状态等），列出这五个元素自身的物理量，然后对每个元素所对应的物理量从人文环境和自然环境角度进行改变，最后筛选出物理量改变后有价值的方案。下面以瓶体为例进行分析。

与瓶体相关的物理量有体积、厚度、尺寸、形状、数量、颜色、声音、发光、透明度、材料、耐受性、可靠性。接下来从人文角度和自然角度，来逐个讨论这些物理量的改变及改变的价值与意义。

（1）瓶体的体积

瓶体的体积可以变得更大一些，如由 596 mL 改成 1 500 mL、3 000 mL、5 000 mL 的，变大后盛水量增大，大容量瓶装水比较适合投放用水量比较大的场合，且外出携带更加规范统一。瓶体的体积也可以变得更小一些，如改成 350 mL，这个就是现在市售的小瓶娃哈哈纯净水。当然也可以再小些，如改成如果冻一般大小的容量，一口即可喝完。

（2）瓶体的厚度

目前娃哈哈瓶体的厚度为 0.2 mm，如果增厚到 0.3 mm，整个瓶子质感会增加，但成本同时也会增加，且喝完水后，瓶子压扁变得困难，不利于减小体积运输，环保方面也不是很友好。仅在瓶体材料本身厚度上做文章的话，一般市售纯净水瓶子的厚度都不会太厚，像怡宝和康师傅与娃哈哈的瓶体厚度差不多在一个档次上。瓶体厚度变薄到 0.1 mm 或 0.15 mm，瓶体成本会下降，但强度也会变差，手握时质感也会下降，且不会利于销量的增加，还存在易于变形的风险。不过变薄有利于环保，如冰露纯净水瓶壁厚就比娃哈哈纯净水瓶要薄，但变薄后体验感要差些，但是喝完水后瓶子更易挤压缩小体积，对环保比较友好。

上面仅考虑了瓶体本身材料的薄厚问题，也可以考虑给纯净水瓶外加保温材料，在冬天室内较高温度的水拿到室外低温环境下不至于迅速变冷，夏天冷藏的水放在高温环境下不至于迅速变热。这个是可以考虑的，目前大部分瓶装水不具备保温功能。

（3）瓶体的尺寸

596 mL 娃哈哈纯净水瓶体的尺寸高度为 230 mm，瓶身直径为 66 mm，瓶口外径为 23 mm。瓶体尺寸的改变，势必会改变瓶体的体积，这个和前面的瓶体体积改变会有重合部分。将瓶体的高度增加，会导致瓶子的重心不稳，意义不大，除非将瓶子变高的同时也变大瓶身直径。降低瓶体的高度，这个和 350 mL 小瓶娃哈哈纯净水的瓶体高度是一样的，某种程度上，还是很受市场欢迎的。在高度不变的情况下，将瓶身直径变大，盛水能力变强，但高度和直径之间的协调比例会变差，是否易于拿取存放、外观是否美观有待商榷。如果将瓶口直径变大到类似营养快线的那种，这个是可以的，但没有太大的实际意义，对销售没有什么特别的促进作用。

（4）瓶体的形状

目前 596 mL 娃哈哈纯净水的瓶体高度为 230 mm，在从底部起 170 mm 处由截面为 66 mm 的长方体开始收缩变小直至形成瓶口，瓶体内部整体中空，瓶体左右对称，瓶口竖直向上，瓶体最下部微微收缩，瓶体底部缓慢收缩，瓶体底部有直径 10 mm 的凹陷，瓶子从底部至 95 mm 高度之间的长方体区域有 5 条波浪状凹槽花纹环绕整个瓶体，瓶子 95 mm 至 170 mm 高度之间有 3 条环状凹槽，瓶子上部收缩区域对称印有两个图案。

改变瓶体的形状，可以通过抬高或降低收缩位置，如将收缩位置降低到瓶子底部，或者将收缩位置升高到接近瓶口处。在收缩过程中，收缩是有弧度的还是没有弧度的、弧度的大小、弧度是外鼓的还是内凹的，这些改变都会产生不同的外形。如果改变瓶体上的环状凹槽或者水波凹槽形状可以产生不同的外观。

瓶口竖直向上，几乎所有纯净水瓶子都是这样的，但在有些狭小空间，大瓶竖直瓶口不利于将水喝干净，瓶子底部还可能会碰到其他地方。如高个子人在狭小的车里喝水，瓶子底部经常会碰到车子顶部，所以将瓶口开口偏离竖直方向还是很有必要的。

目前市面上大多数矿泉水的瓶体是左右对称形状，可以将瓶子的形状设计成左右不对称形状；或者将瓶体设计成水果形、人形、动物形等，增加一定的个性风格。

（5）瓶体的数量

对于瓶体来说，瓶体数量的改变意义不大，但数量这个物理量，对于这瓶娃哈哈纯净水其他元素来说可能有意义。

（6）瓶体的颜色

瓶体是无色的，可以将瓶体变成淡蓝色，淡蓝色象征天空、象征海洋，给人一种舒心的感觉。当然也可以变成其他颜色，如淡绿色，给人一种绿色饮品的心理暗示。不过，有人做过测试，整瓶矿泉水无色或淡蓝色，消费者认可度会更高。若瓶体整体一色、或渐变色、或一半 A 色一半 B 色等，反而会适得其反。因瓶体里面装的是纯净水，一般都要通透性好，给人一种清澈的感觉。所以，瓶体整体颜色的改变，不见得是有用的，但上下或竖直两部分一半有颜色一半无色，倒是可以尝试。总体上是否要给瓶体设置颜色，关键要看颜色的设置能否让消费者更想买这瓶水。

也可以在瓶体外表面喷涂变色颜料，这样的颜料会根据环境温度变色，如夏天变成凉爽的颜色，冬天变成视觉看上去暖暖的颜色。变色的机理可以是温致变色，也可以是电致变色，如摩擦生电使得瓶体某个区域变色。

图 1-18　娃哈哈纯净水

（7）瓶体的声音

娃哈哈纯净水瓶体是不会发出声音的，可不可以给它赋予声音呢？答案是可以的。如捏某个区域能产生特定的声音，通过控制捏的力度可以产生不同的声音，或者捏不同区域产生不同的声音，再或者通过捏瓶体配合瓶盖产生不同的声音。当然，瓶体声音的产生也可以通过给瓶体增加能产生声音的外部元素，如给瓶体某个区域设置产生声音的外设小装置。对于一瓶纯净水来说，若发出的声音能让消费者愿意为此买单，在价格可接受范围内，是可以加上的。但如果价格超过一定限度，为了加入声音导致成本增加，这个是否有必要，就要斟酌了。

这里要注意一点，当瓶体加上外部元素后，即便瓶体本身物理量没有变化，也是在对瓶体本身这个元素进行改变，也属于前面讲的范畴，下面类似。

（8）瓶体的发光

目前的瓶体是不能自发光的，即该物理量在市面上所有同类产品的瓶体上都没有。那加上这个物理量是否可以呢？答案肯定是可以的。在瓶体外涂荧光材料就可以轻松实现。外涂在整个瓶体或者将荧光体放在瓶体底部凹陷处即可，但这需要有个重要前提，外涂的材料必须是安全的。如采用电池灯珠的形式让瓶体发光，或将发光单元放在瓶体底部凹陷处，光从底部向上照射，瓶体中的水看上去会晶莹透亮很漂亮。假设采用电池灯珠这种方案，会增加单瓶水的成本，普通定位的销量会受到一定的影响，只能提高售价，定位高端。这样一来，增加发光这个物理量，可能会导致其他元素的改变，考虑这个问题时，需要进行全方位的系统性统筹。由于纯净水销量非常大，任何成本的增加都有可能影响销量，还有水喝完后瓶子对环境的影响，从这个角度来考虑，瓶体发光这个物理量可以不用改变。

（9）瓶体的透明度

瓶体的透明度这个物理量是存在的，只需要降低或增加目前瓶体整体的透明度，或者降低或增加部分瓶体的透明度即可。如让瓶体一半保留现状，一半变得更透明或者降低透明度，这一半可以是上下一半，也可以是左右一半。当然，还可以设计出特定的图案让局部更透明或更不透明。

（10）瓶体的材料

娃哈哈瓶体使用的是 PET 材料，也是绝大部分纯净水和饮料瓶体所采用的材料。PET 是聚对苯二甲酸乙二醇酯，是热塑性聚酯中最主要的品种，俗称涤纶树脂。PET 聚酯材料属于一种无毒且优良的环保材料，因其透明度好、抗冲击强度高、耐高温性能佳、韧性好、硬度高、透气率低、易于中空吹塑成型，被广泛用于饮品包装容器领域。

对于材料这个物理量来说，由于目前采用的材料是饮品容器领域里最佳的材料，且是通过吹塑一体成型的，也就是说，若瓶体还用此类高分子材料，则材料方面很难再被替代，除非有性能及成本更加优越的新材料出现，否则从装水这个角度考虑，这个物理量可以不用改变。

瓶体如果不用此类高分子材料，可以选择使用玻璃材料替代 PET 材料。玻璃材料盛装饮品技术方面是很成熟的，也为大众所熟悉，只不过玻璃材质易碎，对于纯净水这种高频使用的产品不是很适合。当然，也有一些高端品牌纯净水采用玻璃材质，但这个并不能和 PET 材料的市场受欢迎程度和市场占有率相提并论。

针对瓶体材料讨论的是盛装水的角度，在使用 ESCC 广义创新理论时，务必要注意与外界人文环境或自然环境的关系。例如，在喝纯净水时，经常遇到一次性喝不完，水放一两天后再继续喝的情况，这种情况下可能滋生细菌。虽说这种水喝了一般对身体也产生不了什么大的影响，但消费者心里多少会感觉不好，这个时候若瓶体内壁涂有食品级安全可靠的抗菌涂层，即便一次没有喝完的水放几天也不会滋生细菌，再喝时没有任何担忧，这个若能实现且效果不错的话，市场反馈一定很好。

（11）瓶体的耐受性

对于瓶体来说，其耐受性这个物理量重点解决水灌装好后的稳定性问题，也属于材质的耐受性物理量的范畴。目前的 PET 制作工艺中，要用到锑基催化剂进行缩聚反应。因此，要改变瓶体耐受性这个物理量，使其变得更加友好，生产厂家需要在 PET 瓶生产的原材料环节改进工艺，少用或不用锑作为催化剂，选用无锑环保型催化剂，比如钛系催化剂来合成饮品用 PET 材料。

（12）瓶体的可靠性

可靠性这个物理量，一般针对复杂系统应用比较多。而对于整瓶瓶装水来说，系统比较单一，元素之间的关系也比较单一，只需要关注瓶体本身的可靠性即可，不用过多地考虑瓶体可靠性对系统的影响。瓶体的可靠性，更多地表现在瓶体对人体的安全性、瓶体材料盛水时遇到的挤压、碰撞、高温等方面的稳定性。前面也讲了，目前 PET 材料作为饮品容器是最佳材料，所以瓶体可靠性物理量暂可不用改变。还要考虑到瓶体在运动状态下，如匀速运动、加速运动、减速运动，以及直线运动、曲线运动等多种状态，会不会受到影响，目前来看，PET 材料无疑还是最佳选择。

娃哈哈纯净水瓶其他元素的创新不一一展开介绍，感兴趣的读者可以参照上面的思路和步骤展开练习。

通过上面的娃哈哈纯净水瓶体的创新案例，总结如下：对于物来说，每个人目所能及的所有物都是由基本元素组成，这些元素则是由众多物理量叠加而成，而这些基本元素的物理量从不同的维度都可以改变，针对每一个元素的物理量进行变化，筛掉没有价值的变化，留下有价值的变化，即可实现创新目的。不过需要明白，在做出改变时，应注意待改变元素与人文环境和自然环境的关系，或元素与物的体系内其他元素之间的关系，因为改变某个元素的物理量往往是基于系统性考虑而产生的改变，这就是整个 ESCC 广义创新理论的灵魂所在。

使用 ESCC 广义创新理论，过程可能比较复杂，但对待创新对象进行全面细致的创新，比随意思考某个物如何创新会更加严谨、更加细致，形式上也更加缜密。很多意想不到的创新成果都是隐藏在人们的惯性思维之外，若不进行细致化、科学化的创新指导，是很难做到不留死角的。

对事的创新与物的创新道理一样，由于篇幅限制不再详细展开，读者可以参照物的创新过程，以生活中的某件事自行演练。需要注意的是事的创新有时候体系很复杂，这个时候需要逐一选取元素进行改变。

1.3　一些创新技巧及建议

1.3.1　给常规产品增加趣味化元素

生活中常规的一些东西，在成本不增加或者增加幅度在可接受范围内，给它们添加一些趣味化、娱乐化的元素，让它们更好玩、更个性、更另类、更有趣、更能体现出格调。这种创新不是解决消费者的刚需，只是给了消费者一种全新的体验感，如果设计巧妙、体验佳，也是可以获得不菲收益的。这个跟绞尽脑汁想刚需产品的解决方案稍有不同，刚需产品的解决方案，在技术上有时限制会比较多，而这类创新则可以天马行空，只要思路足够好，什么都可以想。前提是让消费者觉得东西好，或让消费者觉得这个设计有点意思等，这种情况下产品的创新大概率可以成功。

1.3.2 外观设计合作法

在他人结构专利的基础上，设计出外观，并申请外观设计专利，用外观设计专利接订单，将接来的订单给拥有结构专利的企业代工生产。这样做的好处是，拥有外观设计专利，整个市场只能由你销售这个外观的产品，即使是拥有结构专利的企业未经你的允许，也不可以私自售卖这款产品。销售过程中，你不会侵犯他的结构专利，因为双方是合作关系。

这种模式避开了最辛苦、最花钱的设计研发阶段，把控了利润最大的接单销售阶段。整个过程中，发明人获得的利润可能比拥有结构专利的企业还要多。这种模式成本低、风险低、回报高，值得学习借鉴。

在具体操作时，先选定一个熟悉的可以驾驭的领域，先和拥有结构专利的企业谈，看企业是否同意由你设计产品外观，工厂按照你的外观专利生产产品这种模式。如果不同意，那就找同意这种模式的企业去谈。

当工厂同意后，找人设计基于这个结构专利的外观设计专利，然后印刷产品宣传册，带着产品宣传册到展会、线上平台等各种可以接单的场合接订单。客户看中设计后，下订单并打款，扣除利润后将预付款再打给工厂。在这个流程中，发明人和工厂是合作关系，发明人帮助出货，一般企业都会很乐意的。

当决定要采用这个模式时，一定要选择能掌控驾驭的领域，不能驾驭的领域不要去做，风险太大！这个模式比起辛苦做结构性创新，算得上是低风险了。如果能接到订单，就给厂家下单，接不到也没关系，损失的也就是工业设计费、申请外观设计专利的费用和印制产品宣传册的费用，这些相比产品的结构性研发是小投入了。

有人认为，都有结构专利了，工厂还差外观设计专利吗？一般情况下，一个企业不可能把某个产品的所有可能的外观都设计出来。从不同的角度、不同的定位，还是可以设计出漂亮美观的外观的。只要这个外观设计专利在自己手里，别人只能从这里购买。需要注意的是，外观专利不能做到强壁垒性，必须要与强营销相配合才可以有强壁垒。

1.3.3 找新产品专利的漏洞玩二次创新

2006 年我在上大学期间，申请了具有称重功能的勺子专利，但当时各种原因专利没有申请好，在专利授权后第二年被当时的一家企业申请了补充专利。通过这个案例，聪明的人已经从中看到了商机。什么商机呢？每天都会有很多专利公开，有些专利和称量勺一样想法很不错，也非常实用，但可能有各种原因导致思维没有发散、专利布局不到位，或者有撰写漏洞等缺陷。如果选定目标领域，紧盯最新公开的专利，从中找出市场前景好、想法不错但存在上述缺陷的专利，第一时间进行包绕式专利挖掘，有可能淘到称量勺这种宝。每天公开的这些专利是别人申请布局的内容，但也是开拓思路的情报信息，值得所有做研发创新的人关注研究。

特此说明一下，任何人都可以针对公开专利进行二次研究开发，并根据二次研究开发的技术方案去申请自己的专利，这是法律赋予的权利，并没有任何不妥。

那怎么才能第一时间获知感兴趣的领域专利呢？可以在专大师 App 或专大师检索微信小程序里设置自己感兴趣的领域或感兴趣的企业作为关注对象，平台会第一时间将该领域或该企业最新公开的专利推送，以便第一时间了解到这些专利信息。

1.3.4 跟在爆品后面做创新

做产品创新，思维标新立异与众不同，看起来是好的，但这类产品推向市场，大概率存在教育客户成本过高、风险过大、客户不认可等情况，整个项目有可能因为这些而导致失败。

其实最好的方式是跟在爆品后面做创新，用不同的技术方案把爆品的功能再现出来，再挤入这个市场，这是正常的商业行为，但有时候，很多人真正去做又大概率会不自觉地往标新立异上面去想，这可能就是思维惯性吧！

跟在爆品后面做创新不是直接抄袭对方，而是合理合法地利用专利的规则做规避设计。从宏观层面上看，它能推动产品的不断迭代更新，从专利角度也能迫使爆品专利拥有方要更注重基础专利的布局保护，否则自己的专利很容易被规避者找出破绽。

但现实中，不管是企业还是喜欢创新的个人，很多在创新选品时会在不自觉间走偏，浪费时间和精力。要知道，降低风险的最好办法，就是跟在爆品后面做创新。毕竟，创新过程是高风险的试错过程，降低风险，敬畏市场规律，才有可能成功。

跟在爆品后面做创新，借鉴成功者，不丢脸。因为，创新者不能始终独善其身，也要兼济天下。

1.3.5　让产品更具话题性

话题性是产品创新的一个新方向，当大众对某个产品有这些共鸣时，即便创新的产品不是为了解决痛点问题，也是存在市场的。

传统的产品创新主要关注功能性和实用性方面的改进，然而，随着消费者需求的不断变化，话题性成了产品创新的一个新方向。话题性是指产品具有一定的独特性和创新性，能够引发用户的讨论和关注。话题性产品往往能够引起社交圈子的热议，并成为用户之间交流和分享的话题。通过增加产品的话题性，企业可以增加产品的曝光度和提高宣传效果。例如，一款具有创意设计和独特功能的电子产品往往能够成为用户之间讨论和分享的热门话题，在社交媒体上引起关注和转发。这样一款话题性的产品不仅能够提升企业的品牌价值和知名度，还能吸引更多的潜在用户。

通过增加产品的话题性，商家可以吸引更多的用户，同时话题性的产品也能够增加企业的品牌价值和知名度。例如，某大品牌的气泡袋马甲（图 1-19）就是很好的例子，该款产品销量暂且不提，但其话题性却是满满的，当大家都在讨论大品牌怎么会出这种产品时，商家的品牌宣传目的也就达到了。

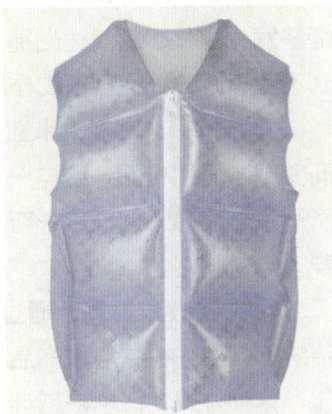

图 1-19　气泡袋马甲

1.3.6　找个榜样学起来

创新很重要的一方面就是学习借鉴，但鲜有人把学习借鉴做得很好。学习借鉴榜样并超越榜样的基本逻辑，是实现个人和企业创新的关键。现实中有些人却害怕借鉴榜样，害怕丧失原创性、迷失在他人的影子中。可如果一味地避开榜样，只凭个人主观感性去努力，成功的概率会低很多。

研究发现，人类通过观察、模仿和学习来获取新知识和技能。同样，创新也需要建立在学习和借鉴的基础上。找到一个合适的榜样，学习他们的经验、知识和方法，然后根据自身的情况进行改进和超越，这是通向成功最高效的途径。

借鉴榜样的主要目的是从他人的成功和经验中汲取营养，通过研究和学习他人的创新案例，可以了解取得成功的关键因素，同时也能够避免他人所犯的错误。这里需要注意的是，学习借鉴不是盲目模仿和复制，创新需要在借鉴的基础上进行改进并谋求超越，真正创造出具有自己风格和独特价值的内容。

这条与"跟在爆品后面做创新"有点类似，但这条更多是宏观层面的学习，而不是单纯的某个具体产品的学习借鉴。

创新的灵魂就是学习借鉴，通过寻找榜样，学习其经验，超越榜样，并最终成为榜样，才能在创新的道路上迈出坚实的一步。

1.3.7 重视产品的包装设计

在产品功能性创新变得困难的情况下，产品外包装上的创新可以成为创新努力的方向。通过外包装的创新，普通产品的格调可以得到提升，产品的属性也能够发生变化，从而达到提高销量的目的。有时候，外包装上的创新甚至可以起到不亚于好的结构创新的作用。

举个例子，常规大米通过采用易拉罐式包装，大米不再是一种普通的食材，而变成了一种礼品。这样一来，普通食材被赋予了礼品的属性，产品的格调得到了升华，使得人们耳目一新。偶尔送亲朋好友，他们也会觉得这样的礼品格外新鲜，与众不同。

以罐装大米为例，通过外包装的创新可以改变人们对产品的认知和感观。传统的创新往往是通过产品本身的功能来吸引消费者的，但随着市场竞争的白热化，这种方式变得越来越难。鉴于此，需要避开常规产品创新的惯性思维，另辟蹊径，重新寻找占据消费者心智的领域，当所有的变革都以利益最大化为目标时，换种"玩法"能让事情变得更简单高效。

1.3.8 组合创新技法

现实生活中，开拓性的创新非常少，大部分创新成果都是在前人研究的基础上发展起来的，如将多种现有技术进行结合的组合式创新。

最经典的组合式创新案例就是铅笔与橡皮的结合。初看，这种带橡皮的铅笔只是一个简单的"1+1=2"的组合而已，但仔细分析橡皮和铅笔并非直接结合，而是通过金属套环紧密地结合在一起，两者结合后的铅笔在具有铅笔和橡皮的独立功能后，还具备了一些各自独立时不具备的功能，如防止橡皮丢失、防止儿童误食橡皮等功能。这样分析下来铅笔与橡皮的组合就是1+1＞2了。铅笔与橡皮的组合看似简单，却在商业上获得了巨大的成功。

再举个例子，将一个销量很大的常规产品，与一个消费者好奇、喜欢、可以满足社交属性的产品或特征相结合。这样组合后的新产品，消费者购买是因为常规基础产品能满足基本需求，新组合的东西可以满足好奇、喜欢和社交属性，两者的结合可以大大促成常规产品的销量。例如，给儿童水杯上绑一个奥特曼，水杯是满足用户基本需求的，奥特曼属于用户喜欢的，但跟水杯没有关系，这种组合简单粗暴，却能直接拉升销量，属于 1+1=2 的类型。

从专利角度来说，铅笔加橡皮是 1+1 ＞ 2 的类型，具备创造性是可以申请专利的。水杯上捆绑奥特曼是 1+1=2 的类型，无创造性，不能申请专利。不用太在意组合创新最终属于哪种，只要能获得商业上的成功，都是好的组合。能申请专利最好，不能申请也不要太过强求。

使用组合方法是为了让组合体具有更强的功能和更好的性能，生活中目所能及的产品都可以采用组合法思考一遍。读者可以开动脑筋找熟悉的产品进行演练。

1.3.9　从失效专利里面掘金

失效专利指的是已经处于无权利支配状态下的专利，这包括专利保护期届满、申请过程被驳回、授权后的发明或实用新型所有权利要求项被无效掉、外观设计全部设计被无效掉、申请人主动放弃的各类型专利。

专利失效后其记载的发明创造内容或设计就成为公有技术或设计，失效专利对研发创新起着重要的作用，可以帮助研发人员了解过去的技术成果和研发方向；失效专利也可以促进技术的再利用和改进，其他企业或个人可以运用失效专利中的技术内容来开展新的应用或产品开发；失效专利使研发人员在技术领域拥有更大的自由度，不必担心侵犯专利权，是研发创新的宝贵资源。

如何查阅失效专利？常见的方法是通过专利数据库进行搜索。许多国家和地区的专利局都提供在线专利数据库，如中国国家知识产权局（SIPO）、美国专利商标局（USPTO）、欧洲专利局（EPO）。通过在这些数据库中搜索，可以找到相关的失效专利信息。具体检索网站见第 4 章。

某个细分领域失效专利往往不止一件，建议查询时尽可能将感兴趣的所有相关失效专利都找出来。找出来后怎样更好地利用失效专利？首先要充分了解专利的技术内容，有的可以直接使用，有的需要对失效专利进行改进和优化。

结构类专利通过看失效专利的技术方案，大致可以判断出该技术是否可以达到预期效果。而工艺方法类专利则不行，通常需要通过相应的验证才能加以判断。

1.3.10　创新过程中如何避免伪需求

创新过程中最怕做出伪需求的产品。伪需求产品产生的最根本原因是创新者的主观认知局限性。创新者片面地错将自己的认知或理解，强加于消费者身上，认为这是消费者的真实需求。但消费者的认知往往与创新者有偏差，这就造成了市面上一些伪需求产品的诞生。有些产品，确实也是在解决消费者工作、生活、学习中的问题点，但这些问题点，并非十分强烈或者普遍存在。在这种情况下，消费者大概率是不会花费高于消费阈值的价格购买的，除非这个产品的价格远低于消费预期，才有可能产生购买行为。当然也存在即便低于消费阈值，消费者也不会购买的情况。

经过以上分析，就能明白为什么有的产品创新者辛苦做出产品后却没有人买单了。解决伪需求最好的方法就是多听听其他人的建议，多人认可，证明这个产品可以做。如果大家都反对，从某种程度上说，这个产品推向市场会存在很大的风险。毕竟他们在提建议时，就代表了一定的消费群体的认知。还有就是，创新者不能太自我，完全活在自己想象的世界中是不行的，必须能听进去合理的建议。

另外一个层面，搞明白痛点、痒点和爽点，从某种程度上，也能避免做出伪需求的产品。首先，先讲痛点、痒点和爽点，以及如何区分这几个概念。

痛点是指人们在完成某种行为、进行某种体验过程中遇到的阻碍，或者当需求未得到满足时产生的负面情绪，这种阻碍或负面情绪会给他们带来困扰和苦楚。痛点是消费者对产品或服务的一种强需求，这种需求下的产品创新，可以让足够多的用户愿意改变自己的习惯，而频繁使用或购买该产品。例如，防臭地漏，不买就会有臭味涌上来，让人难以忍受，于是必须购买，防臭地漏就是痛点产品。

相对于痛点来说，痒点的概念稍微简单点，指的是消费者想要，但又不一定非得需要，即有它很好，没它问题也不大。一般来说，基于痒点研发出来的产品，要么找不到足够多的用户，要么用户不愿频繁使用或者购买产品，投入产出比较低，因为痒点是一种弱需求或伪需求。例如，一个好看的烟灰缸，买不买都可以，并不是非买不可。

而爽点是人的一种高效的即时满足，满足后可以带来足够多的愉悦感。例如，吃喜欢吃的美食就是爽点的具体体现。

从产品研发创新的迫切感上来说，痛点排第一，其次是爽点，最后才是痒点。很多搞创新的人，没有把这个弄清楚，错把痒点当痛点，下大气力砸重金，研发了很久，产品推向市场时，市场却反响平平。其实，这就是前期没明白概念，导致决策失误，而研发出伪需求产品或弱需求产品的具体体现。

第 **2** 章

产品的选品
与定位

第1章详细介绍了创新方法论，这是每个创新者都需要掌握的重要工具。然而，仅掌握创新方法论在创新过程中还不足以使一个产品最终获得成功。这好比会用工具，但用这个工具去加工什么产品，怎么加工，加工到什么程度能让消费者喜欢并在市场上获得成功，却是创新方法论之外的选品与定位所做的事情。本章将深入探讨创新选品和产品定位的相关知识。熟练掌握本章的内容，再结合第1章中的创新方法论，能更好地掌握产品创新的全貌。

2.1　选品

2.1.1　销售选品与创新选品

1. 销售选品

常规理解的选品，大多是指商家根据市场需求和消费者喜好，在供货渠道中挑选和采购适合目标市场和消费者需求的产品，并通过各种手段推销商品的过程。选品的目的是在满足消费者需求的基础上，实现自身盈利最大化或提升自身的市场竞争力。

在选品过程中，需要考虑市场趋势、商品质量、价格、定位、售后服务等多个方面的因素，以做出最优的商品选择。对于大多数商家来说，选品是其核心竞争力之一，对于企业的运营至关重要，直接关系到产品的销售情况和用户的购物体验。常规选品的具体工作一般包括市场调研、商品分析、竞争对比、供应商谈判、订单管理等方面。

2. 创新选品

创新选品是指在市场调研和分析的基础上，针对某一特定人群的喜好和特点，确定创新的方向和目标产品。这一过程中，还需要通过创新的思维和方法，挖掘新的商业价值与机会，从而推动创新主体目标的实现。

创新选品和销售选品是两回事，具体表现为创新选品的对象是将要开发或正在开发的新产品或新品类。在这个过程中，强调的是对市场新需求的发掘和满足，需要着重考虑市场的变化、消费者的偏好、科技的创新、未来的发展趋势等因素，以确保选定的产品开发出来后具有市场潜力和商业价值。

2.1.2　创新选品的具体步骤

1. 挖掘客户需求

深入了解消费者的真实需求是创新选品开始阶段最重要的环节，这个环节重点是消费者需要的产品新功能或改进是什么，哪些需求是要优先考虑的。

这个过程中务必要找出消费者的真实需求，因为找出的有些需求并非消费者愿意为之买单的强烈需求，称为弱需求或伪需求。弱需求会干扰该阶段强需求的判断，需求强弱判断若有偏差，会导致后面方向性偏差，所以此环节务必要准确分析。

2. 研究市场

研究市场的大小和地域，了解当前市场的竞品情况，分析竞品的优缺点，并找到待创新产品的市场机会。若研究的结论是市场比较小，则创新选品要慎重往下走。因为创新选品选择大市场或小市场，有可能投入的时间、精力相差不多，但大市场天花板很高，而小市场则不同，若项目成功了，则大市场、小市场的回报会差很多。有的创新项目后期要融资，而在资本领域，很多投资方在选择投资项目时很看重市场容量大小，市场容量太小的创新产品投资方一般不感兴趣。所以，若可以，一定要选择市场容量大的创新方向。

3. 目标客户确定

确定产品的主要目标客户群体，并了解他们的年龄、性别、地域、文化、使用习惯、使用场景和个人喜好，以及产品的购买渠道、购买场景、下单人群，并根据以上特点和需求设计产品。

例如，开发一款儿童用的智能手表。

（1）确定目标客户是谁，一般来说，儿童智能手表适用于 3 ~ 12 岁的孩子。年龄小于 3 岁的孩子，买了儿童智能手表也不会用，而超过 12 岁的孩子，对于智能手表兴趣不大，这个年龄段更想要一部智能手机。

（2）了解 3 ~ 12 岁孩子的特点，这群孩子是以男孩为主还是女孩为主，是农村孩子多还是城市孩子多。经过分析，男孩、女孩都有这个需求，由于儿童智能手表价格一般在千元左右，这个价位对农村家庭来说有压力，因此消费主力还是城市家庭。

（3）使用习惯和场景分析，这些孩子是上学时戴智能手表，还是非上学时间外出戴智能手表。经过分析得出是上学期间会戴，上课期间家长会设置好使用时间，放学后会恢复正常使用状态，或者上课期间由老师统一保管，放学后再给他们。学生自行外出在小区里玩，或者跟随父母外出也会戴智能手表，以防走丢。

（4）喜好分析，这个年龄段的儿童对产品的设计感和高科技感很感兴趣，他们希望有多种颜色可供自己选择，以便更好地搭配自己的服装风格。同时他们对手表的功能也很在意，如 3 ~ 6 岁的儿童对定位、通话、讲故事等功能感兴趣，6 ~ 12 岁的儿童对定位、通话、讲故事、拍照、拍视频、计步、照明、社交属性等功能感兴趣，也就是年龄越大需要的功能越多。

（5）购买渠道和购买场景分析，儿童智能手表的购买渠道可以分为线上和线下两种。线上购买是最常见的方式，可以通过各大电商平台，如淘宝、京东、抖音、快手等进行购买。在这些平台上，可以看到各种品牌、型号的儿童智能手表，价格也比实体店更为透明和竞争激烈。另外，品牌官网也是购买儿童智能手表的一个渠道，官网上可以确保正品和完善的售后服务。

购买场景方面，家长可能会在孩子需要一款智能手表时购买，或认为没有智能手表外出不安全时购买。此外，家长也可能在节日或孩子生日等特殊日子购买智能手表作为礼物。

（6）下单人群分析，儿童智能手表的下单人群主要是拥有 3 ~ 12 岁孩子的家庭，特别是学龄前儿童（3 ~ 6 岁）的家庭需求较大。这些家庭的父母通常是下单购买儿童智能手表的主要人群。除了父母，爷爷奶奶、外公外婆等也可能会购买儿童智能手表作为礼物送给孩子。一些教育机构或组织也可能会购买儿童智能手表作为奖品或礼物送给学生。

经过上面的分析，了解了目标用户的综合特点，明确用户的综合特点后也就知道了儿童智能手表该如何设计，应该包括哪些功能等。

4. 产品需求规格确定

在确定上述三个步骤后，需要制定明确的产品需求规格，以指导后期产品设计。如，屏幕尺寸选多大的，是 1.4 英寸、1.52 英寸，还是 1.6 英寸；屏幕分辨率用 320×320 像素、360×320 像素还是更高；存储容量是用 512MB、1GB，还是 4GB 等。

此环节需要注意在满足产品功能设计的基础上，务必要重视产品外观设计。在这个"颜值"盛行的时代，产品外观在消费者购买过程中扮演着重要的角色。产品若想抓住消费者的眼球，尤其主力群体是年轻人的品牌，高颜值的外观设计是当下产品的基本功。不能在前面环节都做得很好的情况，而在此环节因为重视度不够或节约工业设计费用等原因导致产品"颜值"打折扣。

5. 筛选供应商

选择合适的供应商和原材料，保证产品的质量和成本控制。若具备生产条件，则把控好产品生产环节，确保产品最终质量。若无生产条件，则建议寻找优质代工商，原则上不建议自建生产线生产产品。

6. 快速迭代

为确保产品的质量，以及更符合市场需求，要不断对产品进行改造升级。实际操作中，最高效的做法是尽快推出一个初步产品原型，进行测试和反馈，并不断优化和改进产品。通过快速迭代，随时跟进变化，并在大批量生产下，能够迅速发现和纠正。

第一代原型产品的作用一般都是用来测试市场反馈的，由于原型产品前期推出的过程时间紧、节奏快，大概率存在考虑问题不周的情况，需要根据市场反馈及时对产品加以修正优化。另外，随着时间的推移，消费者的审美、需求等会发生一定的变化，为了让产品更符合消费者的需求，需要随时跟进变化，对产品进行迭代升级。

2.1.3　如何避免创新选品错误

创新选品错误可能会导致整个产品的研发失败，为了避免这样的错误出现，下面总结了一些基本的方法以供参考。

（1）在进行选品之前要充分了解市场需求，一定要明确自己的目标群体，以及他们的真实需求是什么，以便从中发掘出潜在用户的需求、痛点和期望，这样才能推出有价值的产品。

（2）对市场上的成功案例进行分析和借鉴，以降低项目的风险和失败率。这里要强调下，别人成功的经验要学，失败的教训也要学，一个能引导你成功，另一个能避免你踩坑，两个同等重要。

（3）在选品之前一定要考虑用户体验，要从用户角度出发思考关注用户的使用习惯、感受和期望。以此为基础进行产品设计，在产品开发前做好设计方案，减少后续修改和调整带来的成本。

（4）创新选品不一定完全来自自己的领域，还可以从其他领域寻找灵感，这就是人们常说的跨领域借鉴，有时巧妙借鉴所形成的新品也有可能极具市场竞争力。

（5）快速推出一个初代产品原型，进行测试和反馈，并不断优化和改进产品。通过快速迭代，随时跟进变化，并在产生大的错误前迅速发现和纠正。

最后强调一点，选品时一定要从红海中选择创新对象，去挖掘客户痛点做研发做创新。红海中的创新项目更易获得资本的青睐，因为市场一般比较成熟、比较大，也有足够的想象空间。尤其是在发现了别人没有发现的点，而这个点又是普遍性的痛点时，就很厉害了。反观选品时从蓝海中另辟蹊径，风险要比红海中高，且市场的天花板很低，可施展空间不大，即便找投资，资本对此类项目也会持谨慎态度。当然，蓝海项目并不是不可以做，只不过是试错成本比较高，经济实力不强的创新者，遇到研发失败就容易伤筋动骨。降低创新创业风险，在任何时候都至关重要，对于实力有限者来说更要切记。

2.1.4 两个选品比较成功的创新案例

1. 肩部按摩披肩

肩部按摩披肩（图 2-1）是一款能模拟人按摩肩部的按摩仪，使用时只需要将披肩挂在脖颈处，启动电源即可体验手部按摩般的效果，按摩模式和力道可调，单个售价 50 ~ 200 元，价格适中，上市以来深受消费者的喜欢。保守统计线上月销量估计为 50 多万件。为什么这个产品销量能这么好？具体分析如下：

（1）这款产品所选的方向市场需求量大，是其成功很重要的一个因素。现代社会中，许多人因为长时间坐在电脑前工作、学习或娱乐，导致颈部、肩部和背部的肌肉紧张和疼痛。同时，上了年纪的人由于肩部肌肉劳损，也经常出现肩部疼痛。这两部分人群加在一起，使得肩部按摩披肩的市场需求量很大。

（2）肩部按摩披肩能够模拟人手捶打肩部，帮助缓解肩部的疼痛和不适，提供舒适的按摩体验，使消费者对肩部按摩披肩的功能性需求得到了满足。

（3）肩部按摩披肩采用披肩式设计，可以很方便地穿戴在身上，不影响其他活动。同时，它还具有多种按摩模式和强度可调的功能，可以满足不同消费者的需求。

（4）相比其他按摩设备，如按摩椅、按摩器等，肩部按摩披肩的价格适中，大部分消费者都消费得起，在价格层面更易被消费者接受。

综上，这个产品之所以能火，主要是创新者选择的这个创新方向市场非常大，是产品能模拟人手捶打肩部、使用方便、用户体验感好、价格适中这几个因素共同作用下的结果。一般来说，商家若选择此类方向做创新，在满足上面这些特点的前提下，再配合好的营销推广，产品大概率可以获得商业上的成功。

2. 不锈钢保温瓶

早些年储存热水用的是玻璃内胆的保温瓶，经过这么多年的发展，后来慢慢被不锈钢保温瓶（图 2-2）所取代。现在绝大部分家庭用的都是不锈钢保温瓶，尤其是城市，比例更高。为什么这个产品深受市场喜欢？具体分析如下：

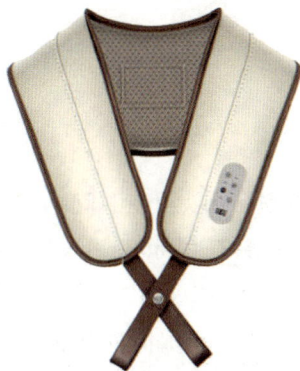

图 2-1 肩部按摩披肩   图 2-2 不锈钢保温瓶

（1）保温瓶市场是一个庞大的市场，具有广泛的市场需求。数据显示，2022 年全球不锈钢保温水瓶市场规模达到 297.64 亿元，预测到 2028 年全球不锈钢保温水瓶市场规模将达到 433.77 亿元。选择这个方向，市场容量巨大，若产品市场认可度高，则对企业来说回报会非常可观。

（2）不锈钢材质具有较高的强度和耐用性，不易破损或变形。相比之下，玻璃内胆保温瓶容易损坏，从而导致烫伤风险或失去保温性能等问题。

（3）不锈钢保温瓶采用真空隔热技术，能够长时间保持水温，满足人们在各种场合对热水的需求，保温性能与玻璃内胆基本一致。

（4）不锈钢保温瓶大多采用食品级 304 或 316 不锈钢，这种材质安全等级高，不会释放有害物质，符合健康环保的要求。

（5）不锈钢保温瓶不仅适于个人使用，还可应用于家庭、办公室、户外等多种场合。相比之下，玻璃内胆保温瓶的适用范围相对较窄，主要适用于家庭等固定场所。

（6）不锈钢保温瓶的外观设计多样，可以满足不同消费者的审美需求。相比之下，玻璃内胆保温瓶的外观设计相对单一，缺乏个性化选择。

通过上面的分析不难看出，不锈钢保温瓶之所以深受市场欢迎，主要是因为该产品有市场容量大、坚固耐用、保温性能优良、健康环保、适用范围广泛、外观设计多样等优点。选择这个品类，对于从事玻璃内胆保温瓶或者不锈钢保温杯生产的企业来说，是很不错的创新选品方向。创新选品选择它，一旦产品投向市场，市场认可度高，大概率可为企业获得十分可观的回报。

2.2 定位

从宏观层面讲，定位是指确定事物在空间或场所以及在时间中的位置的技术和理论。在营销学中，定位通常是指将产品或服务在目标客户心中占据一个独特而有价值的位置的过程。这个概念最初源于广告行业，是由著名广告专家里斯和特劳特在 20 世纪 70 年代提出的。他们认为，随着产品同质化程度的提高，广告应从"说什么"转变为"怎么说"，即强调差异化，使产品在竞争中脱颖而出。

定位的目的是使产品或服务在目标客户心中具有独特的形象和价值，从而在竞争激烈的市场中获得竞争优势。前面提到的产品是泛指实物产品和服务业提供的服务。定位是一种战略性的营销方法，旨在通过深入了解目标市场和客户需求，确定产品的差异化因素，并选择适当的营销策略来传达这些因素。

根据定位对象的不同，可以将产品定位分为市场定位、用户定位、功能定位、品牌定位、品质定位、价格定位、竞争定位、概念定位、标准定位、情感定位、服务定位、文化定位、地域定位、社会责任定位、价值定位等。

2.2.1 产品定位的概念与重要性

产品定位是指根据目标市场和目标客户的需求，对产品的功能、特点、品质、价格、品牌等进行调整和优化，使其与市场需求更加匹配，以期让产品在目标客户的心中占据最有利的位置，最终使产品达到定位方的商业或社会诉求。在市场竞争日益激烈的今天，产品定位已经成为企业能否取得市场优势的关键因素之一。

现实场景中，不管是个人还是企业，产品创新很多最后不了了之，究其原因，绝大部分是因为定位出了问题。至于本书后面章节要讲的专利保护，则是产品推向市场后的排他性保障。事实上，大多数创新产品都走不到专利发挥作用的这一步，因为产品定位出了问题导致没有销量。没有销量就无法获利，没有利润大概率就没有人去仿效，没有侵权抄袭行为的发生，专利肯定没有办法发挥作用。所以，创新主体务必要先做好产品定位才能继续往下走，否则大概率会因为定位不准确而对后面的研发、生产、推广销售产生巨大影响。

产品定位是策略性和执行性的问题。它是在创新选品确定的大方向下，对产品进行具体的定义和规划。如果定位没有做好，后面再怎么努力有可能都是在做无用功。很多人又不懂得什么叫沉没成本，不懂得产品定位错误是致命性错误，反而盲目信奉"失败是成功之母""坚持就是胜利"这种励志语的精神激励。如此一来，很容易在励志言语的激励下越陷越深，最终在坚持不下去时才被迫停手，到那时候，损失已经非常惨重了。出现不应该有的损失，都是定位出现问题导致的，所以，产品定位是继选品之外影响创新成功的第二个重要的因素。

2.2.2 几个常见的产品定位分类

1. 根据市场需求进行定位

企业可以根据市场需求将产品定位为满足某种特定需求的解决方案，从而在市场上占据一席之地。

海尔是国内知名的家电品牌，其主要产品包括电冰箱、洗衣机、空调等。然而，海尔据传曾经推出一款专门用于清洗地瓜的洗衣机。

这个创意源自一次用户投诉，一位农民用户使用海尔的洗衣机清洗地瓜，结果洗衣机的排水管被堵塞了。当维修人员上门调查时，他发现这位农民用户使用洗衣机来清洗地瓜，因为地瓜上沾满泥土，清洗过程中自然容易造成堵塞。在修复洗衣机后，农民对维修人员说："如果有一款专门用于洗地瓜的洗衣机那就更好了。"这位维修人员把这个意见带回了公司，经过需求分析、产品研发，海尔最终真的推出一款专门用于清洗地瓜的洗衣机。

此案例说明海尔灵活根据市场需求，将改进后的产品定位为满足农民洗地瓜的特定需求，这也体现了海尔对用户需求的关注和对市场变化的敏锐洞察。

2. 根据用户进行定位

企业可以基于目标用户的需求和特点，确定产品针对的用户群体，以及他们的心理特征和购买行为等来定位产品。

男装领域知名度比较高的雅戈尔品牌，其用户定位主要是有一定购买力和追求品质生活的中产人群，以 30 ~ 50 岁的男性为主。这些用户通常注重服装的品质和舒适度，对于时尚和个性化也有一定的需求。

从用户心理来看，这些用户通常追求高品质、高品位的生活方式，注重自我形象和社交地位。他们对于品牌的口碑和形象也比较关注，喜欢选择有历史和沉淀的服装品牌。

在购买行为方面，这些用户通常会选择在高端商场或者专门的品牌店购买雅戈尔的服装，喜欢试穿和挑选，注重购买体验和服务质量。同时，他们也喜欢通过线上渠道了解品牌信息和促销活动，进行购买决策。

现实中雅戈尔做得非常成功，精确的用户定位是其成功因素中很重要的一个。高品质、高品位的品牌形象，强调自我形象和社交地位的价值观，以及优质的购买体验和服务质量也是其成功的重要因素。这些优势共同构成了雅戈尔品牌的核心竞争力，使得雅戈尔品牌在市场竞争中保持领先地位。

3. 根据产品功能特点进行定位

企业可以根据产品的特点将其定位为具有某种独特功能或特点的产品，从而与竞争对手的产品形成差异化。

某品牌推出的顶级防尘防水手机，它采用了 IP68 标准进行防水，可以在水下 6 米的深度下工作 30 分钟。根据这个特点，公司就可以将这款手机定位为"超级防尘防水手机"，以此来与竞争对手的产品形成差异。商家也可以通过广告、营销等手段强调这个特点，吸引对防尘防水功能有需求的消费者。通过这样的定位，这款手机就能在市场上占据一定的优势。

4. 根据价格进行定位

企业可以根据产品的价格，将品牌定位为高端、中端或低端，从而吸引不同层次的消费者。

以品牌轿车为例，分析轿车的价格定位策略。

轿车分为高端、中端、低端、入门等车型，每款车型都针对不同的消费者群体提供了差异化的产品和服务。这种策略不仅使轿车品牌在全球汽车市场中占据了重要地位，还为消费者提供了多样化的选择，满足了不同层次用户的需求和购买力。

对于任何品牌而言，根据价格进行定位是一种有效的策略，但也需要根据市场环境和消费者需求进行灵活调整。只有紧跟市场变化，才能使品牌在激烈的市场竞争中保持领先地位。

5. 根据概念进行定位

企业可以强调产品的概念、理念、文化等方面内容，注重产品的内在价值，以获得用户的共鸣和认可。

1995 年"白加黑"感冒药横空出世，在短短的半年内销售额就突破了 1.6 亿元。仔细分析其市场上的成功，主要原因是"白加黑"新概念定位很独特。在高度同质化的感冒药市场中，大多数产品难以形成差异化的竞争优势。然而，"白加黑"

创新性地将感冒药分为白片和黑片，并将镇静剂"扑尔敏"置于黑片中，成功打破了市场的常规，为用药人提供了全新的用药体验。

这一概念的独特之处在于它不仅在外观上与竞争对手形成显著差异，更重要的是它与用药人的生活形态相契合。白天服白片，不瞌睡，可以保持清醒和高效的工作状态；晚上服黑片，睡得香，有助于获得更好的睡眠质量。这种设计充分考虑了用药人的实际需求，使得"白加黑"在市场上具备了很高的辨识度和吸引力。再加上其广告口号"治疗感冒，黑白分明"干练有力，易于记忆，同时也很好地传达了产品的核心概念。所有的广告传播都围绕这一核心信息展开，使得大众能够清晰地理解产品的特点和优势。

6. 根据标准进行定位

企业可以通过确定产品的标准、认证和质量等，来确定产品的目标消费者群体和市场定位。

在添置家电产品时，常会看到家用电器上的能效标识，是附在耗能产品或最小包装物上，表示产品能源效率等级等性能指标的一种信息标签，旨在为消费者提供购买决策所需信息，并引导他们选择高能效的节能产品。

我国的能效标识将能效分为 5 个等级：等级 1 表示产品达到国际先进水平，是最节电的，即耗能最低；等级 2 表示比较节电；等级 3 表示产品的能源效率达到市场的平均水平；等级 4 表示产品能源效率低于市场平均水平；等级 5 则是市场准入指标，低于这个等级要求的产品不允许生产和销售。消费者在购买家用电器时，可以根据能效标识来选择节能高效的产品，不仅可以节省能源消耗，降低使用成本，还可以为环境保护作出贡献。

以空调为例，若空调能效等级为 1 级，则可以此作为产品卖点，来吸引对耗电量比较敏感的消费群体。例如，某品牌变频空调广告中写了"一晚只用 1 度电"，使用空调时选择节能模式，即可实现这种省电效果。这只是一种广告营销的手法，它可能在某种特定的环境中，达到如此低的功耗，但不适用于大部分情况。

7. 根据地域进行定位

地域定位是企业针对不同地区的文化、习俗、经济水平等因素，对产品进行差异化设计和营销的一种策略。

中国人大都喜欢喝开水，但国内有些地区水的硬度很大，尤其是在北方地区烧开水时水壶内壁会有氧化钙、氢氧化镁等水垢沉淀下来，不及时清理不仅影响美观，还会影响壶的使用，长期喝这种高硬度水对人的健康也不利。

国内有烧水壶品牌针对高硬度水地区水中钙镁离子含量高的特点，专门开发出一款适合高硬度水质地区人们使用的烧水壶，目标消费群体主要是注重健康和生活品质的消费者，以及家庭主妇和老年人等有烧开水需求的群体。基于地区水质特点，该品牌在宣传时主打烧水壶降水垢这个特点，采用"零水垢烧水壶"口号进行宣传，以吸引更多消费者关注和购买。

通过这个例子可以看出，地域定位就是通过深挖区域位置消费者的地域特性，或某一群体的文化或习俗特性，来确定产品的针对性定位，进而吸引精准的目标消费群体，以期实现商业上的成功。

8. 根据品牌形象进行定位

企业可以根据品牌形象，将产品定位为具有某种文化、品位或价值观的产品，从而吸引具有相同文化背景的消费者。

某牛仔裤品牌是一个具有强烈品牌形象和文化的品牌，产品定位为牛仔裤和休闲服饰领域。

为了传达品牌形象和价值观，该品牌在产品设计和营销方面采取了一系列措施。例如，注重产品的质量和细节，采用高质量的面料和精湛的工艺打造出耐穿耐用的牛仔裤和休闲服饰。同时，通过广告、社交媒体和品牌合作等方式，传递出品牌的核心价值观。

品牌形象和价值观也与目标消费者群体相契合，其目标群体主要是年轻消费者，他们注重自由、个性和时尚，认同品牌价值观和文化。因此，该牛仔裤品牌能够吸引年轻消费者，成为他们在牛仔裤和休闲服饰领域的首选品牌。

2.2.3 产品定位的步骤

1. 了解市场和用户需求

产品定位的第一步是了解市场和用户需求。企业需要通过市场调研、用户调研等方式，了解目标市场的需求、目标用户的特点以及竞争对手的情况，为产品定位提供依据。

2. 确定目标市场、目标用户和购买者

在了解市场和用户需求的基础上，企业需要进一步确定目标市场、目标用户和购买者。目标市场是指企业希望进入并占据的市场，目标用户是指企业产品的主要消费者。购买者是为目标用户而下单的人，有时目标用户并不会自己下单，而是由购买者选择商品后再提供给目标用户使用。

3. 分析竞争对手

在确定目标市场和目标用户后，企业需要进一步分析竞争对手，了解竞争

对手的产品特点、价格、销售渠道、营销策略等，为企业制定产品定位策略提供参考。

4. 制定产品定位策略

在了解市场、用户、竞争对手的基础上，企业需要制定产品定位策略，以确保产品在目标市场上的竞争优势和市场份额。产品定位策略包括产品功能、特点、品质、价格、品牌等方面的调整和优化，以及相应的营销策略和推广手段。

5. 实施产品定位策略

制定好产品定位策略后，企业需要将其落实到实际的产品开发和销售中。在实施过程中，需要不断跟进和调整，确保产品定位策略的有效性。

例如，某企业要开发一部针对老年人用的手机，可以按照下面的步骤进行调研分析：

（1）市场调研，了解市场和用户需求

确定目标市场：老年手机市场的整体规模有多大？增长趋势如何？

分析市场趋势：研究老年手机市场的未来发展趋势，确定开发按键手机还是开发智能手机。若确定开发智能手机，那智能手机目前的普及率是多少？老年人使用智能手机的技能如何？使用智能手机上网频率如何？

目标用户需求分析：了解老年人及其家人对老年手机的需求和期望，如易用性、屏幕大小、待机时长、抗摔性、拍照功能、字体大小、音量大小、健康监测等功能。

（2）用户调研，确定目标市场和目标用户

与目标用户进行访谈：通过面对面的访谈，了解老年人的生活习惯、手机使用习惯、购买者是谁、购买决策过程等信息。

进行用户测试：让目标用户使用概念模型或原型机，收集他们的反馈和建议，以便改进产品设计。

发放调查问卷：向更大范围的潜在用户发放调查问卷，收集他们对老年手机的期望和建议。

（3）竞争对手分析

确定主要竞争对手：了解市场上主要的老年手机品牌和产品，以及它们的定价策略、销售渠道和市场份额。

分析竞争对手的产品特点：比较竞争对手的产品特点和功能，找出自己的优势和劣势。

（4）制定产品定位策略

① 功能定位，根据目标市场的需求和竞争对手的情况，确定老年手机应具备的核心功能和附加功能。例如，重点考虑易用性、抗摔性强、长时待机、大字体、大音量、健康监测等功能。

② 特点定位，根据目标用户的需求和偏好，以及竞争对手的产品特点，确定老年手机的特点和卖点。例如，可以考虑引入一些适合老年人的创新功能，如一键呼叫、智能助手等。

③ 品质定位，确保老年手机的质量和耐用性，以满足目标用户对产品品质的期望。例如，可以考虑采用防水、防摔等耐用的材料，以及提供一定时间的质量保证。

④ 价格定位，根据目标市场的购买力和竞争对手的定价策略，确定老年手机的合理价格。例如，可以提供不同配置和价格版本的手机，以满足不同消费者的需求。

⑤ 品牌定位，塑造老年手机的品牌形象和口碑，以吸引目标用户的关注和信任。例如，可以考虑通过与知名医生、健康专家、老年人信赖认可的影视明星合作，提升品牌的专业性和可信度。

（5）实施产品定位策略

① 产品研发：根据制定的产品定位策略，进行老年手机的研发和设计。确保产品满足目标市场的需求，并体现企业的品牌形象和价值观。

② 营销推广：通过各种营销手段，向目标用户传达老年手机的定位和优势。例如，可以通过广告、社交媒体、线下宣传等方式，突出老年手机的特点和卖点，吸引目标用户的关注和购买。

在实施产品定位策略的过程中，企业需要持续跟踪市场和竞争对手的动态，以及收集用户反馈，及时调整和优化产品定位策略，确保其有效性，毕竟市场瞬息万变，定位策略也是需要紧跟市场潮流而变化的。

2.2.4　产品定位的误区及避免方法

1. 产品定位过窄

产品定位过窄会导致目标市场过小，无法满足企业的长远发展需求。在定位过程中，企业可能因为自身模式或视野的局限，只看到市场的一部分，而忽视了更广阔的市场。因此，企业可能无法针对整个市场进行定位，而只能针对部分市场进行定位。

为了避免产品定位过窄的问题，企业需要充分了解市场需求和目标群体的需求，分析竞争对手的产品特点和定位策略，制定适合产品的差异化定位策略，以适应市场的变化和目标群体的需求。同时，企业也需要保持敏锐的市场洞察力和创新能力，不断推出符合市场需求的新产品或服务，以保持市场竞争力。

这里要注意，精准的产品细分定位，并不是过窄的体现，而是基于对市场和目标消费者的深入了解，以及品牌自身的特点和优势做出的最优决策。如大码女装品牌 MsSH（慕姗诗怡）的产品定位就很精准恰当，其产品是专门针对体型肥胖的女性设计的。在服装行业内卷严重的当下，这种产品定位是基于行业激烈的竞争环境，经分析后而做的市场取舍。这种定位策略可以帮助品牌更好地满足特定消费者的需求，提高细分市场的占有率，是一种以退为进的产品定位策略。

2. 产品定位过宽

产品定位过宽则会导致目标市场过大，无法聚焦于某一个细分市场，从而难以在市场上占据优势地位。一般来说，产品定位过宽企业可能希望通过宽泛的市场吸引尽可能多的消费者，以谋求产品销量最大化，然而这种做法往往使得产品的定位过于模糊，缺乏精准度，无法真正触动消费者的购买欲望。

避免方法是根据市场需求、竞争对手、自身实力等多方面因素进行综合考虑，制定出适合自己的定位策略。这种情况下企业要做定位取舍，必须要经得住更宽泛定位的市场诱惑，在现实中这对于企业决策者的定力要求会比较高。

有一家企业开发了一款新型的智能手表，具有健身追踪、短信通知、音乐播放、导航等多重功能。如果把这款智能手表定位为"为所有人提供智能生活方式"，试图吸引所有类型的消费者，那么这款手表的目标市场就会变得非常宽泛，无法聚焦于某一个特定的细分市场，反而不利于产品的营销推广。因为产品定位不突出、太杂，反而使消费者不知道产品优势在哪里，最终无法触动消费者的购买欲望。

在知识产权行业，只让一个代理机构做专利的业务，而推掉所有商标的业务，这个显然有难度。市面上也很少有只做专利或商标单一业务的知识产权机构，即便有的机构一开始定位只做单一业务，但随着企业的发展，最后还是会涉及知识产权的其他维度，如版权、科技项目申报等。这种情况下什么都做反而不如适度的精细定位好，定位过于宽泛就缺乏特点，不利于市场开拓。

3. 产品定位跟风抄袭

产品定位完全跟风抄袭他人，会导致产品失去自身特色，无法与竞争对手的产品形成差异化。避免方法是根据市场需求和自身实力，开发出具有创新性和独特性的产品。

假设开发一款新型的智能手机，看到市场上其他品牌都在推广自己的智能手机，可能会感到压力并决定跟随潮流。然而，如果只是盲目模仿其他品牌的设计和功能，而没有考虑自己的产品特点和市场需求，那么产品很可能会失去自身的独特性和竞争优势。

为了避免这种情况，需要根据市场需求和自身实力，开发出具有创新性和独特性的产品。这可以通过深入了解目标消费者的需求、偏好和行为来实现。例如，可以通过市场调研和分析竞争对手的产品，来确定产品应该具备哪些独特的特点和优势。此外，还需要投入足够的资源和时间来开发新产品，以确保它能够满足消费者的期望并实现市场成功。

4. 产品描述模糊不清

在描述产品时，企业需要避免使用过于笼统、模糊的词语，这些词语可能会让消费者感到困惑不解，不知道产品到底有什么特别之处。相反，企业应该使用具体、客观的词语来描述产品的特点和优势，让消费者更好地了解产品。

例如，如果一个企业在描述其产品时说"××产品是最好的"，这样的描述过于笼统和模糊，消费者可能不知道这个产品到底好在哪里。而且，《中华人民共和国广告法》第九条第（三）项规定，广告中不得有"最高级"、"最佳"等用语。相反，如果企业说"××产品采用先进的生产工艺和原材料，质量达到国际标准，使用寿命长达十年"，这样的描述具体、客观，可以让消费者更好地了解产品的优势和特点。

另外，企业还可以使用具体的案例和数据来证明产品的特点和优势。例如，企业提供具体的销售数据和用户反馈，证明产品的确具有很高的市场占有率和用户满意度，这样的描述更具说服力，可以让消费者更加信任产品。例如，国内某知名奶茶品牌曾宣称从2005年成立至2020年，共卖出了超过120亿杯奶茶，杯子连起来可以绕地球40圈。在描述产品时，企业应该避免使用过于笼统、模糊的词语，应使用具体、客观的词语和数据来描述产品的特点和优势，让消费者更好地了解产品并更加信任产品。

5. 忽视品牌形象

忽视品牌形象可能会导致产品在消费者心中无法形成深刻的印象，从而影响产品的销售和品牌形象的建立。为了解决这个问题，企业需要注重品牌形象的塑造和维护，打造出具有独特魅力和价值观的品牌形象。为了避免这种情况的出现，企业需要做好以下几点：

（1）企业需要确定自己的品牌定位和品牌形象，明确自己的品牌价值观和目标受众。这样可以帮助企业更好地了解自己的品牌，明确自己的品牌形象和定位，从而更好地塑造和传达品牌形象。

（2）企业需要注重品牌形象的塑造，这包括在产品的设计、包装、广告、营销等方面注重品牌形象的传达和塑造。例如，在产品的设计上，可以考虑加入品牌的元素和特色，让产品成为品牌形象的代表。在广告和营销方面，可以注重品牌的个性和价值观，让消费者更好地了解品牌形象，从而形成品牌忠诚度。

（3）企业还需要注重品牌形象的维护，这包括对品牌形象的监测和维护，及时发现和处理品牌危机和负面影响，保持品牌形象的稳定和良好。此外，企业还需要不断加强品牌形象的推广和传播，提高品牌的知名度和影响力。

2.2.5　两个因定位成功而销售火爆的产品

1. 风靡一时的 55° 杯

55° 杯（图 2-3）是洛可可公司于 2014 年推出的一款功能型保温杯，该款保温杯可将杯中 100 摄氏度水的热量，通过摇 1 分钟左右的方式储存在杯体夹套层内的传热材料中，使水温迅速降到 55 摄氏度左右。当水温低于 55 摄氏度时传热材料会自动释放热量，使水温保持在 55 摄氏度左右。当杯中热水喝完后，马上给杯中倒入低于 55 摄氏度的水，并摇晃杯子 1 分钟左右，夹套层传热材料又会给杯中低温水补充热量。由于该款保温杯具备迅速降温、升温功能，深受广大消费者的喜欢。

图 2-3　55° 杯

这款产品在商业上的成功主要是以下几个方面做得好：

（1）从产品市场来看，保温杯这些年在市场上一直处于高速增长阶段，未来几年，我国保温杯市场的年复合增长率预计为 7.3%，高于全球其他主要市场。

保温杯这个赛道相对其他家用商品来说市场容量大。另外，保温杯产品价格适中，易于加工制造，体积小，便于运输，基本无售后，在这个赛道做创新，一旦产品在市场上成功，就能获得丰厚的利润。

（2）从产品功能来看 55° 杯功能定位和用户定位很精准。55° 杯是一款具有创新功能的保温杯，它具备了降温杯和升温杯两种功能，极大满足了消费者在不同场景下的需求。

（3）从产品设计来看，55° 杯整体造型为杯体两头小、中间大，呈对称结构，这样的造型设计颠覆了消费者对于常规保温杯的认知，在外观视觉层面高度配合了快速降温升温的"神秘功能"，对于企业后期的产品营销推广有辅助加分作用。

（4）从产品名称来看，好的商品名对该款产品的成功起的作用也是非常大的。55°杯这个名字起得也很有特点，有好奇、新概念、标新立异的成分。这些因素综合促成了其名字具有较高的传播属性，对产品当年的火爆起到了不少的加分作用。55°杯这个名字就是很好的一个概念定位，在消费者心中 55° 占据一个新的位置，形成一个新的概念。在好奇心驱使下，激发出了消费者较高的购买欲望。这一策略尤其适用于那些希望在激烈的市场竞争中脱颖而出的品牌或产品。

（5）价格定位方面，55°杯官方定价 298 元，比一般保温杯要高，这个价位对大部分消费者来说也许要"稍微踮脚尖"才能够到。在消费者心中，对于拥有这种神奇功能的杯子，定价太低，反而感觉质量不高，而高于 300 元可能又让消费者感觉太贵，所以 298 元这个定价恰到好处，这也是 55°杯能热销的一个很重要的原因。

（6）从品牌形象来看，55°杯与洛可可公司的品牌形象一致，都追求创新、高品质和设计感。

（7）从营销推广维度来看，55°杯的成功离不开有效的市场推广策略。洛可可公司本身有成熟的销售渠道体系，可以将好的产品在现有的体系内迅速铺开。

综上来看，55°杯的成功不仅在于创新的功能设计，更在于对消费者需求的深入理解、精准的产品定位、优良的产品品质以及有效的市场推广策略等多方面的因素共同作用。这为其他产品开发者提供了宝贵的经验和启示，即在产品设计、开发和推广的过程中，要始终以消费者为中心，深入了解并满足他们的需求，同时注重产品品质和创新，才能在激烈的市场竞争中脱颖而出。

2. 爱心形状的刮胡刀

爱心形状的刮胡刀（图 2-4）是我的一个抖音粉丝于 2022 年开发出来的，该款产品专门针对女性朋友送给心仪的男性作为生日礼物或者爱情礼物，产品售价 300 元左右，价格适中，定位精准，产品面市后深受消费者的喜欢。这款爱心形状的刮胡刀之所以成功，在于其精准的多维定位，分析如下：

（1）目标市场定位很准确，产品明确地将目标市场定位为女方送男方的情感礼物，市场定位不拖泥带水，十分准确。在这个细分领域，女性往往更注重礼物的外观和情感内涵，而这款产品则满足了女性想要表达爱意，关心男方需求的心理。

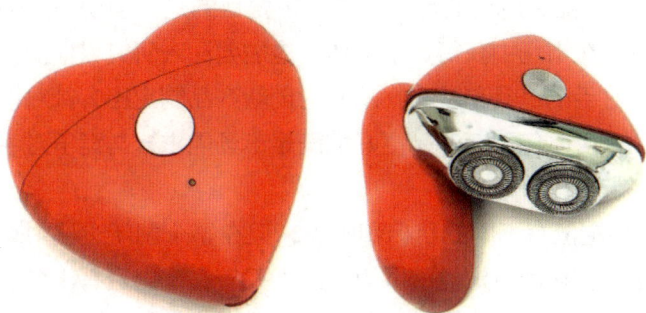

图 2-4　爱心刮胡刀

（2）这款刮胡刀设计成爱心形状，在刮胡刀基础功能之外赋予了情感元素，使产品不仅具有实用性，更具有性感的象征意义，代表了对使用者的爱心和关怀。这种产品特性定位准确地捕捉了用户的情感需求，形成了产品独特的竞争优势，也高度匹配了前述的市场定位。

（3）女性送给男性礼物，除了礼物先得满足男性使用的特点外，礼物要价格适中，不能太高也不能太低。而定价 300 元左右，对于大部分女性来说完全在可承受范围内，男方收到这个价位的情感信物也没有压力。整个产品价格定位准确，这也是这款产品能成功的原因之一。

（4）由于该产品的情感特色，通过社交媒体进行推广宣传，直接面向目标消费者，效果显著。同时，产品的情感内涵和独特设计也使其在社交媒体上得到了广泛分享和传播，进一步扩大了产品的影响力，营销策略准确。

2.3　选品与定位之间的区别及联系

在整个创新过程中，创新选品与产品定位是密不可分的两个环节，两者既有区别也有联系。

（1）选品是整个创新过程的起点，其主要目的是从众多潜在的创新想法中筛选出最有市场潜力和商业价值的项目，这需要对市场需求、技术可行性、商业模式等多个因素进行全面而深入的分析。通过选品，可以确保企业将有限的资源投到最有前途的创新项目中，提高创新成功率。

（2）定位是选品完成后的重要环节，主要目的是为创新产品确定一个适合的市场位置，以便在市场中获得竞争优势。这需要深入研究目标消费者的需求和行为，分析竞争对手的产品和战略，从而为创新产品制定出有针对性的市场定位策略。通过定位，可以使创新产品更好地满足市场需求，与竞争对手形成差异化竞争，从而提高市场占有率。

（3）选品和定位有不同的目标和职责，但在整个创新过程中却是密不可分的。选品的结果将直接影响定位的效果，因为只有在选出具有市场潜力和商业价值的创新项目后，才能进一步进行定位。同时，定位的策略也需要基于选品的结果来制定，因为只有了解创新产品的特点和优势，才能有针对性地制定市场定位策略。

（4）选品和定位也是相互补充的，选品确定了创新产品的特点和优势，为定位提供了基础；而定位则进一步明确了创新产品在市场中的位置和目标消费者群体，为产品销售和推广提供了指导。在整个创新过程中，选品和定位是相辅相成的两个环节，共同构成了企业创新战略的重要组成部分。

（5）在整个创新过程中，选品与定位密不可分，两者既有区别也有联系。通过合理的选品和定位策略，可以使创新产品更好地满足市场需求，获得竞争优势，从而实现商业成功。

第3章
创新案例分享

本章选择了 80 个创新案例，读者可以仔细品味这些不同的创新案例，用心感受这些案例的创新过程。在这些案例中，可以看到成功、看到失败、看到案例背后的选品与定位，以及专利申请布局策略。通过这些案例，读者可以更深入地体验创新的不易，也更加明白实践对于理论的重要性。

3.1 具有称重功能的勺子

我上大学时，发明了一种可以称重的勺子，这个勺子能精确称量出调味料的重量，对家庭主妇以及喜欢做菜的人很有帮助。

当时我想到了两种实现方式：一种是电子显示的，一种是机械显示的。由于我当时不太懂电子，不知道电子显示如何实现，只能将自己的创意想法以简单的结构草图形式表达出来，并委托当地的专利代理公司申请了一个纯机械显示的实用新型专利。

那家专利代理公司并没有按照布局保护的角度去撰写专利，只是根据我提供的材料（图 3-1、图 3-2），写了一个简单的实用新型专利，且实用新型专利独立权利要求保护范围写得比较小，很容易被绕开。结果在专利公布后的第二年，某企业就申请了电子显示的量勺（图 3-3），并成功将产品推向了市场，产品一经面市便受到了消费者的高度认可。遗憾的是，因为专利申请的问题，我根本没法通过这个专利维权。

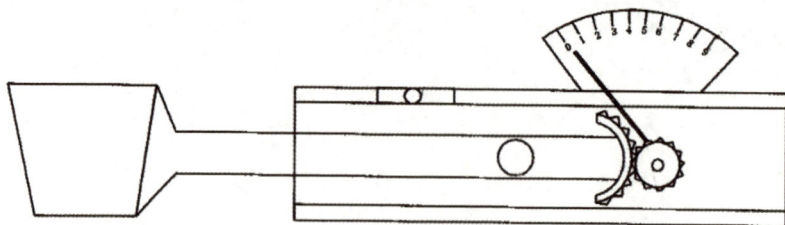

图 3-1　称量勺方案 1

图 3-2　称量勺方案 2

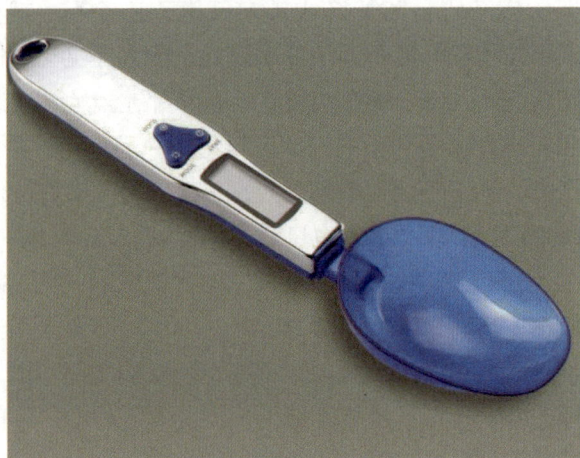

图 3-3　目前在售的电子量勺

　　我的整个想法在当时来说创造性还是很强的，申请发明专利也没有一点问题。众所周知，发明专利有 20 年的保护期，如果当时电子显示的技术方案与机械显示的技术方案采取发明和实用新型同时申请的策略，在专利撰写上也没有问题，从 2006 年申请专利到 2023 年，根据电商平台的销量统计，17 年间至少有上亿元。这件事的感悟是，有好的想法时，一定要申请专利，且要做好全面的布局保护。

　　有鉴于这个深刻的教训，后来我创办了自己的知识产权代理机构，以帮助那些有想法、有创意需要申请专利的朋友，帮他们完善专利布局，不要让好的发明创造因为专利申请布局不力，给自己带来巨大的损失。

3.2 风靡全球的旋转拖把

旋转拖把（图3-4）因其可以轻松将拖把甩干，用户体验感好，产品面市以来深受消费者的喜欢。该产品是丁明哲发明的（最早申请专利的是王启辛，他于1994年就申请了一个实用新型专利，只不过该专利过于简单，且没有做出产品），因为其使用方便、轻巧灵活，市场占有率非常高，整个专利项目价值有人估算过，至少20亿元。

旋转拖把的第一代产品于2008年上市，只花了15个月，就卖爆了。后来，随着市场的增长，年营业额一度做到了几十亿元。因为产品实用性高，产品多维度定位精准，市场反响好，每个地方引进后，基本都在当地市场造成了轰动。

什么是好项目？这个就是典型的好项目！刚需产品，痛点需求、使用方便，结构简单、成本低廉，易于制造、市场巨大，不可替代。有好的创意时，最好也从这几个方面来审视自己的想法是否也具备这些要素。

旋转拖把在使用过程中，拖把杆往下按压时，下部的拖把盘就会旋转起来。这个按压旋转的原理，还可以用在生活中的哪些地方？很多人受到了启发，借用这个原理，想出了其他方面的具体应用，有些市场反响还很不错。这里要注意，有些利用这个机理的专利申请，比旋转拖把出现的时间要早。下面看两个比较经典的产品。

第一个产品：快速钢筋拉钩（图3-5）。这个产品原理和旋转拖把一样，唯一区别在于旋转拖把是按压旋转，而这款产品是拉伸旋转。目前这款产品在市面上很火，不少企业也看到其中商机，纷纷开始生产售卖，月销量一度达到上百万根，市场潜力十分巨大。

第二个产品：旋转打蛋器（图3-6）。这个产品相信很多人都见过，专利申请非常早，其专利早在20世纪90年代初就申请了。目前在各大电商平台上都有销售，月销量也有十几万支。其原理和旋转拖把一致，都是按压式旋转。

这两个产品的大卖，基本上满足了好产品的基本要素。如果有好的想法，不妨将这些条件进行一一比对，看看是全部符合，还是部分符合。

图 3-4 旋转拖把

图 3-5 快速钢筋拉钩

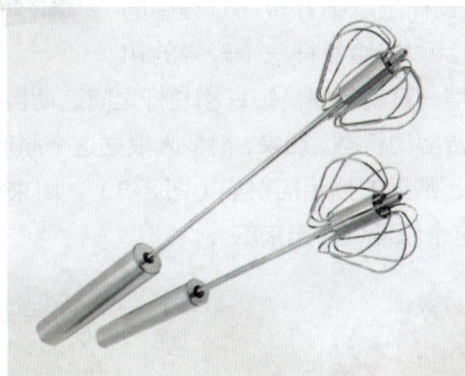

图 3-6 旋转打蛋器

3.3 一直摆动的混沌摆

　　混沌摆（图3-7）不少人都见过，旋转起来比较神奇，为公众普遍所知是在电影《钢铁侠2》里面。《钢铁侠2》是 2010 年上映的，2011 年有一个人根据电影里面的画面申请了一个造型一样的外观设计专利。但这个专利缺乏稳定性，后面会讲到。因为这个产品的两根杆子摆动起来比较神奇，给人感觉好像是永动机，很多人会买一个作为装饰摆件放在家里或办公桌上。凡是看到它的人都好奇它是怎么运行的，都想买来深入研究一番。在这种好奇心理的作用下，产品投放市场后销量一度十分可观。

虽然混沌摆一直在动，感觉好像永动机一样不需要能量，但不要被它的表象所迷惑，其转动也是需要能量的，它的电池就装在底座下面的盒子里，表面上是看不到的，是电池的供电保证了两根杆子"永动"的假象。

混沌摆的原理其实并不复杂，最长的那根杆子末端有磁铁，底座内部中间部分有一个线圈，每当长杆末端接近线圈时，由于磁铁的原因，磁铁和线圈产生电磁感应。此时，线圈会产生一个电磁作用力，作用在长杆上以弥补转动过程中的能量损失。这样一来，即使给长杆一个轻轻的初

图 3-7 混沌摆

始力，就可以让混沌摆一直动起来。短杆和长杆之间运动自身并没有什么规律，而是处于一种随机旋转摆动状态。后来，很多人根据这个原理对混沌摆做了改进，并申请了专利。例如，常见的摇手招财猫（图 3-8）、用来摇手机的手机摇摆机（图 3-9）都是基于这个原理设计出来的。

图 3-8 摇手招财猫

图 3-9 手机摇摆机

有人将这个原理用在了婴儿摇床上，并通过这个创意获得了不菲的专利许可收益。一次偶然的机会，他发现原来的婴儿摇床是用电机驱动，相对而言还是比较费电的。他经过细心观察发现，摇床每次摆动所损耗的能量很小，只需要采用类似混沌摆的原理给它补充损耗的能量，摇床就可以一直摇下去，而不需电机一直驱动摇床摇动。想到这个方案后他申请了专利，后来专利许可给了一家生产

婴幼儿用品的公司，年许可费还是比较可观的。

当然，生活中肯定还有其他地方也可以应用这个原理，至于还有哪些改进就交给读者去思考了。

前面说了，有人根据电影《钢铁侠 2》里面的混沌摆外形申请了外观设计专利，而且还拿到了证书，但这个专利理论上是不稳定的，毕竟《钢铁侠 2》里面的混沌摆是在申请人申请专利之前就公开了。那对于这个外观设计专利来说，若有人也做出同样的产品，申请人用这个专利去维权，是绝无胜算，还是有可能维权成功？

《中华人民共和国专利法》第二十三条规定："授予专利权的外观设计，应当不属于现有设计……本法所称现有设计，是指申请日以前在国内外为公众所知的设计。"根据这条解释可以看出，这个申请人获得的外观设计专利，是不应该授予专利权的。但因为我国外观设计专利不经过实质审查，只经过形式审查，形式审查没有发现问题就授权了，肯定也会存在与申请日前已有的设计相冲突的情况，即外观设计专利授权不代表权利的稳定。所以，拿到一个明显与现有设计一模一样的外观设计专利也不足为奇。也就是说，即便专利授权了，不代表这个证书的法律稳定性就很强。利用该专利维权时，被告有可能会找到早于该外观设计专利申请日之前的证据，对该专利提起无效宣告请求。

假设用这个专利维权，对方只要找到《钢铁侠 2》里面的片段，即可轻松使此外观设计专利无效。当然，也存在被告方没有看过《钢铁侠 2》这种情况，当侵权方被控侵权时，被告拿不出足够有力的证据，不能无效掉这个专利，那这个专利就是受法律保护的合法有效的专利，法官在裁判时还是会判侵权成立的。

申请一个外观设计专利在官方费用可以减缴的情况下，一般不到 1 000 元，若外观设计专利被侵权，专利持有人维权时总的花费加上外观设计专利申请费，一般要远小于侵权被诉方找律师应诉和无效专利权人外观设计专利申请所花费用。从成本角度来讲，这对于外观设计专利权人来说还是比较合算的，而对于被诉方来说就显得不合算了。

所以，面对这种情况，即便申请时明知待申请的专利可能稳定性有问题，建议专利还是要申请的。万一专利审批下来了，去做外观设计专利权评价报告，审查员没有找到对比文件，专利权评价报告就是正面的。且被诉方也找不到足够的证据，不能无效掉对方的专利，那专利权人的这个外观设计专利就是切切实实得到法律保护的专利，这个专利在法律上就具有一定的排他性。

3.4 神奇的无叶风扇

无叶风扇（图 3-10）最早是由英国戴森公司于 2009 年 10 月首次推出的，由于没有叶片，不会伤到儿童手指，且造型科幻新奇，产品一经推出便深受消费者的喜欢。

很多人首次看到无叶风扇感觉好神奇，没有扇叶怎么能出风？它用的是什么黑科技？无叶风扇在国内市场刚开始销售时，七八百元的售价，而普通的有扇叶风扇售价一百元左右。即便贵也挡不住人们的购买热情，那段时间网上销售很火爆。

无叶风扇外观上的"无叶"，并非真正的"无叶"，只是巧妙地将叶片隐藏在了风扇基座内，空气从基座周围格栅进入，经过风扇内部风道最终从风扇环状中空出风口中吹出。这项发明的灵感来自干手器，干手器的工作原理是迫使空气穿过一个小口来"吹干"手上的水，无叶风扇正是借用了干手器的原理从而发明出来的。无叶风扇中的空气由于是被强制从环状中空出风口中吹出的，通过的空气量理论上可以增加到原来的 15 倍，所以无叶风扇也被称为空气倍增器。现实中由于风道阻力的存在，实际上风量是达不到这么大倍数的。

图 3-10　无叶风扇

无叶风扇技术上实现并不难，难在谁第一个敢在思维上打破常规，去思考没有风扇也能吹出风来，这才是重点。很多创新技术不难，就是大家的思维想不到那块去，想到了实现反倒很容易。

利用无叶风扇的机理，发散思维也可以做出一些延伸性产品出来。如，戴森公司在推出无叶风扇几年后又推出了无叶吹风机。无叶吹风机的机理和无叶风扇是一样的，只是机理的应用场景不同罢了。当然了，无叶机理的应用不会止步于无叶风扇和无叶吹风机，利用本书第一章的创新方法论，也可以试着想想其他的应用场景。

3.5　泡泡洗手液

生活中只要处处留心，总会有惊喜！2005 年，有个日本工程师发现，洗手液在使用时，有很多不足之处：一是挤出的洗手液，在手是湿的情况下，双手还没有搓开就容易掉下去，易造成不必要的浪费；二是冬天挤出的洗手液温度偏低，体验感不好。

针对这个问题，日本工程师潜心研究出了可将洗手液变成泡沫的洗手瓶（图 3-11），一举解决了上面两个问题。目前这种瓶装洗手液，售价要比常规的贵一两倍。虽然售价提高了，但由于市场容量大、消费者体验感好，销量也十分可观。该产品还有一个优点，就是当泡沫瓶里面的液体用完后，还可以将普通洗手液加水稀释后装入瓶子，挤出来依然是泡沫状的，消费者在家里也可配制补充洗手液，很是方便。从这个案例可以学到两点知识：第一，要留心观察生活中的细节，这样就有机会发现潜在的商机；第二，通过解决问题和提升用户体验来创新产品，即使售价较高，但只要消费者满意度高，在巨大的市场中，仍然可以取得成功。

图 3-11　泡泡洗手液

3.6　手机背夹式充电宝

充电宝大部分人都用过，但很多消费者不知道，这个赛道竞争异常激烈。有款手机背夹式充电宝（图 3-12）为了获得竞争优势，另辟蹊径，将手机壳与充电宝结合了起来，结合后的产品用户体验感相当不错，深受用户喜欢。

从产品的结构上来说，与其说背夹式充电宝是一个充电宝，不如说它是带有充电功能的手机壳，这样理解可能更直接、明了。将充电宝外形做成手机壳的样子，这时手机壳和充电宝融合成一个产品，兼具了两者的功能，产品技术含量不高，但却是妥妥的好想法、好创意。

好想法一定要申请好专利才行，但提出这个想法的余先生申请的专利让人看了大跌眼镜！余先生于 2008 年申请了一个实用新型专利，但为什么专利权利书的独立权利要求中一定要限定该技术只适用于 iPhone 手机呢？申请人就这么确定以后安卓手机不会用到吗？专利申请时权利要求书保护范围一定要尽量谋求最大化，而在做实际产品时，申请人想怎么做都可以，那是申请人的自由。这种自束式的撰写方式，让人实在摸不清申请人当初是怎么想的。

这个专利没有看到专利代理机构，应该是申请人自己撰写的申请文件，那自束式写法也讲得通了，一般正规代理机构是不会这么写的，除非申请人强烈要求。专利申请文件撰写技术性很强，不建议申请人自己撰写，因自己撰写而把好的专利写坏的案例太多了。因写坏了专利导致后期不能有效维权，岂不是得不偿失！所以，专业的事情还是由专业的人去做才好！

图 3-12　手机背夹式充电宝

3.7　打苍蝇时不会把墙壁弄脏的苍蝇拍

用常规苍蝇拍打苍蝇，经常出现一拍下去把苍蝇打死了，但是墙壁上会留有痕迹，清理起来很是麻烦。无痕苍蝇拍（图 3-13）的设计就很有意思，不仅能打死苍蝇，还不会弄脏墙壁。发明者将苍蝇拍的网格部分镶嵌在了苍蝇拍边框中间，边框外表面到网格有一定距离，而这个距离基本等于一般苍蝇大小，如图 3-14 所示，在打苍蝇时，由于边框厚度的存在，会使苍蝇拍能打死苍蝇，但又不至于将苍蝇糊在墙上。整个创新虽结构简单，但卖点突出，市场巨大，不可小觑。

生活中这种微创新很多，有的只需要在现有产品上稍微做些调整即可获得意想不到的效果，前提是要善于发现生活

图 3-13　无痕苍蝇拍

中的不足。发现产品的不足是开启创新的一步，也是最重要的一步。

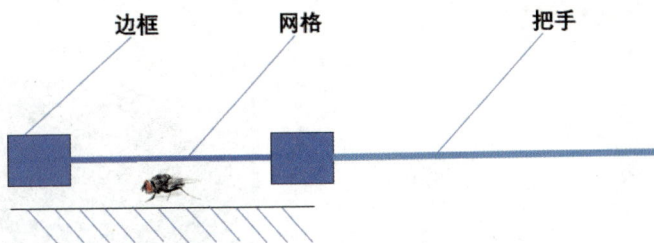

边框　　　　网格　　　　　　把手

图 3-14　无痕苍蝇拍设计原理

3.8　设计独特的章鱼晾衣架

　　晾衣架种类很多，但章鱼晾衣架（图 3-15）的设计比较特别，其在未展开时整体呈圆筒状，晾衣服时只需把支架从筒体下部撑开，再把晾衣竿从筒体顶部拉出来即可晾衣服。这款晾衣架晾衣服晒被子都很方便，平时不用的时候，可以将顶部的晾衣竿和底部的支架收纳在圆筒内，十分节省空间。

　　这个设计整体上还是比较独特的，与螺旋晾衣架（图 3-16）一样，产品整体上令人耳目一新，可以作为衣架领域的一个细分品类长期售卖下去。专利方面，由于该产品的生命周期比较长，专利申请时要尽可能谋求最长的保护期。专利申请策略方面，发明、实用新型、外观设计三种类型的专利建议一并申请。原因是发明保护期 20 年，实用新型只有 10 年，发明要尽量争取。实用新型是该设计保护的基础，在发明授权不了的情况下，至少还有实用新型可以作为替补在结构上起到壁垒作用，并获得 10 年的保护期。为什么外观设计专利也要一并申请呢？原因在于，即便发明和实用新型因新颖性创造性导致的排他性不足，外观设计专利还可以起到一定的排他性作用。这款产品不管如何设计，基本外形都差不了太多，所以外观设计专利一定要一并申请。这个申报策略直接牵扯该项目的专利最终估值和市场上的专利排他性，务必重视。

图 3-15　章鱼晾衣架

图 3-16　螺旋晾衣架

3.9　颇有争议的生鲜灯

生鲜灯（图 3-17）是一个很有争议的发明创造，因为在它的照射下，普通肉类、蔬菜看上去很新鲜，因此很受商家喜欢。不过，对于普通消费者来说，商家用生鲜灯照射生鲜，总有一种不好的生鲜被粉饰后的感觉。有人甚至呼吁禁止这种灯的使用，不能给这种灯授予专利权。也有人说生鲜灯和化妆品一样，都是给人一种视觉美好，若不给生鲜灯授予专利权，化妆品也不要给，因为多多少少都有美化的成分。

图 3-17　生鲜灯

创新的目的更多要有积极的社会意义，而不是损害普通大众的利益来满足少数人的利益。《中华人民共和国专利法》第五条第一款规定："对违反法律、社会公德或者妨害公共利益的发明创造，不授予专利权。"那生鲜灯通过灯光的视觉效果，让蔬菜肉类看上去新鲜，从而增加消费者的购买欲望，算不算妨害公共利益呢？这个要具体问题具体分析。

　　比如，申请"一种菜刀"是可以获得专利授权的，但是如果申请"一种砍人用的菜刀"的专利是不能授权的。生鲜灯申请专利时之所以能够授权，是因为申请人在申请的时候，只讲这是一种灯，其功效只是让食物更加鲜艳，以增加食欲和顾客的购买欲，没有提及不新鲜的食物变得看似新鲜有利于出售。那专利审查环节就不应当有任何阻碍行为，该授予专利权的还得授权。

　　2023 年 7 月 22 日，国家市场监管总局公布了《食用农产品市场销售质量安全监督管理办法》。该办法明确了销售生鲜食用农产品，自 2023 年 12 月 1 日起不得使用"生鲜灯"误导消费者的感官认知。这个争议已久的问题至此终于得到官方明确的法规回应。创新可以，但用它来打擦边球违法，欺诈消费者可不行！

3.10　单手可以轻松开启的啤酒瓶盖

　　易拉式啤酒瓶盖（图 3-18）已经出现好多年了，开盖很方便，只要轻轻一拉，就可轻松开启。这个东西虽然很好，但开盖过程中，必须两只手协同操作才可以打开啤酒瓶盖。那能否单手轻松打开啤酒瓶盖呢？发明人徐先生就想到了这个点，他发现在现有易拉瓶盖的基础上稍微改动，就可以将双手开启的过程变成单手开启。想到解决方案后，徐先生就制作了样机（图 3-19），经过验证，效果很不错。整个瓶盖并没有做多大的改动，只是增加了一个小的凸起，使得手柄上翻的过程中，凸起抵在瓶盖边沿，此时手柄就变成了一个小小的杠杆，手柄继续上翻，在杠杆力的作用下即可轻松开启瓶盖，整个过程方便快捷，不失为一个不错的发明创造。有时候，好的创新不一定有多复杂，但一定是在解决了某个问题的基础上，能让人产生共鸣。

　　可惜的是，徐先生申请实用新型专利的时候是 2020 年，他并不知道在他申请专利之前，2009 年也有人申请了一个跟他专利技术方案高度相似的专利。受这个专利的影响，徐先生的专利基本上没有什么稳定性可言，去做专利权评价报告大概率也是负面的，再花费精力在这个专利上面已经没有必要了，他就放弃了这个专利。虽然徐先生放弃了该专利，但这个设计确实挺实用的，希望有啤酒厂可以将这个技术应用在具体的产品上方便消费者。

图 3-18　易拉式啤酒瓶盖

图 3-19　徐先生手工制作的可单手开启的啤酒盖

3.11　反重力水滴倒流加湿器

　　反重力水滴倒流加湿器（图 3-20）在网络上很是风靡，其是利用灯光的频闪配合水流来实现的。水置于整个装置底部容器内，通过抽水泵将水抽到顶部流下来，装置顶部设有频闪灯，当出水口处的灯频闪频率调到合适的范围时，便可产生水流静止或倒流的现象。这个频率范围一般在 50 ~ 100Hz，在这个频率的灯光照射下，就可以看到水流或水滴倒流或静止的神奇现象。平时，人眼是看不出频闪效果的，只有用手机拍摄视频时才可以看到。因为整个装置产生的水滴倒流视觉冲击力强，给人一种水反重力倒流的感觉，所以该产品投入市场以来深受消费者的喜欢。

　　在新颖性具备的前提下，该技术的创造性还是比较足的，专利布局策略最好是发明和实用新型一起申请，核心专利保护产生该效果的机理，再申请布局一些基于该机理延伸出来的具体应用，如室外水滴倒流幕布、倒流饮水机等。布局策略中申请发明的原因是这个机理延伸出来的具体产品生命周期会比较长，只申请实用新型不足以实现申请人利益最大化，毕竟发明保护期 20 年、实用新型 10 年。

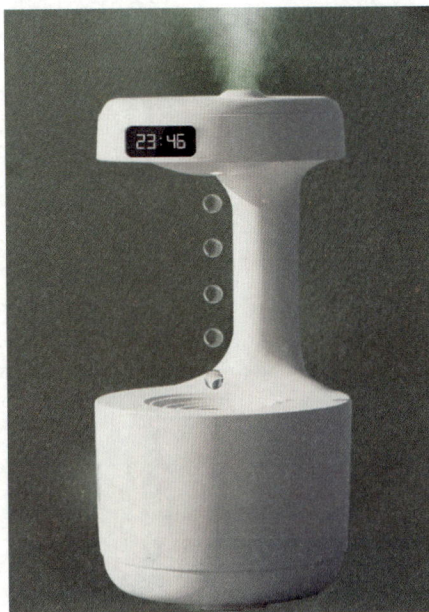

图 3-20　反重力水滴倒流加湿器

3.12　滑板车

大道至简，多数情况下，贴近生活的创新，也同样适用这样的道理。例如，这款儿童滑板车（图 3-21），线上月销量异常火爆。而火爆的产品，一定是简单、实用、可靠、价低，因为复杂意味着成本和售价的增加，同时，外观的凌乱还会导致可靠性的下降及多种功能整合时，空间布设的妥协。这样就造成无论是价格，还是外在美感，或是使用的便捷性、可靠性，都在远离普通受众的心理预期。所以，创新者需要审视自己的创新是否符合这些逻辑。具有创新思维头脑的人，思维都是极具活跃性的，不过想归想、发散归发散，想出的技术方案必须在这些原则内，否则可能在做无用功。

图 3-21　滑板车

3.13　悬空时钟

这款设计独特的悬空时钟（图 3-22）是由一个国外设计达人设计出来的，给人第一印象是分针和时针都悬在空中，设计很是巧妙。

悬空时钟的原理是分针与时钟内壁第一齿环连接，由齿环的转动带动分针旋转。分针与时钟同轴，时针的末端嵌有磁铁，该磁铁与嵌套在时钟内壁第二齿环上的磁铁相互吸引，第二齿环转动时通过第二齿环上的磁铁吸引时针末端的磁铁跟着转动。两个齿环的转动是靠底座电机带动齿轮和涡轮来实现的。

2021 年就有人用短视频详细介绍了这个悬空时钟的制作教程。2023 年 2 月 24 日，深圳的安先生就申请了与视频中描述的结构差不多的悬空时钟实用新型专利（图 3-23），该专利于 2023 年 7 月 7 日授权公告。在安先生专利递交上去还未授权公告这段时间，安徽的沈先生于 2023 年 6 月 17 日也申请了一个悬空时钟的发明专利（图 3-24），该发明专利于 2023 年 7 月 21 日公开。

图 3-22　悬空时钟

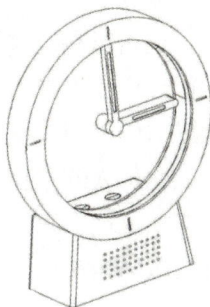

图 3-23　安先生的悬空时钟图

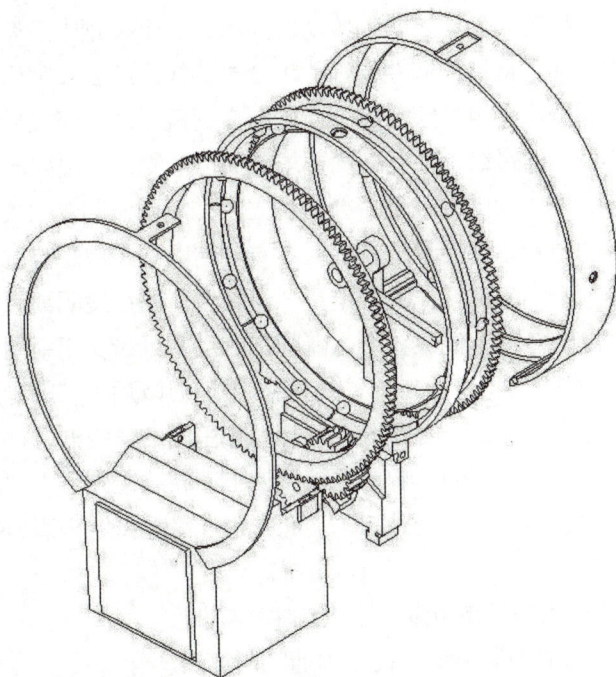

图 3-24　沈先生的悬空时钟图

　　两个专利都是在参照国外视频的基础上做了细微的改进后申请的，内容大体一样，实现方式有细微的差别。另外，由于两个申请人一前一后申请专利，互相也没有任何借鉴，所以专利撰写的语言表达、独立权利要求的范围都不相同。

根据上面的描述，问题来了：第一，在这两个专利申请日前的悬空时钟视频会不会对这两个专利的新颖性、创造性造成影响？第二，深圳安先生的专利会不会对安徽沈先生专利的授权造成影响？第三，安先生的实用新型专利已经授权，其稳定性怎么样，是否具有足够的排他性？第四，若这个视频对这两个专利都有影响，那他们为什么还会去申请专利，他们当时是怎么样的一个心理？

第一个问题，由于安先生和沈先生的专利与视频中的悬空时钟技术方案都有不同之处，所以两个人的专利从整体方案上来说新颖性理论上都具备，但视频中公布的技术方案从机理上已经将悬空时钟的实现方式表述很清楚了，且二人的专利在悬空时钟机械结构实现上，只存在底座电机输出动力传导到第一齿环和第二齿环上有所不同，且这种不同基本上也属于常规技术。安先生在专利技术方案里面还加了扬声器，这个虽然在视频里面没有体现出来，但这也是常规技术的叠加，对新颖性有贡献，但创造性没有什么贡献。沈先生在从属权利要求中还提到了齿轮与第一齿环和第二齿环之间的传动比关系，这个视频中没有提及，所以这个点具有新颖性，是否具备创造性要等待审查员的检索或公知常识判断。若沈先生的发明专利最后授权，也是因为这个点的存在而授权的，但最后必须将这个点加入独立权利要求，通过缩小独立权利要求的保护范围才可授权。

第二个问题，安先生的专利是否会对沈先生在后申请的专利授权造成影响，那要先看安先生的专利是否会对沈先生在后专利新颖性造成影响。《中华人民共和国专利法》第二十二条第二款的规定："新颖性，是指发明或者实用新型不属于现有技术；也没有任何单位或者个人就同样的发明或者实用新型在申请日以前向国务院专利行政部门提出过申请，并记载在申请日以后公布的专利申请文件或者公告的专利文件中。"这个问题得先抛开视频里面的悬空时钟技术方案，来讨论安先生专利对沈先生专利的影响。也就是说上面新颖性内容中"发明或实用新型不属于现有技术"这句话要先抛开。下面先讲什么是抵触申请，抵触申请必须满足以下四个条件：

（1）在先申请由任何单位或者个人在中国申请。

（2）在先申请的申请日早于在后申请的申请日。

（3）在先申请的公开或公告日在后申请的申请日之后。

（4）在先申请与在后申请的专利属于同样的发明或实用新型。

举个例子，A先生2023年1月1日向国家知识产权局专利局申请了一个专利，2023年8月8日该专利授权公开；B先生的专利是在2023年1月1日到2023年8月8日之间，向国家知识产权专利局递交的与A先生专利内容一样的发明或实用新型。这种情况下，A 先生的在先专利会对 B 先生的在后专利的新颖性造成影响，即抵触申请。

关于是否为相同的发明或实用新型的认定，《专利审查指南 2010》第二部分第三章规定："如果其技术领域、所解决的技术问题、技术方案和预期效果实质上相同，则认为两者为同样的发明或者实用新型。"显然这两个专利解决的技术问题及技术效果并不完全相同，因此不属于《中华人民共和国专利法》上讲的抵触申请。沈先生在后申请的专利并不受安先生在先申请的专利的新颖性影响。

通过上述分析，安先生的专利不会对沈先生的专利新颖性造成影响，而新颖性不能用来评价创造性，在新颖性具备的基础上，沈先生的专利是否具备创造性要审查员通过检索或公知常识加以判断。

第三个问题，安先生的实用新型专利已经授权，其稳定性怎么样，是否具有足够的排他性？我国的专利制度中，实用新型和外观设计专利是不经过实质审查的，授权不代表专利的稳定性就没有问题。虽说 2023 年 1 月 1 日起实用新型专利引入了明显创造性审查，但这个审查力度比起发明还是比较低，安先生的实用新型能授权，并不能说明其稳定性就很强。所以说，安先生虽然拿到了实用新型专利的证书，但稳定性差，容易被无效掉。

第四个问题，若这个视频对他们两个的专利都有影响，那他们为什么还会去申请专利？他们当时是怎么样的一个心理？一般来说，看到国外某个设计比较好，马上去申请一样结构专利的，都有一种这是好东西，兴奋激动、悄悄地捡漏、赶紧圈地锁定的心理。这种类型的申请人一般对专利知识了解不多，专利申请时，代理师也许给他讲了审批风险及授权后的排他性问题，估计也是听不懂或听不进去，再或者抱有侥幸心理，总觉得能授权，授权了可以具有一定的威慑性。在这种心理作用下，即便一个产品已经在网络上公开了详细内容，也会有人去申请专利，这种专利就是在这种情况下产生的。

3.14　回转小火锅

回转小火锅（图 3-25）是 2010 年前后风靡的一种新式吃火锅方式，因其就餐过程中体验感新奇优点多，深受消费者喜欢。

图 3-25　回转小火锅

由于回转小火锅是将店里的各种食材都放于回转盘上不断回转，当喜欢的食材转到客人旁边时，客人选择自己喜欢吃的即可。每个客人面前都有一个电磁加热的小锅，可以自己调控温度，且锅底可以根据自己的喜好选择。每种食材用不同的签子或夹子串夹起来，客人吃完后只需要统计有多少签子或夹子即可算出吃的金额。整个吃的过程中客人自助即可，体验感比起常规火锅要好。

回转小火锅专利是北京的黄先生于 2009 年 10 月份申请的，采用了双报的方式申请了一个发明和一个实用新型。审核发明的时候为了避免重复授权，申请人放弃了实用新型专利。但发明授权的时候由于审查员找到了对比文件影响了独立权利要求的创造性，所以申请人被迫缩小了专利的保护范围，该专利的排他性也因此变得很弱了，一般人都可以轻易绕开。正因为授权发明没有排他性，申请人在发明专利授权 4 年后就放弃了该专利。

其实类似回转小火锅的结构在 1998 年就有李姓申请人申请过一个实用新型专利，其结构与回转小火锅极为相似，只是餐位上没有单独的加热功能。其发明目的也只是提供一种不用走动就可以将食物送到就餐者桌前的送餐机构，估计那时申请人还没有想到将这个发展为回转小火锅。但仅是解决送餐问题，在餐饮领域使用还缺少使用的必要性，所以这个实用新型专利授权 2 年后申请人就放弃了该专利。

在餐饮领域，谁能会想到类似回转小火锅这种新的吃法，不仅体验感好，设备结构和就餐方式还能通过专利有效保护起来，再配一个好的品牌名称，通过品牌运作的方式进行加盟许可，这个获利是非常厉害的。别人要仿制这种餐饮模式，品牌名可以随便起，但通过专利可以制约对方，使得对方在技术层面没有办法绕开这个专利，这个时候对方只能选择与其合作或者加盟品牌。

其实，专利加商业模式的组合比单纯做一个专利进行许可转让或产业化卖产品更厉害。创新主体在做创新时，可以学习借鉴这种方法。

3.15　反常规设计

反常规产品设计往往能让消费者产生极强的震惊和不可思议感。如这个能从鼻子里出水的饮水机（图 3-26），就打破了常规的饮水机设计，做出了好奇感、惊讶感，产生了足够吸睛的效果。消费者会在心里设想：这能喝吗？这好喝吗？再如这个垃圾桶杯子（图 3-27），和前面的饮水机一样，违和感十足。

图 3-26　鼻子出水的饮水机

图 3-27　垃圾桶杯子

这类设计把玩性强、吸睛度高，比设计平平的产品更具流量性。这种创新的原理就是打破人们对事物的基本认知，站在认知的对立面去设计产品，有时反而能起到常规产品达不到的关注度。不过这类产品，大部分都存在剑走偏锋的特点，新鲜感过后，若实用性不强，人们终会趋于理性。另外，不见得高关注度下就会有高的购买率，有的产品关注度高，但购买率并不高，原因是很多消费者在下单的最后环节，会思考这个产品是否真的值得购买。大部分情况下，侧重剑走偏锋并没有强化产品的实用性，理性消费者不会买单。

所以说，反常规类产品属于非主流产品，一般来说大部分都是叫好不叫座，生命周期一般比较短，新鲜感过后大部分会趋于平淡，最终慢慢消失在人们的视野中。

3.16 年销售额上亿元的磁吸式出汤茶具

有一种创新的起因是腻心理，腻心理是推动创新强劲的源动力，它挑战的是习以为常、司空见惯、墨守成规，它突出的是与众不同、独一无二、天下无双，正是这种心理促使创新的成果源源不断产生。

如这个茶具的创新就是这样，人们已经用腻了没有新意的沏茶过程，灵光闪现，一个新式的盖碗上置式磁吸式出汤茶具就诞生了。因其沏茶方便，深受用户的喜欢。由于销量好，网上涌现出了各种造型的设计，但不管造型怎么变，其原理都一样，都是通过公道杯放置在盖碗下面时，公道杯把手上的磁铁，吸附盖碗底部的钢珠来实现出汤，如图 3-28 和图 3-29 所示。

图 3-28　磁吸式出汤茶具一

图 3-29　磁吸式出汤茶具二

这个专利最早是湖南人陈先生于 2013 年申请的，但由于早他 3 年，福建人廖先生也申请了一个有点类似的茶具专利。廖先生专利对陈先生专利的创造性产生影响，所以其实用新型专利后来无效了。现在这个专利技术已经是公有技术了，也就是说只要重新设计一个造型，只要不侵犯目前在售产品的外观设计专利，也可以销售磁吸式出汤茶具。

对于这种无排他性专利制约市场的情况，商家要获利最大化，就要看谁的外观设计得好、谁的产品品质好、谁的营销能力强了。当然，如果商家要获得一定的市场排他性，可以开动脑筋，想想这款产品在功能和结构上还可以做哪些优化改进，毕竟任何产品都不可能十全十美，随着时间的推移，都会有迭代产品出来。

3.17　手摇式螺旋拉伸水果削皮机

手摇式螺旋拉伸水果削皮机（图 3-30）除了能削皮外，还可以把水果削成螺旋状，比较有意思。其专利是 1993 年陈先生申请的一个实用新型专利，该专利在 1999 年因未缴纳年费导致权利终止。不过让人惊讶的是，这个产品竟然和30 年前的专利配图高度一致。之前的专利配图更多是原理性配图，没有任何工业设计的美感，而这个产品几乎是直接按照专利的结构性配图（图 3-31）生产销售的。

图 3-30　手摇式螺旋拉伸水果削皮机

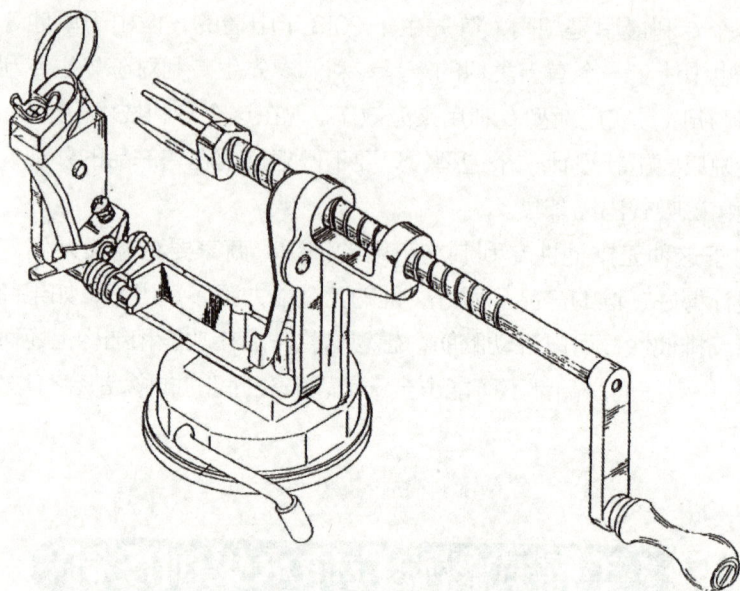

图 3-31　手摇式螺旋拉伸水果削皮机专利配图

　　大部分结构类专利申请的说明书配图，都是该专利的原理性结构图，这种图绝大部分并不适合直接照图加工生产直面消费者，必须根据专利的结构图再重新做工业设计，根据工业设计定型的产品外观开模生产。当然，有的申请人专利申请时也会直接用经工业设计后的图，这种一般是研发设计已经定型后才会用设计后的图去申请专利，如果是这种图则最终产品外形与专利中的配图是一样的。如果不是这样，直接照着专利的配图来生产产品，有可能会影响后期销量，不起量就赚不到钱，看似前面节约了工业设计费用，其实是在浪费资金，是不明智的一种表现。

　　工业设计是对产品的外观造型、功能、结构，以及产品对应的包装和产品背后品牌的整合和创新，它是科技知识、艺术知识、心理学知识和经济知识的高度结合。在产品竞争激烈的大环境下，外观设计的好坏，往往直接决定产品的销量大小，商家不可轻率照抄专利说明书配图直接做产品，否则销量大概率会受到影响。

3.18　充满浪漫色彩的情侣雨伞

　　这款双人雨伞（图 3-32）比较受大众喜欢，其独特的双杆设计富有想象力。出于好奇，查询这款雨伞的专利后发现，和图中的这款雨伞最接近的专利，竟然早在 1998 年 3 月，广东人张先生就申请了实用新型专利，不过专利于 2003 年 4 月就因未缴纳年费视为放弃了。让张先生没有想到的是这款雨伞的设计，竟然在 20 多年后，被人重新拾了起来。

图 3-32　双杆情侣雨伞

　　这个案例说明以下几个信息：

　　（1）张先生从这个专利授权到放弃，总共用了 3 年多时间，在这期间他也曾想着转让或产业化，但因各种原因未能实现。

　　（2）目前做这款伞的人，善于在失效专利里面淘金。众所周知，失效的专利不用担心侵权，也不用支付专利许可费。另外，失效专利不见得就没有价值，有很多想法还是很不错的。这是因为失效专利里有很大比例是因为申请人没有办法继续往下走，最终无奈放弃的。所以，当产品缺乏创新时，学着从失效专利里面淘金，找点灵感，不失为一种聪明的做法。

　　（3）从一个想法到专利的申请布局，再到专利的获得收益，这之间需要系统性知识做支撑，缺哪一个环节都可能不再有下文。对于想通过创新来获利的人来说，不先提高自身综合能力，而只知道申请专利，很有可能像这个雨伞的申请人一样，免费向社会贡献一个好的想法，仅此而已。虽然，有时自我感觉良好，但有没有发现，当手持载有梦想的专利证书时，总觉得无比接近获利颇丰后的巨大成功，但又感觉近在咫尺却远在天边。所以，掌握专利从想法到产业化过程中的系统性知识至关重要。

3.19 分蛋器与开蛋器

来看看两款跟鸡蛋有关的产品。

第一款分蛋器（图 3-33）设计感觉还是挺巧妙的，看得出来，创新者还是挺用心的，但看网上的评论，质疑的声音比较多，大部分人觉得多此一举，欺负大家没有手。如果是这样，那在购买时，消费者也会有同样的认知，因为评论区的人就是潜在的消费者，所以东西好不好，看评论就能分辨个大致。

第二款开蛋器（图 3-34）也让人有新奇的感觉，打破了人们对平常打蛋方式的认知，直接从鸡蛋一端开个口子，可以往蛋里面放其他食材，做好的美食可以发发朋友圈，博取他人眼球的同时还能获得精神上的成就感！这款产品在结构上也比较简单干练，价格上比第一款要具有优势。

图 3-33 分蛋器

图 3-34 开蛋器

根据网上的销量情况来看，第一款要差很多，第二款销量还挺不错。两款产品虽然都跟鸡蛋有关，但第一款让人感觉多此一举，下单理由不足；第二款让人感觉耳目一新，购买欲十足。作用在鸡蛋上的产品市场很大，若产品好，选择这个方向创新没有什么问题，但造成这两个产品差异的原因，是产品解决方案选取上的不同。一个是替代手工打蛋的过程，一个是在开蛋的基础上做出了新奇感，两者有着本质的区别。

基于这些分析，给创新者提个醒，设计产品时，在基础需求满足的前提下，要设计得有所惊喜、有所拔高，这一反一正之间可能会差很多。

3.20　增重了的锅内胆

如何通过微创新打造爆款产品？举个例子，买电饭锅时，会不会打开锅盖，拎一拎内胆（图 3-35）的重量，以重量来判断电饭锅的好坏？某品牌研发人员，就发现了这个现象，直接推出了一款铁釜电饭锅，产品核心就是 3.1 斤的纯铁内胆，当时大部分电饭锅的内胆是 2.6 斤，而铁釜内胆的电饭锅一经推出，很快成了爆款。与锅

图 3-35　电饭锅内胆

类似的还有勺子，现在市面上的勺子都做得很厚实，拿在手上沉甸甸的，让消费者感觉质量好、用不坏。其实很少有勺子能用到坏，但消费者潜意识里认为厚重的勺子质量好，愿意买单。

要在一个产品上做出微创新是比较简单的，但基于价值锚定的微创所产生的回报才是最大化的，而基于价值锚定的微创新，要求创新点集中在用户可直接感知的体验感上。

什么是价值锚定？其实就是用户从自己的角度出发，对一款产品做出判断的价值锚点。那什么是可感知的体验感？其实就是视觉、听觉、嗅觉、触觉、味觉。

一个产品的价值锚定，有时需要多种感官的综合作用，有时满足单一感官即可。所以，通过创新打造爆款产品的核心，就是找到直击用户内心深处的价值锚定点。价值锚定点找到后，不是所有基于价值锚定的微创新都能通过知识产权的形式加以保护，若能保护当然最好，不能保护就通过渠道和营销弥补知识产权排他性的不足。

3.21　油汤分离勺

有一个做电商的朋友，发来一个油汤分离勺（图3-36），询问有没有像油汤分离勺一样的好专利，想买去产业化。看过这个勺子使用视频的人会感觉这个勺子确实不错，油腻腻的东西是挺不招人喜欢的，发明这款勺子的人抓住了这个痛点，在勺子上设置了一个底部敞口的挡油板，由于油的密度小于汤的密度而漂浮在汤的最上面，油层下面是不含油的汤，在倒汤时不含油的汤从底部敞口流出，而浮在上面的油被挡油板挡住不能流下去，这样一来就轻松实现了油汤分离。整个产品结构简单，易于

图 3-36　油汤分离勺

加工，价格低廉，仅电商平台月销量都很可观，为什么这个产品如此成功？它做对了哪些地方，这么受消费者欢迎？

油汤分离勺之所以受消费者喜欢，主要是因为油汤分离效果显著，消费者肉眼可见分离勺将油和汤进行了高效分离。在健康意识越来越强的今天，要保持健康，就要避免摄入过多油脂的观点已经深入人心。而油汤分离勺的油汤分离场景，让消费者感觉以前喝进去的汤竟然含有这么多油，这种视觉感受直击消费者心灵深处，很容易激发强烈的购买欲。

较低的价格也是消费者不假思索下单购买的一个重要原因，这款产品结构很简单，挡油板是焊接上去的，勺子成本并没有增加多少，几乎跟常规勺子价格持平，这种情况下勺子附加的油汤分离功能很容易打动消费者下单购买。

除了这两个消费者可明显感知的因素外，对于商家来说，这款产品体积小，重量轻，不怕摔不怕压，便于运输，无售后，易于场景展示，也是它十分成功的原因。

这种产品属于低调获利型产品，其整体上获利可能不比一些大产品少，而且技术风险和运营风险都比较小。产品确实是个好产品，但此类贴近生活的好专利很少，属于可遇不可求的类型。

3.22 鲁班木艺机关术

诸葛连弩、木牛流马，《三国演义》中的这些描述都属于古代机关术。广东人范先生就是古代机关术的传承人，他制作的鲁班木质工艺机器人（图 3-37），可以动态地展示木艺中的锯榫头、凿卯眼、刨平整、钻圆孔，简单的木结构把我国木艺文化中的锯木、刨木、凿木、钻木形象地展示出来，产品一经推出便深受国内外消费者的喜欢。

图 3-37 鲁班木质工艺机器人

通过这些机器人的木工操作，让更多人了解了我国古老的木作技艺，弘扬了我国古代的"工匠精神"，很好地传承了中华优秀文化。他还开发出了中华农耕文化机器人，通过木艺将我国的春耕、夏耘、秋获、冬藏展示得惟妙惟肖。其作品多次获得国家级奖项。这充分说明对于范先生的作品弘扬中国传统文化的高度认可，毕竟这类作品对于传承中国文化，讲好中国故事能起到极大的推动作用。

范先生这种创新令人耳目一新，属于将一种文化现象或者文化过程形象地产品化，与平常的产品创新有些不一样，避开了思维的重灾区，进入一个创新的空旷地带，这种思路值得所有喜欢创新的读者学习借鉴。

范先生的创作设计来之不易，必须通过有效的知识产权保护形式加以保护，发明可以不用申请，因为创造性程度不够，采用实用新型和外观设计专利及版权的形式加以保护即可。

3.23　节约牙膏的发明

有人潜心研究几年，研发出一种能节约牙膏 50% 用量的技术，并申请了实用新型专利，后来四处奔走寻找企业转让许可此专利，但没有一家企业愿意购买他的专利。为什么此专利无人问津？因为企业负责人都在想：做牙膏是为了让牙膏卖得更好，谁会买一个专利让自己的产品销量大幅度下降呢？这就是典型的考虑问题不全面，导致的专利趴窝的经典案例。

上面这种类型的专利正常情况下是转让不出去的，只有在一种情况下这个专利才可以转让许可，那就是强制性要求每家牙膏生产企业都用这个技术，但这种强制推广的可能性趋近于零，所以也就注定此专利技术是不了了之的结果。

有一个故事：曾经有一家牙膏公司，在过去几年里一直销量还不错，但突然有一年业绩停滞不前。董事会注意到了这个问题，于是便组织了一次全国经理级会议，讨论如何解决。在会议上，董事长宣布："谁能提出提升公司销售业绩的方案，将立即奖励该人 10 万元。"正当大家深思熟虑时，一位年轻的员工站了出来，提出一个方案：将牙膏开口扩大 1 mm，在挤出长度不变的情况下，每个消费者每天就会用更多的牙膏。

针对这个问题，曾经有小学数学题也用这个案例考过学生：牙膏圆形出口处的直径为 4 mm，小月每次刷牙都挤出长 1 cm 的牙膏，这样一支牙膏可用 100 次。该品牌牙膏推出的新包装只是将圆形出口处的直径改为 6 mm，小月还是按习惯每次挤出长 1 cm 的牙膏。现在同样的一支牙膏最多能用多少次？经过计算，直径从 4 mm 改到 6 mm 的情况下，牙膏使用量竟然从 100 次变成了 44 次，在消费者使用习惯不变的情况下销量可以翻番。可见牙膏出口处扩大 1 mm 能产生很大变化。

这家公司的管理层经过商议后，认为这个方案非常棒！董事长奖励这位员工 10 万元，并决定立即实施这个提议。最终，该公司的年度营业额增长了 32%。

这个案例充分说明，所有的企业负责人都在绞尽脑汁想着让自己的产品卖得更多更好，而不是花钱买一个专利技术让自己的产品卖得更差！这就是购买专利的底层逻辑。

3.24　防近视手表

电子科技大学的鄂博士研发出一款学生用手表（图3-38），该手表经小范围测试后，市场反馈非常不错，不仅有人轻松给出上亿元的估值，连几大科技巨头也纷纷发出合作意向。究竟什么样的手表能轻松估值上亿元？原来是鄂博士发明了一种具有防近视功能的手表，只要学生戴上该款手表，当坐姿不端正时手表就会发出震动或声音，以提示学生要端正好坐姿。

鄂博士做出这个产品的原因是，他发现近视对小朋友的影响太大了，他自己的女儿小小年纪就患了近视，所以他才痛下决心，经过 3 年时间的潜心研发，终于研发出一款既可保护小朋友的眼睛，又可端正坐姿的手表，轻松解决了家长及老师们长期以来的烦恼。

图 3-38　防近视手表

这款手表通过安装在其内部的雷达，可以轻松探测儿童的坐姿，如果检测到儿童近距离用眼，以及坐姿不端正，手表会立即振动提醒，并发送到老师及家长的 App 上。上课时，老师可以一键纠正全班坐姿，大幅提高了老师纠正学生坐姿的效率。

这款产品市场前景非常广阔，所以鄢博士为此申请近百项专利，其中仅发明专利就占了九成。这么多专利形成的专利池，一般竞争对手想介入这个领域，基本是不可能的。按照鄢博士的说法，他把智能手表探测纠正坐姿的各种低成本、高成本的技术，全部都申请了专利，在专利申请上宁愿浪费，也决不允许任何一个好的技术得不到专利的保护。在这种专利布局保护精神下，竞争对手想要入这个领域就很难了。

鉴于这个项目太过优秀，国内几大手表巨头，纷纷向他发来了合作意向。经过仔细考虑，2022年他选择了自己来做这个项目，到2023年8月份，防近视手表月销量已达8 000～10 000件，未来销量预计会更大。

这款产品之所以如此成功，主要是以下几点做得比较好：

（1）选择研发具有防近视功能的手表，直击了家长和老师对孩子近视问题和坐姿矫正的痛点，具有巨大的社会意义，市场广阔，选品精准。

（2）该款手表面向学生群体，以保护眼睛和端正坐姿为核心功能，具有很强的针对性和实用性，用户定位准确。

（3）手表通过雷达探测儿童坐姿并进行振动提醒，同时还能将信息发送到老师及家长的 App 上，提高了老师纠正学生坐姿的效率，体现了产品较高的创新性，使得产品易在众多儿童手表品类中脱颖而出。

（4）近百项专利的申请布局，形成了强大的专利池，有效阻止了竞争对手的介入，为产品提供了坚实的壁垒。

3.25　售价五六百元的便笺纸

一张小小的便笺纸，竟然能以高达600多元人民币的价格售出。即便如此高的售价，也无法抵挡人们对这款产品的喜爱。该产品一经推向市场，便立即被抢购一空，是什么原因引起如此轰动？

原因就在于，该款便笺纸并不一般，因为它层叠的纸张中隐藏着惊人的秘密。当一张张便笺纸被撕掉后，一个十分精致漂亮的纸张堆砌建筑（图3-39）便会逐渐显现出来。所有的便笺纸都被撕完后，原来一叠外表看起来普普通通的便笺纸就这样成为精美纸雕，艺术感十足。

　　这种便笺纸之所以能产生这种立体效果，原因在于每一层便笺纸撕掉后，留下的部分都是立体物的横截面切片，立体物都是由这些切片一层层堆叠出来的，正是因为便笺纸的这种层层叠叠才产生了渐变的效果。

　　这种创意类产品，实现并不难，难就难在创新的点上，一定要找准，这个点一定要趣味性十足，一定要令初见者耳目一新，能够让他们产生惊喜感。在这种感觉下，即便比常规产品高很多的价格，消费者也是可以接受的。

图 3-39　艺术便笺纸

3.26　方便好用的骑行手机支架

　　小艾草（网名），大学毕业后因创业失败无奈从 2018 年起，来到深圳送起了外卖。在送外卖的这几年期间，她发现市面上的骑行手机支架大多是通过夹块对手机进行固定的。手机在支架上来回取放，均需要通过双手配合操作，在骑行过程中很不安全。若停车取放手机，对于外卖员来说，骑行效率会大大下降。因此，她萌生了要发明一款新式骑行专用手机支架的想法。经过一段时间的琢磨，她发现在手机支架和手机背面各贴一片可以配合使用的魔术贴，即可轻松解决这个问题（图 3-40）。整个方案结构简单，拿取方便快捷，成本低廉，很适合在外卖骑手中大面积推广。

　　想到这个创意后，她立即找代理机构申请了专利，经过近半年不懈的努力，产品终于生产了出来，通过在骑手圈小范围的推广，深受大家的好评。

　　走发明创新这条路，本身很不易，而小艾草在面对生活中的挫折时，坚强不屈服、不畏失败、不惧挑战，勇敢地面对生活。她始终相信自己，只要心中有梦想，终将会活成自己想要的模样！

　　这个产品月销量还不错，一个月有 3 000 套的出货量，总的收入还是比较可观的。小艾草以一己之力，将一个想法成功地转化为月销量几千的商品，这不仅需要创新的思维，更需要坚韧不拔的毅力和不懈的努力。她用自己的实际行动证明，只要有想法、有勇气、有毅力，就能闯出一片新天地。

图 3-40　骑行手机支架

3.27　磁悬浮月球灯

　　磁悬浮空月球灯（图 3-41）最早发明于 2006 年，因其极具观赏性，过去十几年时间里，这个创新给发明人带来了数亿元的回报。火爆的市场让模仿抄袭成了必然，庆幸的是这个专利申请比较到位，对于侵犯其专利权者，发明人均给予

了坚决的打击，十几年间，总共发起了数百起法
律维权。对于侵权者来说，无效对方专利成了接
招的惯用手段，还好这个发明专利很稳定，先后
被提起 10 多次无效，仍然屹立不倒。一般来说，
经过多次无效的专利，排他性是十分强的，也就
是说，想做这个磁悬空月球灯，只要有这个专利
在，就没法进入这个领域！这就是好专利的排他
性威力，大有一夫当关万夫莫开的气势！

图 3-41　磁悬浮月球灯

　　这个产品之所比较成功，除了专利排他性
外，主要还是灯、月球、悬浮这三个元素，让该
产品在满足用户实用功能的基础上延伸出了科
技感和神秘感，使其既具备实用性又具备观赏
性。这个观赏性从心理学角度来讲，是人们长期
以来对月球的好奇和向往，也是人们对神秘宇宙的探索欲望和对美的不断追求，
下单购买则是低成本满足这些心理的具体行为。

　　期待能看到更多像磁悬浮月球灯一样的创新产品，既具备实用性，又富有
艺术感和科技感。同时，希望整个市场少点侵权，多点原创，让每个创新者都能
得到应有的回报。

3.28　长城欧拉朋克猫

　　2021 年，长城旗下电动车品牌欧拉在上海车展上推出了最新车型朋克猫
（图 3-42），该款车的样式与初代大众甲壳虫极为相似。据海外媒体报道，"欧
拉朋克猫抄袭初代大众甲壳虫，大众正有意起诉长城侵权"。长城官方回复，这
是致敬经典，并没有抄袭。

图 3-42　欧拉朋克猫

　　大众要起诉长城抄袭甲壳虫，但细想后觉得不对，人家明说这是在致敬经典，一点毛病没有！为什么呢？因为我们国家的专利制度是 1984 年才正式颁布的，1985 年 4 月 1 日才正式实施。而第一代甲壳虫是 20 世纪 30 年代面世的。也就是说，甲壳虫面世的时候，我国连专利制度都没有，大众就更不可能在我国有甲壳虫的专利。退一步讲，甲壳虫可能有著作权的保护，但企业是著作权主体的保护期限是作品首次发表之日起往后推 50 年，也就是说即便大众拥有著作权保护，也早已经过了保护期。

　　既然不能用专利和著作权来起诉长城，那又何谈"大众要起诉长城"呢？显然起诉这件事情，是一些自媒体为流量杜撰出来的。第一代甲壳虫的经典设计，从权属的角度来讲，已经属于公有设计，再也不属于任何一家公司、任何一家车企，现在谁都可以用向经典致敬的方式再现经典。

　　另外，"致敬经典"这句回复还是很贴切的。其表达的意思是，再现为了让喜欢这款车的人再度重温经典，同时我以我的行为向你表达敬意。这与抄袭是两回事，所谓的抄袭，是把别人的创造剽窃过来，装作是自己的，而注明出处的引用则不算。通过上面的分析，向经典致敬、重温经典好像也没有什么问题！

3.29　创造了数亿元价值的裁切样品模板

　　2009 年，我还在公司上班时，曾给所在公司发明过一个裁切样品的模板。这个模板可以提高工作效率 6~15 倍，加工精度 10~20 倍，鉴于该发明效果突出，企业为此给我奖励了 4 万元。后来国内绝大部分同类企业都用上了这个发明，十几年间该发明间接为整个行业创造的价值已达到数亿元。

当时我在研发部负责保护膜产品的研发，研发过程需要将很多保护膜薄片用刀裁切成 10mm、15mm、20mm、25mm、30mm、50mm 不等的宽度，然后去测试这些不同宽度薄片的力学性能。常规裁切方法是用直尺在薄片表面上下描点，然后用刀再辅助直尺裁切。裁切过程比较耗时，且描点不精准很容易导致上下宽度不一致，从而影响最终测试数据的精准度。

一个偶然的机会我发现，这些裁切薄片宽度都有一个规律，都是 5 的倍数，那完全可以做一块薄钢板，在上面加工很多条 5mm 间隔且比刀片稍宽的缝隙，裁切时将刀片伸入缝隙即可裁切。想到后，我很快找加工厂加工出来了样板，测试后裁切样板就轻松达到了上面说的精度和工作效率。

2009 年，这个技术申请了一个实用新型专利，很快这个专利就获得了授权。这个创新很简单，技术上没有难度，难在要用心去思考在做的事是否是最优的，是否还有提升的空间，做个有心人这些提升的点很容易想到。

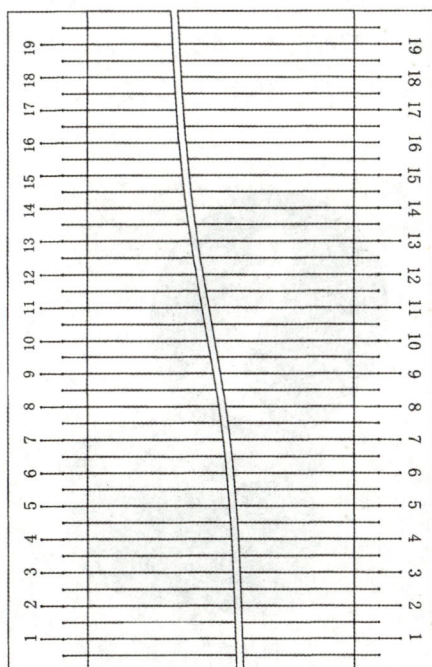

图 3-43 裁切样品的模板专利配图

3.30　旋转雨伞香薰

　　车载香薰市场很大，旋转雨伞香薰（图3-44）是一款设计很独特的香薰产品。其是通过太阳能发电驱动底部的电机旋转，从而带动香薰盘上的雨伞旋转。雨伞旋转轨迹在空间上是固定的，在香薰产品边沿设置雨伞可通过的空隙，每次雨伞转过空隙时，便给人一种不可思议且恰到好处的艺术美感。消费者购买的第一个原因是它作为车载摆件很酷，第二个原因才是它具有香薰功能。或者说在众多香薰产品中，消费者喜欢这款能彰显个性的旋转雨伞香薰。也就是说，极富艺术美感的旋转雨伞设计是消费者购买这款产品的主要原因。

　　明白了这个道理，试想下，这种炫酷产品还能跟哪些销量大的产品结合，从而助力主打产品的销售？

　　专利方面，申请发明创造性程度不够，申请实用新型即便能申请下来，也没有什么排他性，原因在于这个旋转雨伞结构也是从其他地方借鉴过来的，底座太阳能供电驱动电机旋转是常规技术，所以这个设计整体上没有什么拔高创造性的点，申请实用新型意义也不大，申请个外观设计专利即可，在一定程度上也具有排他性。

图3-44　旋转雨伞香薰

3.31 具有指纹开锁、测水温、测水质的保温杯

湖南人唐先生潜心 3 年研发了一款既能检测水质，又能显示温度，还附带指纹解锁功能的保温杯（图 3-45）。

提起保温杯人们是再熟悉不过了，但是常规的保温杯只有保温功能，功能相对单调，不能满足人们喝水时的多维度需求，如喝的水硬度怎么样，有的地区水硬度太高，长期饮用会导致结石的发生，不利于身体健康。其次，保温杯作为私人用品，不允许别人使用，有

图 3-45 具有指纹开锁、测水温、测水质的保温杯

的杯子杯盖上设置的卡扣锁是不能做到绝对安全的，而指纹锁可以做到只有自己才能打开，这样就做到了饮水的高度安全性和卫生性。另外，杯盖上的温度显示一目了然，可以知道水何时能喝，十分友好。一杯多功能，而且这几个功能都有一定的实用性，在产品体验感好的前提下，还是有一定销量的。

任何产品都要有专利布局保护，否则一旦市场认可度高，很容易被模仿。唐先生深知识产权的重要性，已经为这款产品申请了 7 项国家专利，大部分已经获得授权。专利保护是对创新成果权益的保障，所有的创新主体必须重视，否则辛辛苦苦研发出来的技术被抄袭了，该是多么无助。避免这种情况的方法就是在产品推向市场前一定要做好专利的布局保护，务必切记。

整个产品基于上面的理论分析，这几个功能都是消费者很在意、很需要的。但基于现实，指纹解锁功能需要唐先生重新审视作为保温杯是否必须。指纹解锁功能的加入给杯子增加了不少成本，而这个功能为消费者下单购买这个杯子到底起了多少贡献？是否与成本的增加不相匹配？下大气力砸重金研发出的这个杯子，很有可能因为前期市场调研不足，导致定位不准，从而影响市场销售。没有可观的市场回报，功能再多、品质再好的杯子，没有有效的市场也是没有用的！

3.32 小小牙签盒

　　牙签盒市场很大，其中蕴藏着巨大的商机，来看几款比较有意思的牙签盒及背后的专利情况。

　　第一款按压弹出式牙签盒（图 3-46），内部核心原理也是采用按压联动机构，让 Y 型叉杆托举牙签出牙签盒。其专利申请于 2005 年 7 月，目前已经处于无权状态。

　　第二款中心按压型牙签盒（图 3-47），其原理是牙签盒顶部中心位置设有按钮，按钮按压下去后，盒内牙签会被抬升起来，并散开以方便拿取。其专利申请于 2003 年 11 月，目前已处于无权状态。

图 3-46　按压弹出式牙签盒

图 3-47　中心按压型牙签盒

　　第三款感应式智能牙签盒（图 3-48），其原理是通过牙签盒顶部的红外感应探头来感知外部信号，当有物体置于牙签盒顶部一定距离时，盒子会自动开盖，并由内部牙签架托举起一根牙签以方便拿取。其专利最早申请于 2009 年 5 月，之后又有人延续这个思想，申请过多个内部结构不同但原理差不多的感应式牙签盒专利，目前这些专利大部分处于无权状态。

　　第四款动物造型的按压式牙签盒（图 3-49），目前市售的有海豚造型和小鸟造型两种款式，其机理是通过按压动物身体，牙签盒内部联动机构推出牙签，并由动物嘴部叼起，供人们使用。其结构专利最早申请于 2005 年 10 月，2011 年又有人对其内部结构做了改进，并申请了实用新型专利，目前这两个专利都处于无权状态。

　　这里要说明一下，处于无权状态的专利谁都可以使用，不用缴纳许可费，也不用担心侵权。不过也有个前提，那就是新做的产品外观不能侵犯市售牙签盒的外观设计专利。

图 3-48　感应式智能牙签盒

图 3-49　动物造型的按压式牙签盒

3.33　防臭地漏

　　为什么看起来没什么技术含量的防臭地漏（图 3-50）在各平台的销量如此火爆？根本原因在于该产品是痛点问题解决产品，且在购买行为发生之前，商家通过线上短视频，对产品性能直观展示，给消费者营造出这个产品确实能解决防臭这个痛点，再加上 9.9 元的包邮价格，意味着极低的试错成本，让人们在下单时大都会不假思索。如果产品使用后市场反馈好，还会助力更多的购买行为产生。如果效果不好，9.9 元不算贵，一般也都懒得退货，这就是防臭地漏异常火爆的深层原因。

图 3-50　防臭地漏

这种创新小产品的成功，短视频的作用不可小视，它能将产品的优点非常形象且直观地展示在消费者面前。商家所营造出产品的综合信息，若能轻易突破消费者的消费阈值，这款产品便可迅速火爆起来。

这款产品虽小但不要小看，因为不少家庭都出现过下水道臭气泄漏这个问题，所以产品的潜在市场非常大，这就是此类产品在不起眼间获利颇丰的底层逻辑。

3.34 火爆的跳绳机

这款跳绳机（图 3-51）于 2022 年初推向市场，由于跳绳方式区别于之前的传统方式，且可在室内低矮的空间内多人同时跳绳，很快就在网上火了起来。其实早在 2021 年 10 月中旬，有人制作一个类似的样机，不过这个样机做得有点简单，外观上不能勾起人们足够的购买欲望，导致两个做电商的人看后，都持怀疑态度，认可的同时又夹杂几分疑虑，最终都没有选择这个项目。

图 3-51 跳绳机

为什么会这样呢？原因在于其制作的样机缺乏画面感，不能勾起人们拥有的欲望，在第一眼不能打动人内心的情况下，大部分人会产生疑虑，模棱两可间机会就错失了。

所以，专利项目不管是找合作还是去推广，第一印象非常重要。那些没有样机或者样机不佳的，建议还是做好能打动人的样机后，再去宣传推广，这样项目对接的成功概率才会更高，否则大概率是在做无用功。

3.35　特殊的文具盒

这个设计独特的文具盒（图 3-52）颠覆了使用者对常规文具盒的认知，将铅笔、尺子采用插入式的存放方式，给人以耳目一新的感觉，产品整体设计简约、时尚、个性，在形形色色的文具盒中很容易脱颖而出。即便使用者不缺文具盒，也会因为喜欢而产生足够强烈的购买欲。

时代在发展，随着物质的不断丰富，人们的消费动机已经由产品的功能性需求满足向情感性喜欢转变。这种消费底层逻辑的改变，迫使产品生产者在满足产品基本功能的前提下，将产品做出新的花样。新的花样并无绝对的公式，目的都是对产品某一维度或多维度改变，让消费者产生足够的购买欲。这些维度可以是产品的颜值、新

图 3-52　文具盒

奇的材料、极富仪式感的操作方式、精美的包装盒等。在新的玩法做出来后，如果市场反馈不错，被模仿甚至抄袭则是必然的，而全面的知识产权保护就显得尤为重要。对于这个文具盒本身而言，同时申请实用新型和外观设计，就可以让抄袭者有所忌惮。但这一切的前提，都建立在专利的排他性要好。

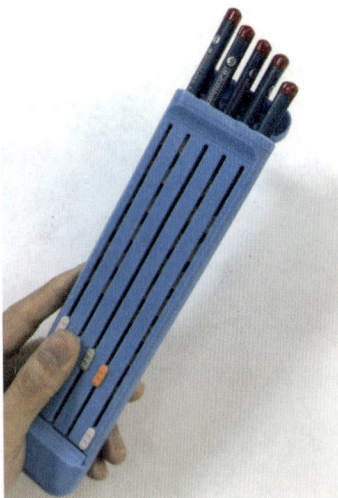

3.36　磁力橡皮

在使用橡皮擦时，最令人头疼的就是擦下来的橡皮屑不好清理。针对这个现象日本人发明了一种磁力橡皮擦（图 3-53），可以轻松解决让人讨厌的橡皮屑。其原理是橡皮原料中含有铁粉，橡皮擦外包装盒底部附有磁铁，可将使用后残留

的橡皮屑吸附住。再下推橡皮盒盖，由于吸附在盒盖上的橡皮屑远离了内置磁铁，橡皮屑便很快吸附柱后，从橡皮盒盖上掉落下来，干净又方便。

基于这个原理，日本人又发明了和磁力橡皮擦功能一样的磁力橡皮擦笔（图3-54），擦完的橡皮屑可以用这个笔的一端吸附，再推开笔上的按钮，即可让橡皮屑掉落下来。目前这种橡皮擦深受小学生的喜欢，销量很是可观。这个创新的实现没有任何技术难度，难在创新者要对生活中的点点滴滴有高度的观察力。

图 3-53　磁力橡皮擦

图 3-54　磁力橡皮擦笔

3.37　隐写码技术

为了应对各种假冒伪劣产品的挑战，一家公司与清华大学共同开发出一种高科技数字隐写防伪技术，这种技术可以做到在任何产品包装上的一幅图片，用手机扫一扫就可以查看该产品背后的所有信息，包括产品编号、产地、出品时间、出品地址、区块链标识等。

怎么实现的？原来它是用算法将产品信息隐藏在产品的包装图案中，一物一码，与原本产品的包装图案完美融合，整个技术不改变包装图案，不需要特殊的读取设备，不易被复制，安全性极高，成本低廉，市场应用广泛。这种技术主要用在防伪鉴真、溯源、防窜货、IP 保护、品宣、数字营销等领域。

当下市场，假冒伪劣产品对消费者和正规厂商都造成了巨大的损失和困扰，由于该技术防伪门槛高，破解难度大，能够有效保护消费者和商家的权益，目前国内很多企业都采用了该技术作为企业产品的防伪技术。

在知识产权布局保护方面，这种技术属于方法类的，只能申请发明专利。该企业申请了多项专利来布局保护此技术，希望此技术能尽快全面推广。

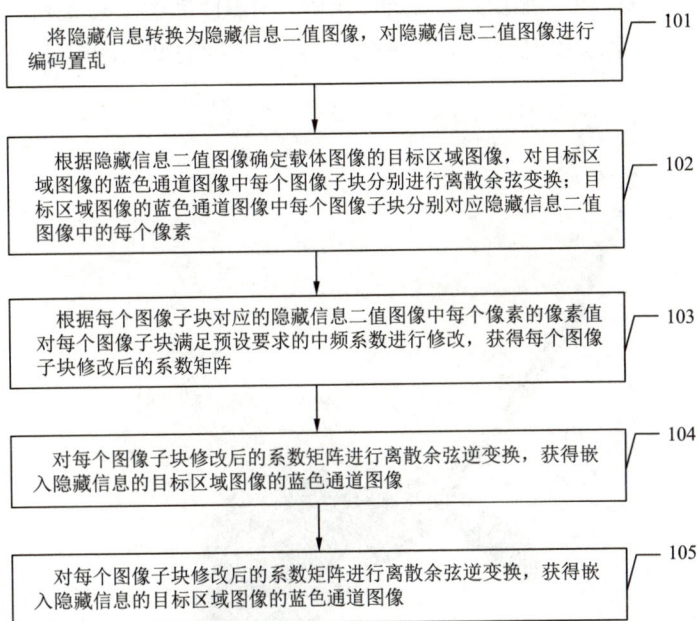

图 3-55　隐写码技术原理

3.38　积木式拼接椅

一款采用积木形式拼出来的椅子（图 3-56）很实用，若体验感好，售价合理，市场还是很值得期待的。2020 年，有个人发明了一个拼接类的创造，设计思路基本和这个拼接椅一致，唯独实现方式及应用场景不同。这个发明创造，感觉市场还是有的，但遗憾的是，当时由于资金原因他只申请了外观设计专利，由于拼接单元结构比较简单，外观设计专利完全将其结构公开，再去申请结构类专利进

91

行保护已经不可能了。

申请专利类型一定要正确，一旦类型选择错误，若产品整个结构比较简单，仅从外表即可看出产品的实质内容，这种情况下外观设计专利的公开会导致整个技术内容的公开，再想去申请发明或实用新型专利就会因为外观设计专利的影响而丧失新颖性，从而导致后补的发明或实用新型不能授权。

所以，一开始专利申请类型就要选择正确，申请什么类型的专利、申请几个、什么时候申请、是采取发明和实用新型双报、还是3种类型一起申请要考虑清楚。

图 3-56　积木式拼接椅

3.39　可按压出形状的泡泡洗手液

小朋友一般不喜欢洗手，但将洗手的过程变得有趣，岂不是可以改变小朋友不喜欢洗手的习惯？有人想到了这个思路，做出了这款能按压出造型泡泡的洗手液（图 3-57），该款洗手液非常受大人和小朋友的喜欢。

图 3-57　按压出造型泡泡的洗手液

　　这种洗手液的成功之处在于它将洗手变成了一种有趣的游戏体验，从而激发了小朋友对洗手的积极性。在这个过程中，洗手液通过设计独特的按压机制，让小朋友每次按压可以按压出有形状的泡泡，这些泡泡如有形状的泡泡雪，置于手心很是神奇。为了得到更多的造型泡泡，小朋友就会自觉地去按压洗手液，从而完成洗手的过程。这种设计巧妙地将洗手变成了一种有趣的游戏，让小朋友们在玩耍的过程中养成勤洗手的良好习惯。

　　类似的例子还有针对小朋友不喜欢刷牙的问题，市面上出现了一种设计独特的儿童牙刷，它的刷头部分有一个可爱的卡通形象，每次刷牙时，刷头上都会出现一个卡通形象的图案。小朋友为了看到更丰富的图案，就会自觉地刷牙，从而养成良好的口腔卫生习惯。

　　还有针对小朋友不喜欢吃蔬菜，有些家长会尝试将蔬菜切成小块，或者制作成蔬菜泥，融入小朋友喜欢的食物，让他们在不知不觉中摄取到蔬菜的营养。还有一些餐厅也推出了有趣的蔬菜挑战赛，让小朋友尝试各种新颖的蔬菜做法，从而提高他们对蔬菜的接受度。这些方法都通过提高蔬菜的趣味性和互动性，成功地让小朋友更加愿意摄取蔬菜，从而改善他们的饮食习惯。

　　将日常生活中一些必要的行为转化为有趣的游戏或体验，可以有效地提高小朋友的积极性和参与度，帮助他们养成受益终身的良好习惯。这种设计理念不仅可以应用于洗手、刷牙和饮食习惯等领域，还可以推广到其他领域，如运动、阅读等，帮助更多的小朋友养成健康的生活习惯。

3.40 三合一爆米花

在家自制爆米花，操作上比较麻烦，调味料配比也放得不精准，有时会严重影响口感。有人就发现了其中的商机，将玉米、调味料和油分开，再整体包装（图3-58），只需一次性剪开袋子，将这3种东西倒入锅中即可，操作十分方便。

这个创新很简单，如果创新性足，专利也可以申请。专利申请布局到位，那还是很不错的，因为爆米花的市场太大了，自己在家里就可以亲手做出和外面卖的爆米花一样的效果，加上其自带的社交属性，外加短视频场景化营销，可迅速把销量拉起来。

图 3-58　三合一爆米花

这种创新对创新主体来说，要对生活中的很多事物具有高度的敏感性，另外也要对人性有深度的理解，只有具备这些素养，才能发现某些产品的不足之处。而对人性的深度理解，更能帮助把握创新的方向和定位的准确与否，如果不准确，创新的结果可能达不到创新者的目标。

在整个创新的过程中，专利只是创新者在正确的创新方向下，专利产品化后市场的排他性保障。如果方向错了，都走不到专利发挥维权保护这一步，因为没有人会模仿一个方向错误、定位不准的产品。这款袋装爆米花之所以能火，是上述基础性节点都做到位了，加上短视频矩阵的助推，占据了天时地利人和，这种情况下，这款爆米花的火爆则是一种必然。

3.41　魔幻的骨传导棒棒糖

　　试想，如果有一个能播放音乐的棒棒糖，一边吃一边还可以听音乐是不是很惬意？这个想法听起很是神奇，但真的有人把它做了出来，可以一边含着棒棒糖，一边听音乐，但这个音乐并非外放的，而是通过牙齿经上下颌骨传到耳朵里，体验感非常特别，如图 3-59 所示。

　　这是采用了骨传导的方式来实现声音传播，骨传导的传声机理是让声波经颅骨产生震动，使内耳产生听觉。骨传导概念最早应用在骨传导耳机上，后来基于这个理念又有人发明了骨传导牙刷及骨传导棒棒糖等。骨传导牙刷专利已经转让许可了，目前产品还没有上市，但骨传导棒棒糖已在售了，且已经有多个人申请了类似的专利。

图 3-59　骨传导棒棒糖

　　对于这些新事物，思维的发散尤为重要，新产品刚出来后，产品创新还没有完全展开，这个时候机会非常多。如前面提到的旋转拖把按压旋转机理，发散出了按压旋转打蛋器、拉伸旋转钢筋拉钩等产品，这些都是新事物思维发散后的创新经典案例。

　　留意那些刚出来的新东西，趁研发者思维还没有完全发散打开，可以琢磨这个产品还有没有新的玩法，保不准还有好的机会可以被抓住。

3.42　做产品不要跟消费者的认知对抗

　　相关的科研表示，奶牛吃干草料产的奶质量高，但消费者不这么认为，几乎所有的消费者都认为奶牛散养在草原上，蓝天白云下悠闲地吃着青草，这种环境下"产的奶质量高",所以牛奶公司在包装宣传上都会印上牛吃青草的场景，而实际上给牛喂的是干草。

创新一定要秉承这个原则，不要跟消费者的认知对着干，因为购买行为是在对产品认可的基础上产生的。推销的产品跟消费者的认知都不一致，怎么会产生购买行为？

绝大部分人认为灯光的频闪对消费者是有坏处的，但经过查阅相关资料，并咨询了光学及眼科方面的专家后，得出的结论是，没有权威的证据证明交流电灯所发的光对人的眼睛有影响，反而是光的色温和强度对人的眼睛有影响。但一些商家抛出频闪光对人眼睛有影响这个观点后，大家齐刷刷地认可了这个观点，并愿意为能解决这个问题的产品买单。

之所以在这里提到这个现象，就是希望研发人员在做产品创新时要注意，若产品使用后效果不能马上表现出来，这时消费者是否认可你的观点和主张就显得尤为重要了。类似这种情况，在化妆品和保健品领域也很多，具体例子不胜枚举。

3.43 医疗用品方面可产业化专利

2022年，有个朋友求购医疗器械方面可产业化专利，线下有2万家药店资源可以直接铺货。只不过他要的医疗器械范围太大，精准匹配有点难，让他举几个具体的例子。他举了两个比较典型的例子：一个是背部可加药的创可贴（图3-60），这个创意不错，创可贴市场本身就很大，若东西不错，销量是非常可观的；另外一个是自带碘伏的棉签（图3-61），线上月销量很大，说明消费者对这款产品的需求量非常大，认可度也非常高。

类似这两个项目的医疗器械他们很欢迎。这两个产品有很多共同点，就是项目小、投入少，见效快、易上手、风险低、市场大、回报高。在当前经济下，大投入的项目很多人比较慎重，小投入的反而非常受欢迎。无奈的是，遇到好专利往往可遇不可求。读者可以开动脑筋思考这方面的创意。

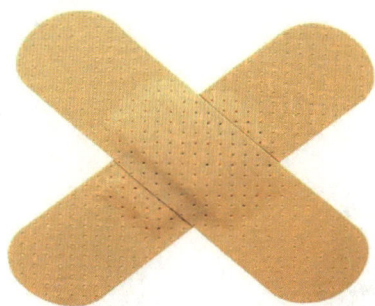

图 3-60　背部可加药创可贴

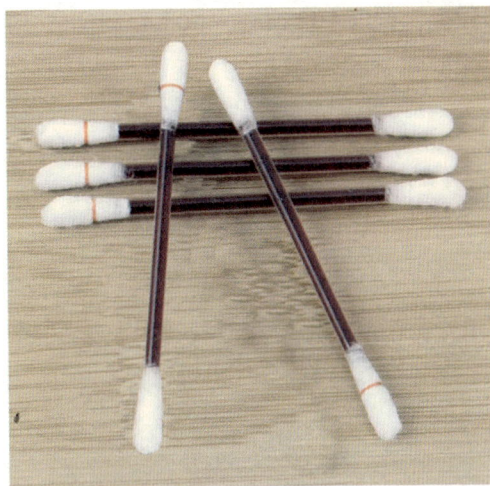

图 3-61　带有碘伏的棉签

3.44　圣诞树

　　这款七彩魔法圣诞树（图 3-62）在众多产品中较为惹人眼球。两片树状纸片上浇上某种神秘液体，24 小时内树上就可长出美丽的花来，是不是很神奇？其原理是利用了磷酸二氢钾水溶液和毛细现象来实现的。当磷酸二氢钾水溶液浸入纸树后，溶液通过毛细现象在纸树中快速上升，直达纸树树枝末端，由于末端处的水分先蒸发，便会有磷酸二氢钾晶体析出。纸树树枝末端一般都涂有各种颜色的颜料，溶液到达纸树末端后混合了颜料，于是树上就长出了五颜六色的花，很是神奇。

　　不过，能做出这种产品的人，需要对化学知识有一定的了解，不像结构类专利参与面这么广，有一定的专业性门槛。

　　该创新只能申请发明专利，因为其创新点是纸树开花的工艺方法，其中还含有磷酸二氢钾水溶液的配比，而配方工艺方法类发明创造，只能申请发明专利。申请时，申请人需要注意，要做到尽可能全面的专利布局保护，尽可能找出具有市场性和专利性且可实现蒸发结晶的化学物质和实现方法，并将其专利化。专利授权后，若壁垒性很强，这个专利估值还是比较高的，因为市场太大了，同时发明保护期 20 年，又助力了这个创新较高的市场估值。

图 3-62　七彩魔法圣诞树

3.45　无把手菜刀

一般人的认知里，菜刀都有把手，但就有人另辟蹊径设计出了一把没有把手的菜刀（图 3-63）。其改进是将把手设置在了刀身一端，这样的改进理论上说切菜时会更加省力。唯一不足的是，作为菜刀剁的功能弱化了，但是并不影响消费者对其的喜爱。因为这款菜刀设计足够新颖另类，现在的消费者就喜欢时尚，喜欢与众不同，

图 3-63　无把手菜刀

这样的设计正好满足其好奇心理，若营销做得好，市场回报大概率还是比较可观的。

再来看其专利情况，发明人于 2016 年 7 月申请了外观设计专利，在外观设计专利公开 6 个月后，又补充申请了实用新型专利。对于这款无把手菜刀来说，这种申请方式风险比较大，因为菜刀结构相对简单，其外观设计专利已经公开了菜刀的核心结构，后面申请的实用新型专利就没有办法来稳定地保护这个核心结构。虽然后面的实用新型专利是通过参数的限定来保护其核心结构的，专利也授权了，但这样限定下的实用新型稳定性一般都偏弱，高概率存在其外观设计会对实用新型的创性造成影响的可能，这种影响又会高概率地导致实用新型的专利权评价报告结论负面。对于这款菜刀，最好的方式还是发明、实用新型和外观设计专利 3 种类型一起申请，免得几个专利之间互相影响。虽然发明不一定能授权，但还是有一定概率的，相对菜刀的市场来说还是值得一试的。

3.46　流沙画

流沙画（图 3-64）通过倒置，可以让内置的流沙形成山川河流、草原沙漠、天空流云、日出或日落等美丽的画面，自面市以来一直是摆件领域深受消费者喜欢的产品之一。其原理是密封的玻璃腔体内，有氧化铝、磨钢沙、无色的混合液和适量的气泡。当翻转玻璃腔体时，由于氧化铝和磨钢沙具有不同的比重，利用气泡的上浮力，可以使氧化铝和磨刚沙以不同的速度沉落到腔体底部，形成层次分明且跌宕起伏的画面。通过背景画的衬托，可以产生出人意料的美丽视觉效果。画面变化万千、内容丰富，每次翻转都可以产生完全不重复的美丽画面。令人百看不厌，爱不释手。但再完美的东西也存在缺点，就是每次流完静态后，需要手动才能再现流沙效果。另外流沙效果中，还可以配合场景加入其他元素，以增加场景的逼真效果，如光和声。或者通过流沙再现特殊场景，如火山喷发、瀑布飞下等，这些都是可以创新的点。

图 3-64　流沙画

3.47　超级简单的便携式折叠衣架

　　有时候，超简单的发明创新也是可以获得发明专利授权的，便携式折叠衣架专利就超级简单，但是发明授权了。整个授权文本就一项独立权利要求，且独立权利只要求 3 行，但 3 行就把问题说清楚了（整个申请文本的权利要求书权利要求项进行过删减合并），说明书一页，附图一个，整个专利内容就完成了，但其新颖性和创造性很足，就够发明授权的标准了，如图 3-65、图 3-66、图 3-67所示。

　　发明专利不是结构复杂才够得上申请标准，只要具备发明专利授权的条件，不管结构简单与否，都是可以授权的。对于发明专利来说，满足新颖性是比较容易的，只要与现有技术对比，在技术领域、所解决的技术问题、技术方案和预期效果上有实质不同，一般来说都具备新颖性。具备新颖性后能否得到授权，在其他条件都满足的情况下，就要看其创造性怎么样了。

　　创造性相对新颖性来说，有比较大的难度，国内一年申请那么多发明专利，大部分都是因为创造性不够而被驳回。这个折叠衣架之所以授权，就是新颖性具备，创造性也很足，才最终获得授权的，与其结构的复杂程度无关。之前经常遇到有人惊讶一些很简单结构的产品也获得了发明专利授权。这种认知显然是不对的，毕竟，发明专利的授权与否不以复杂程度来论。

(19) 中华人民共和国国家知识产权局

(12) 发明专利

(10) 授权公告号　CN ███████ ██

(45) 授权公告日　2013.12.18

(21) 申请号　███████████

(22) 申请日　2011.11.29

(73) 专利权人　吴江市黎里镇永志 ██████
　　　地址　江苏省苏州市黎里镇 █████

(72) 发明人　吴██

(74) 专利代理机构　██████专利商标代理有限公司　32200
　　　代理人　张██

(51) Int. Cl.
　　　A47G 25/40 (2006.01)

(56) 对比文件
　　　CN 201088429 Y,2008.07.23,权利要求 1-2,说明书第 1 页第 11 行到第 3 页第 19 行,附图 1-3.
　　　FR 2823089 A1,2002.10.11,全文.
　　　CN 2612312 Y,2004.04.21,全文.
　　　CN 2899638 Y,2007.05.16,全文.
　　　CN 201388862 Y,2010.01.27,全文.

审查员　解███

权利要求书1页　说明书1页　附图1页

(54) 发明名称
　　　一种便携式折叠衣架

(57) 摘要
　　　一种便携式折叠衣架,包括衣架本体,衣架本体包括左斜臂和右斜臂,所述左斜臂和右斜臂相互之间可合并。本发明结构简单,克服传统衣架一体成型,体积不可改变以致与出门携带不方便的缺点,衣架的左右斜臂可以合并,合并后的衣架,体积缩小几乎一半,适合出门旅行携带。

图 3-65　便携式折叠衣架

1. 一种便携式折叠衣架,包括衣架本体,衣架本体包括左斜臂(1)和右斜臂(4),其特征在于:所述左斜臂(1)和右斜臂(4)相互之间可合并;所述右斜臂(4)中间位置设有一长条形滑槽(2),所述右斜臂一端通过可调节松紧旋钮(3)可滑动的与所述左斜臂(1)连接。

图 3-66   便携式折叠衣架权利要求书全文

一种便携式折叠衣架

技术领域

[0001]   本发明涉及一种生活用品,尤其是一种衣架。

背景技术

[0002]   衣架是人们日常生活中不可缺少的日用品,传统的衣架一般为一体成型,出门携带不够方便。

发明内容

[0003]   为了克服现有衣架一体成型,携带不方便的缺点,本发明提供一种结构简单,体积可变,方便携带的衣架结构。

[0004]   本发明采取如下技术方案:

[0005]   一种便携式折叠衣架,包括衣架本体,衣架本体包括左斜臂和右斜臂,所述左斜臂和右斜臂相互之间可合并。

[0006]   所述右斜臂中间位置设有一长条形滑槽,所述右斜臂一端通过可调节松紧旋钮可滑动的与所述左斜臂连接。

[0007]   由于以上技术方案的实施,本发明与现有技术相比具有如下优点:

[0008]   本发明结构简单,克服传统衣架一体成型,体积不可改变以致与出门携带不方便的缺点,衣架的左右斜臂可以合并。合并后的衣架,体积缩小几乎一半,适合出门旅行携带。

附图说明

[0009]   图1为本发明一种便携式折叠衣架撑开后结构示意图;

[0010]   其中:1、左斜臂;2、长条形滑槽;3、可调节松紧旋钮;4、右斜臂。

具体实施方式

[0011]   下面结合附图和实施例对本发明发明作进一步说明。

[0012]   如图1所示,一种便携式折叠衣架,包括衣架本体,衣架本体包括左斜臂1和右斜臂4,所述左斜臂1和右斜臂4相互之间可合并。

[0013]   所述右斜臂中间位置设有一长条形滑槽,所述右斜臂一端通过可调节松紧旋钮可滑动的与所述左斜臂连接。

[0014]   本发明结构简单,克服传统衣架一体成型,体积不可改变以致与出门携带不方便的缺点,衣架的左右斜臂可以合并。合并后的衣架,体积缩小几乎一半,适合出门旅行携带。

图 3-67   便携式折叠衣架说明书全文

3.48　方便高效的隐茶杯

平常客人来访时，使用一次性纸杯或茶杯泡茶的过程相对来说比较烦琐，首先得往茶杯里面放茶叶，然后再冲泡，且茶叶的量有时不好把控。而客人在喝的时候，有些茶叶会漂浮在水面，喝入茶叶又不便在主人面前咀嚼咽下，只能又吐到茶杯中，这样多少有些尴尬。

针对这个情况，市面上出现了一种隐茶杯（图 3-68），可以避免上面情况的出现。其原理是通过在纸杯底部预先放置定量茶叶，然后再在茶叶上封盖一层薄薄的透水无纺布，

图 3-68　隐茶杯

这样直接倒开水就可以喝到茶水，同时省略了往杯中放茶叶的动作，且避免了喝茶时喝入茶叶后又往杯子里吐茶叶的尴尬。

这款产品如果体验感好，这个创新市场还是很大的。不过，该产品早些年就有人申请过专利，若现在有人想通过专利来实现排他性保护，基本不能实现。不过，任何产品都不可能十全十美，随着时间的推移会有迭代产品推出来，仔细研究这款产品的待改进之处，也许还能发现其他具有市场价值和专利价值的点。

3.49　只闻雷声不见下雨的一些创新

很多人不经意间会在短视频平台刷到很博眼球的创新，但现实中却难看到产品。空气雨伞（图 3-69）就是这样，网上喊了好几年，就是不见产品推出来。

为什么会出现这种情况？原因在于这些发明创新极具流量性，常会被某些营销号拿来吸引流量。这些营销号并不了解产品的实际情况，至于产品是否推向市场，他们并不关心。

还有一种可能，有些发明创新讲故事看起来很有吸引力，但技术实现可能存在难度，或者存在实现成本过高、产品定位不准等问题，导致无法大批量生产。这就导致在营销号上经常看到的发明创新的故事，在现实中却很难看到实际产品。

类似的案例还有很多，比如某插线板声称可以"在水里插拔插头"都不会触电，但现实中却看不到产品；还有旋转折叠门（图 3-70），吸睛作用非常强，但现实中也看不到产品。

这些案例说明，在看待一些"发明创新"时，需要理性思考，不要被过于夸张的故事所迷惑。

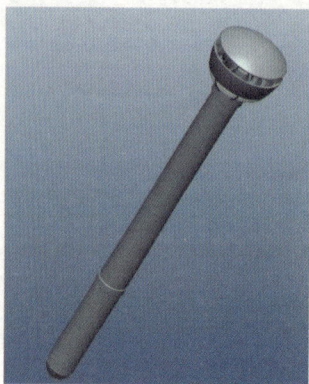

图 3-69　空气雨伞

图 3-70　旋转折叠门

3.50　市场不可小觑的儿童学习筷

孩子用筷子学吃饭，很多家长非常重视，毕竟对孩子来说，这是孩子成长中的重要一环。给筷子上面加一个指环，方便儿童学习使用筷子（图 3-71），很多人都见到过，或给自己的孩子购买过这款产品。

这种学习筷最早是由韩国人于 21 世纪初发明的，发明人先申请了韩国专利，后又以韩国专利作为优先权基础申请了国际专利，可见发明人具有敏锐的观察能力和超强的创新能力及对机会的把控能力。

类似这种创新，技术上不难实现，难就难在谁第一个发现问题，并想出现实可行的解决方案，同时迅速对其做全面的专利申请布局，以锁定这来之不易的无形财富。

现实生活中，这种机会到处都有，很多都隐藏在习以为常中，就看是否能发现这些问题，而解决问题的方案往往并不难。但这需要具备一些创新方面的系统性知识，仅靠灵感守株待兔地等这种机会，不确定性太大了。可以尝试用前面讲的创新方法论，对生活中熟悉的产品进行定向创新，说不定有惊喜发生。

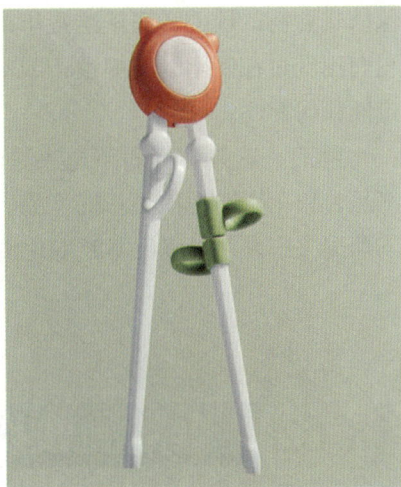

图 3-71　儿童学习筷

3.51　结构上很难再突破的燕尾夹

大部分产品推出后都会随着时间的推移而不断更新迭代，但有一款产品却与众不同，它就是家喻户晓的燕尾夹（图 3-72）。燕尾夹最早由美国人巴尔茨利于 1910 年发明，并于 1915 年获得了美国发明专利授权。这个夹子自问世以来已经过去了 110 多年，但其结构却没有发生过任何形式的变化，相对于大部分产品来说是非常罕见的。

相比之下，大多数产品都会被迭代产品替代，但燕尾夹却能够经受住时间的考验，

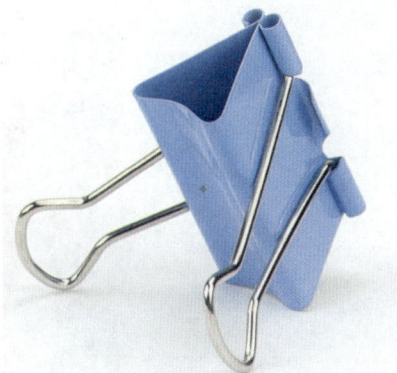

图 3-72　燕尾夹

保持其独特的地位。虽然这些年来也不断有其他改进结构去挑战它，但市场上还没有出现过在使用的便捷性和成本方面能超越它的夹子，这足以显示燕尾夹的稳定性和可靠性。

然而，这并不代表燕尾夹是十分完美的产品。这个世界上没有绝对完美的产品，只有不断迭代更新的产品。期待未来有人能设计出体验感比现在这款更好的燕尾夹出来，以满足不断变化的市场需求。

3.52 旗袍酒瓶设计

白酒文化源远流长，历经数千年的发展与演变，涌现出很多白酒品牌。除了酒的品质外，各大厂家在外包装上，纷纷想出很多能吸引消费者的营销元素来增加产品销量。如酒瓶设计成穿旗袍的四大美女的造型（图3-73），就非常吸引人。中国历史上的四大美女在我国人尽皆知，在世界上也有一定的知名度，而旗袍是中国和世界华人女性的传统服装，以旗袍为原型设计酒的瓶形，展现了中国女性身材婀娜之美，优雅古典。在情景带入之下，很多消费者并不是因为酒本身才下单购买，更多的是因为瓶子好看而购买！喝完酒，瓶子还能作为装饰品或收藏品摆放在家里，在酒的品质和价格都差不多的情况下，消费者肯定选择自己喜欢的酒瓶造型了。

图3-73　旗袍酒瓶设计

产品的外观也是决定产品销量的重要因素。一款吸引人的产品外观能够直接吸引消费者的眼球，提升产品的销售量。当然，这么漂亮的产品，商家自然不会允许他人随意模仿。厂家早已为这款产品外观申请了专利，保障了其知识产权。如果有任何侵权行为，商家肯定会毫不犹豫地拿起法律武器，坚决维护自己的权益！

3.53 风靡一时的波浪形牙刷

20 世纪 90 年代，有家企业在牙刷上做了一个小改进，却给企业带来了可观的回报。

这是什么样的创新呢？很简单，就是把平毛牙刷改成了波浪形牙刷（图 3-74）！在波浪形牙刷推出来之前，所有的牙刷刷毛都是齐平的，没有人想到把牙刷毛设计成波浪形，会更有利于清洁牙齿。直到有一天，这家企业推出了波浪形牙刷，并在电视上做了波浪形和无波

图 3-74　波浪形牙刷

浪形牙刷的对比效果演示，消费者看后非常认可波浪形的设计能更好地清洁牙齿。那时，也没有人真的关注到常规的刷毛和波形毛有多大差异，反正厂家的宣传让消费者觉得有道理，所以有段时间，市面上几乎绝大部分牙刷毛都做成了波浪形。现在市面上波浪牙刷还在销售，但是人们好像已经不太在意刷毛是否是波浪形了，因为这个概念已过时。

如果想在牙刷上再做出类似波浪形的这种小创新大回报的改进，那得有新的概念主张被提出来，而这种主张必须是消费者容易接受并十分认可的。这里需要注意，产品被消费者使用后不能有明显的质疑，在这个大前提下，商家主张推广新的设计理念，产品才有可能火爆起来。最后要提醒的是，这个过程中，务必要做好专利的申请布局，否则火爆后明目张胆的抄袭是必然的。

营销场景中，产品消费者认为有用是很重要的，但若商家都侧重消费者认为有用，而忽视了产品真实有用，也是有问题的。最终产品还是买来解决问题的，利用消费者的认知心理要小聪明，不能长久，也做不大。

3.54   深受小朋友们喜欢的蚂蚁宫殿

蚂蚁宫殿（图 3-75）产品推向市场已经好多年了，很多人都给自己的孩子买过。其透明盒子内填充了既能供蚂蚁打洞又能供蚂蚁食用的凝胶，孩子透过盒子外壳，就可以近距离观察蚂蚁如何分工合作、如何打洞、如何觅食以及如何照顾幼蚁等生活轨迹，因此深受小朋友们的喜爱。

图 3-75　蚂蚁宫殿

该产品是由北京的黄先生发明于 2005 年，有一次他发现蚂蚁洞穴都在地下，其地下生活是什么样的，没有人知道。于是，他就突发奇想，如果做一个透明盒子，给里面填充一种可供蚂蚁打洞的透明物来模拟土壤，这样人们就可以观察蚂蚁的生活了。为此他潜心研究好几年，终于调配出了可实现上述功能的凝胶，他将凝胶装在透明盒子里，再给里面放上了蚁后、兵蚁和工蚁，这样一个可观赏的蚂蚁小世界就完美呈现了出来。

一次，他把样品带去参展，因为产品太过神奇，且第一次出现，片刻间所有的样品都被抢光，整个展会黄先生获得了很多订单，后来通过这个创新，黄先生获得了不少收益。

不过这么好的创新，专利申请布局却不到位，2005 年他只申请了一个实用新型专利，其中最核心的凝胶部分并没有申请发明专利。如果哪天有人通过逆向技术也做出了凝胶的配方，那黄先生的销售有可能要受到影响了。

说到这里，有的人就要担心了，凝胶配方不申请专利别人还不知道里面的技术内容，申请了岂不是大家都知道这个配方是怎么实现的了？对于工艺配方类发明专利，正是由于这些担忧存在，申请人普遍采取的措施是有所公开、有所保留。侵权者严格按照专利中的内容去实施，产品即便能做出来效果也不如专利里面描述的好。这样的话侵权者是没有办法和专利权人竞争的，同时私自实施又侵犯申请人公开基础内容的那个专利。这样一来，专利权人用技术内容有所保留的专利也能起诉侵权者，同时又隐藏了最核心的那部分技术内容。这样操作就不用担心核心技术完全公开泄密，不申请专利又怕他人申请了再反过来起诉自己。这种保护策略就是专利+技术秘密的保护形式，国内外很多申请人都是这么操作的。

3.55　旅行必备的拐杖凳

图 3-76 是看上去很实用的拐杖凳，是南京林业大学几个学生发明的，专利申请于 2020 年初，2020 年 9 月授权公告，并于 2020 年 12 月备案许可给浙江一家家具制造公司。图 3-88 所示就是浙江这家企业依据专利生产出来的，设计很是巧妙，感觉产品投向市场完全可以火一把，毕竟实用性还是很强的。

浙江这家家具制造企业竟然没有让专利权人提供专利权评价报告，仅凭一个实用新型证书就签订了专利转让合同，并支付了转让费。这家企业还是一家股份有限公司，整体实力雄厚。

有人说这个是"溥仪拐杖凳"（图 3-77）。此产品与拐杖凳还是有不同的，虽说人坐的区域都是可以开合的，结构上差不多，但其拐杖主体部分的结构跟几个大学生发明的还是有明显区别的。大学生发明的拐杖主体部分，可以下拉中间套管分岔出 3 个支撑杆，以增加拐杖凳的稳定性，中间套管收起来的时候，又变成了一根表面光滑的拐杖杆。这几个学生的这种改进很实用，新颖性、创造性没问题的话，是完全可以申请专利的。

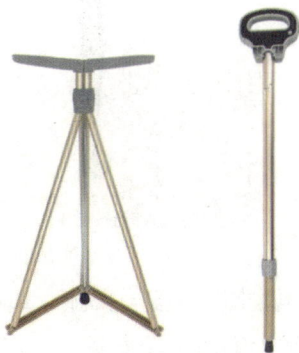

图 3-76　拐杖凳

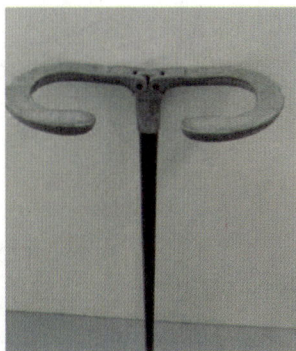

图 3-77　溥仪拐杖凳

专利的许可转让是真实存在的，没有让对方提供专利权评价报告，可能该公司法务对专利不太了解；或者转让协议里有反向专利稳定性约束，即专利哪天不稳定了转让费得退还；再或者整个专利转让金额也不大，这条反向约定也没有，老板就是看好这个产品的市场前景，先做起来再说；再或者专利技术是可以的，但专利撰写有问题，没有什么排他性，发明人只能把这个专利当成无用专利转让给企业申报科技项目了，那也不存在专利权评价报告一说了。

3.56 脑洞大开的防卫桌

这个颇有争议的防卫桌（图 3-78、图 3-79）专利申请于 2009 年，功能定位是小圆桌放在床边，万一居家遇到歹人，可以迅速将小圆桌变成反击的棒球棍和防卫的盾牌。不过在专利授权 2 年后，申请人就放弃了这个专利。经过 10 年的封尘，有人又翻出了这个专利，并将其做了出来，再经过短视频博主的带货，2021 年又被大众所熟知。

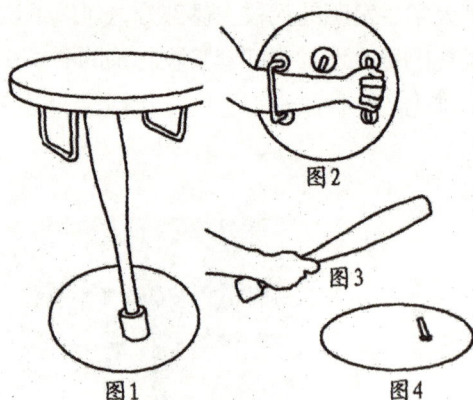

图 3-78　防卫桌机理图

图 3-79　防卫桌

整个产品结构其实很简单，就是一个普通小圆桌，球棍当桌腿，盾牌面当桌面，产品吸睛作用明显，拉风指数比较高，但线上销量比较惨淡，没有几个人购买，有几个下单的也是买来拍视频的。

申请人在申请这个专利时，定位这个产品为居家防身用，其实不应该这么定位，更应该往车载防身，户外旅行上定位。后期用这样的应用场景去做宣传推广，理论上比居家要好很多。专利方面，申请实用新型即可，产品定型的话外观设计也一并申请，发明很难授权。发明人当年采取的发明实用新型双报，着实浪费了些，根本没有这个必要。

3.57　情侣枕头

一般场景下，男方从背后搂着女方睡眠，时间一长，往往会导致胳膊被压到酥麻。情侣枕头（图3-80）主体突出部分设置可供胳膊伸过去的腔体，搂着对方入睡时，女方头枕着突出部分，男方胳膊伸过腔体，这样就轻松避免了胳膊被压酥麻了想抽回胳膊又怕被女方埋怨的尴尬。整个枕头设计富有创意，适合年轻一族在感情还处于缠绵期使用。

不过，凭经验判断，这款产品可能有一定销量，但不会太大。原

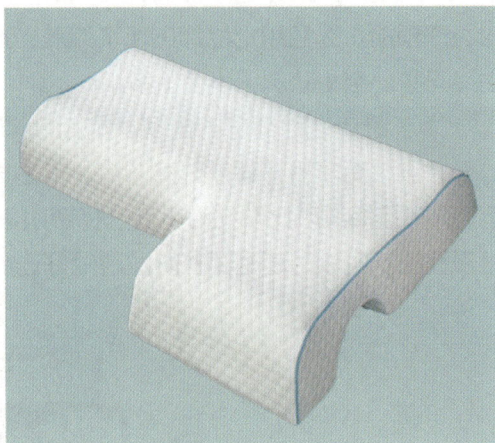

图 3-80　情侣枕头

因在于需求发生的普遍性和频次都比较低，其设计围观指数大于下单指数，属于叫好不叫座的类型，这种情况下不起量就很容易理解了。

专利方面，申请人只申请了实用新型专利，策略上不是很对，因为可供胳膊伸进去的这个特征点，在其申请专利之前，已经有一个类似的专利存在了。若这个产品后面销量还不错，在先的专利可能对申请人在后专利的稳定性有影响。那申请人的这个专利，就可能是一个形同虚设的实用新型专利。当时若同时申请外观设计专利，则还有最后一道防线，在一定程度上可以起到排他性作用。所以，专利申请过程中务必要做好申请策略，这点很关键。

3.58 产品开发之前的定位选择至关重要

家用榨油机（图 3-81）和家用磨米机这两种厨房小家电，都属于人们对食品质量的担忧衍生出来的一类产品，其产生是逆产品演化方向的，与产品的高效性、便捷性进化方向背道而驰，一般销量不会太大。某种程度上说，销量的大小与社会的诚信认知成反比。

这两类产品在产品开发前的选品环节，开发者拿捏并不准确，对市场盲目乐观，对投入产出比过于自信，后期的产品定位有偏差，价格定位也高于消费者的心理预期。选品和定位都出现了偏差，这就导致市场回报鸡肋，弃之可惜，食之又无味。至于获利，不会太多。

为了避免这种情况的出现，前面章节也讲过，开发者要在红海里面挑产品的矛盾点，而非另辟蹊径选择蓝海。不是选择蓝海不对，而是在资源有限的情况下，选择蓝海风险比在红海里面选择解决某一普遍性问题要高很多。对创新来说，过于冒险不可取，还是要在研发前做好选品工作和全方位产品定位，稳妥点好！

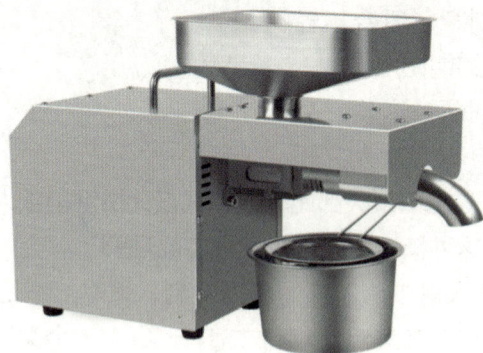

图 3-81　家用榨油机

3.59 让人惊艳的卷轴屏手机

OPPO研发的卷轴屏手机OPPO X（图3-82）让人惊艳。该手机实现了手机和平板电脑的二合一，同时解决了其他厂家折叠屏手机厚重和屏幕反复弯折导致有折痕的问题。可以预见，卷轴屏手机定会引领下一代手机的潮流。

专利方面，OPPO为这款手机申请了一百多项专利，仅卷轴结构相关核心专利就有12项，可见OPPO对这款手机及其未来市场有多么重视。

一般来说，重要的技术，企业都会申请布局很多专利，以组成该技术的专利池，让竞争对手在该领域望而生畏、知难而退。通过分析这些专利申请布局信息，可以推测出企业下一步的发展动向，同时竞争对手也可以根据这些信息，调整优化自己企业的发展战略。当然，大公司有时候也会玩点障眼法，让竞争对手得出错误的专利情报。或者把关键专利不放在自己名下，让竞争对手无从分析。再或者关键技术专利虽放在自己名下，但申请策略上，有意延缓专利公开时间，在时间上争取战略主动权。

专利的申请布局可深可浅，可大可小，可战术也可战略。申请人要看具体什么情况及有什么需求，再决定采用什么样的申请策略。

图 3-82　卷轴屏手机

3.60　时尚的自束紧鞋子

　　通过旋转鞋子上的旋钮（图3-83、图3-84、图3-85）来实现鞋子束紧的方式，最早由美国人威廉于20世纪90年代初发明。它省去了烦琐的系鞋带过程，改由鞋子上的旋钮来实现鞋子的松紧，操作十分方便。

图 3-83　自束紧鞋子

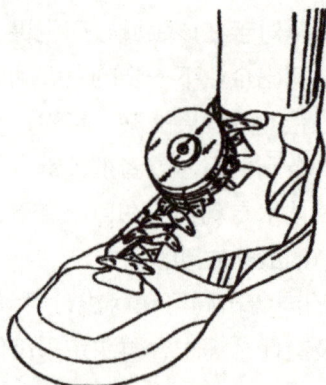

图 3-84　鞋面设有束紧机构的鞋子专利配图

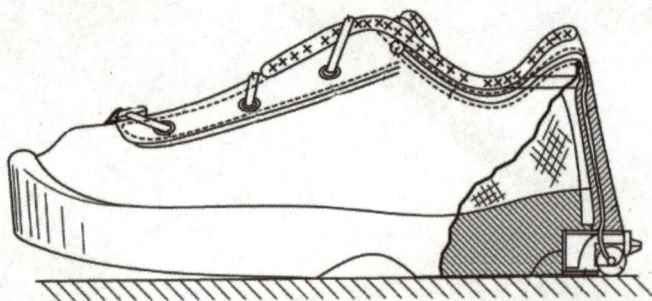

图 3-85　鞋跟处设束紧机构的鞋子专利配图

　　经过几十年的发展，有人嫌旋钮放在鞋面上影响美观，所以将旋钮移到了鞋跟处。还有人嫌每次都要弯腰旋转旋钮，索性直接在脚后跟处设置机关，穿上鞋子后只要蹬一下鞋跟就可以实现鞋子的束紧。这些改进方案都是通过末端机构让鞋带束紧的，前者将束紧机构从鞋面移到了鞋跟处，后者则是将鞋跟处的束紧机构改成了蹬鞋跟自动束紧，自然就形成了新的技术方案。每一个技术方案在新颖性、创造性足的情况下，都可以申请发明或实用新型专利，且两个方案都具有巨大的市场。

其实，创新并不难，只要找准创新方向，选对创新对象，深挖用户痛点，确定好解决痛点的技术方案，做好专利申请布局，大概率是可以获得巨大回报的。

3.61　出价 5 000 万元的磁吸电连充电技术

手机壳上一个小小的改进，竟让知名厂家争相合作，有人开出了 5 000 万元的价格欲收购他的专利，都被拒绝了，因为这个技术的市场可远不止这点专利收购费！是什么样的专利技术这么厉害？

目前的手机充电形式分为有线充和无线充两种方式，有线充使用中存在插拔、拉扯等现象，体验存在明显的束缚感，便捷性有待进一步提高。所以 2012 年开始三星全系支持无线充，2016 年从 iPhone 8 开始，苹果也全系支持无线充。

但无线充经过 10 年的高速发展，还是无法破解能量由电到磁、由磁再到电过程中的能量损失，即在同等条件下，常规无线充存在充电效率比有线充低下的问题。而广东的江先生发现这个问题后，放弃了百万元的年薪，潜心研究出了新式的手机磁吸电连充电技术（图 3-86）。

具体为在手机壳上设置了磁吸电触点，充电时只需将手机壳背后的充电触点，大致对准同样设有触点的充电座，在磁吸作用下，电触点即可瞬间实现对准充电，充电效率比传统的无线充高，

图 3-86　磁吸电连充电技术

115

同时又能享受无线充的便捷性，不失为一种完美的解决方案。为了全面保护该技术，江先生共申请了 3 项发明和 11 项实用新型专利，形成了比较全面的专利保护。由于该技术巨大的市场前景，引起了多家行业内巨头的高度关注，这才有了开头有人要出价 5 000 万元买断这些专利的诉求。

2023 年 10 月初，磁吸电连充电技术产品已经销往国外，目前年销售额已经过亿元，短短的几年时间能取得这样的成绩，还是很不错的。

现实中不是所有的创新都能一步到位，大部分都是在解决某一问题的同时，又引入了一个不想要的问题，而创新就是要发现产品的不足，并找到相应的解决方案，这就是所谓的产品迭代更新，整个社会就是在众多产品的不断迭代中前进，有道是迭代不停，前进不止。

3.62 能让小朋友喜欢喝水的喷泉杯子

如果小朋友不喜欢喝水，家长有时挺头疼的，就要想尽办法哄小朋友喝水。有人就发明出一款喝水时能形成喷泉的杯子（图 3-87），只要吸一下吸管，杯子上部的透明罩子里面就会有水流喷出，从而形成漂亮的喷泉。其原理是喝水时，嘴巴的吸力造成杯子上部的透明罩内部压力减小，杯子内部与透明罩里面形成压差，在大气压的作用下，杯子里面的水便会被压到透明罩里面的出水口处，从而形成喷泉。这个杯子将小朋友的喝水过程变得十分有趣，每喝一口水便会有喷泉形成作为奖励，小朋友要看喷泉就得喝水。产品设计巧妙，一个小小的改进就一举解决了小朋友不喜欢喝水的问题，产品一经推出，便深受家长和小朋友们的喜欢。

2021 年电商平台月销量已有数十万件，每件价格从几十元到上百元不等。该专利如果排他性强，则价值非常大。不过可惜的是这个专利因为撰写不到位，再加上在发明人申请这个专利之前，

图 3-87　喷泉杯子

国外已有专利可影响其创造性，导致这个专利虽然授权，但是独权保护范围缩小，专利排他性很弱。如果借用这个专利的思想，找个设计师重新设计下外观，少几个独立权利要求中的非必要技术特征，便可轻易绕开这个专利，对于专利权人来说挺可惜的。不过专利的规则就是这样，所以说专利的撰写质量十分重要，同时申请专利也要趁早。

3.63　自热矿泉水

　　冬季在外面直接喝常温矿泉水感觉太凉，喝热水有时又不方便，自热矿泉水（图 3-88）就解决了这个问题。只要打开矿泉水瓶体中部的拉环，旋转杯底白色部分，1 分钟后开始反应加热，9 分钟后水温就可达到最高温度。大概 8 分钟后水温就从 22 摄氏度左右达到了 58.8 摄氏度，这个温度直接饮用还是比较适口的，在户外要喝热水时较合适。

　　专利方面，搜索自热饮品，可以搜出很多自热方面的专利，基本原理都是通过生石灰与水反应，或者采用类似暖宝宝材料里面铁的氧化反应来产生热量。由于生石灰与水反应比较激烈，加热速度快，所以绝大部分还是采用生石灰来加热，这个自热矿泉水也是采用这个方案。原理大家都一样，主要是这个产品启动生石灰与水反应产生热量的实现方式与众不同。

　　想要喝热水时，打开矿泉水瓶体中部拉环，旋转杯底白色保护壳一圈，此时瓶内储水膜里的水被白色保护壳里面的尖物刺破，水流到无纺布做的生石灰袋上，水通过无纺布渗进去后，遇生石灰开始产生大量热量，等待几分钟后就把保护壳上部的矿泉水加热了。加热温度在可控范围内，消费者不用担心过热瓶内会产生有害物质。自热矿泉水专利配图如图 3-89 所示。

　　整个产品还是很不错的，解决了冬季在外直接喝常温矿泉水感觉太凉的问题，通过自热技术，为消费者提供了适温的热水，满足了人们户外的基本需求。另外，该款自热矿泉水与常规矿泉水体积一样大，携带和使用都比较方便，且安全性也比高，市场前景广阔。虽然发明人也申请了多项专利加以保护，但该技术原理是常规技术，很难从很高的高度形成专利壁垒，也就是说实现加热的结构方式有多种，若该产品市场火爆，则采用其他实现方式的竞品很快会出来，这种情况下发明人的市场份额肯定会受到蚕食，这是美中不足的地方。

图 3-88 自热矿泉水

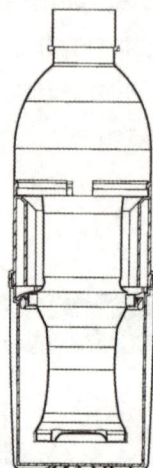

图 3-89 自热矿泉水专利配图

3.64 能吹出泡中泡的风扇泡泡机

风扇泡泡机（图3-90）这两年有点小火，因其能通过风扇吹出泡中泡，深受小朋友的喜欢。其专利是由广东汕头的吴女士申请于2020年，专利申报类型为一个实用新型和一个外观设计，但实用新型独立权利要求保护范围太小，易被竞争对手绕开。外观设计只是在出泡口上做了申请，不清楚为什么申请人没有对泡泡机整体造型进行申请。倘若实用新型专利被绕开，仿制的人只需要在外观层面稍微改动下出泡口的造型，即可轻松规避对方的两个专利。

从以上分析可以看出，发明人虽然申

图 3-90 能吹出泡中泡的风扇泡泡机

请了专利，但专利排他性很弱，专利的撰写和申请策略都不是很好。虽然，这款风扇泡泡机 2021 年线上月销量估计都有 20 万个，即便单个 5 元钱的利润，月利润也有 100 万元，还是很可观的！如果有人也想去做这个产品，则专利权人是没有什么制约手段的，因为专利的规则就是这样。只能下次申请其他产品专利时，再做专利的申请布局。

3.65　输液吊瓶束缚带

生病输液时，难免会遇到要上厕所，但让陪同人员举着输液瓶去洗手间，着实不方便。为此有人就设计出了可穿戴式输液架（图 3-91），样子还是很别致的，输液杆直接插在束缚带一侧，想上厕所时一个人即可自行前往，使用起来还是比较方便的。申请人为此申请了实用新型和外观设计两个专利，凭经验判断外观设计做出专利权评价报告正面的可能性还是非常大的，而实用新型创造性偏弱，大概率专利权评价报告结论偏负面。但这种产品就是这样，结构上再创新也很难玩出太多花样，与其侧重实用新型专利的保护力度，还不如将关注点放到迅速将专利产业化上，并通过寻找医疗资源推广这个产品。

有些产品没有办法通过发明或实用新型专利形成排他性专利保护，申请外观设计专利，再将精力放在营销上，也是完全可以的！这里需要注意，目的是通过创新实现知识产权由无形资产变成有形资产，而非始终将注意力全部锁定在专利本身，本末倒置不是创新者想要的。

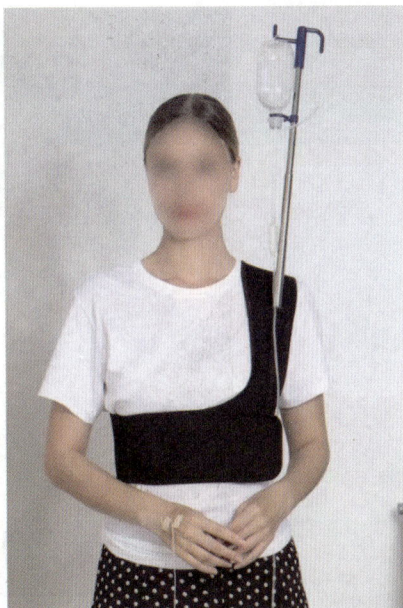

图 3-91　输液吊瓶束缚带

3.66 滚轮印章出题器

滚轮印章出题器（图 3-92）能通过在纸上滚动快速给需要练习 100 以内加减法的小朋友出题，从而深受家长们的欢迎。虽然从电脑上下载打印 100 以内加减法的练习题也很容易，但这个产品亮点在于好玩、有意思，给孩子出题只是其功能的一部分，满足家长的好奇心，是这个产品另外一个很重要的功能，也是此产品受到很多人关注的一个重要因素。

产品卖点不管是功能方面的，还是精神层面的，或者是两者的结合，只要价格在可接受范围内，都可促成消费行为的产生。滚轮印章出题器的功能是购买的理由，有趣和低价是购买的动力，在消费阈值的贡献上来说，功能占四成，有趣和低价占六成。这就说明，一个产品在满足基本功能的前提下，要尽可能设计得有趣，人毕竟是有感情的。

图 3-92　滚轮印章出题器

这个案例的另外一个维度是，相当长时间内，这款产品专利在产品上市后也没有查到，一般无非两种情况：要么没有申请，要么申请了还没有授权。商家其他产品的专利保护情况，专利意识还是很强的，估计后者的可能性更大些。专利没有授权就售卖产品的话，若专利申请在先，则对专利的审批没有影响。但是有个问题，如果这个时候有人侵权，也没有办法维权。理性一点的做法，最好是授权后再销售。针对专利还没有授权能否售卖产品这个知识点下面章节会详细讲。

3.67　看起来很不错的包包子神器

包包子神器（图 3-93）曾在线上卖得挺火，通过短视频的推广，短时间内卖出了近 20 万单。有博主买来测评过，效果不好，不能直接把包子皮放上去压达到商家在短视频上的宣传效果，需要先把包子包好，再放到花瓣中间压出纹路来，操作多少有些不便。

图 3-93　包包子神器

这个产品专利申请于 2014 年，申请人仅申请了一个外观设计专利，但其还用这个外观设计专利维权过，并获得了相应的赔偿，目前该专利还处于有效期内。虽然该产品并不完美，但丝毫不影响其短时间内的销量，究其原因，主要有以下三个：第一是这个产品的定位很准，面对的消费群体很大；第二是产品的价格很便宜，消费者的试错成本不高；第三是短视频直观的演示效果和大量的视频营销，让消费者蠢蠢欲动，消费者都幻想也可以包出和广告视频一样的效果，往往期待感十足。这三个原因综合起来，就促成了这款产品不错的销量。

销量好，不代表其就是好产品。现在短视频上推广的某些产品，其实并没有或者达不到产品宣讲的功能。不少产品有虚假宣传或夸大的现象，消费者在购买前要仔细辨别。

3.68 带钢丝绳锁具的拉杆箱

拉杆箱上一个小小的改进，竟让箱包厂家争相合作，甚至有人出高价格收购专利。凡是看过此专利的人都感叹，技术不难，实用性超强，市场非常大！什么产品这么厉害？其实就是带锁具的拉杆箱（图 3-94），在箱子上面加了一个带钢丝绳索的锁具。

确实很多人都有同感，技术就是这样的，隔了一层窗户纸，不捅破不知道，捅破了感觉好像也没什么！在这个技术之前，电子方式的防丢行李箱已经有了，但是这个带有钢丝拉绳锁具的拉杆箱结构简单、成本低廉，有技术优势。所以当发明人张先生想到这个创意后，一口气申请布局了 12 项实用新型专利，同时要求前面专利的优先权申请了 PCT 国际专利，构建了比较坚实的专利壁垒。在知识产权保护方面，张先生给很多人立了榜样，好技术必须要全面布局保护。

2022 年 3 月回访时，张先生说有个企业家看了他的箱子后，非常看好这个项目，当即就给他投资了数百万元人民币，让他继续生产研发。好创意值得花费用做全面的专利布局保护，好项目是金子，迟早会被识货人看中。

图 3-94 带钢丝绳锁具的拉杆箱

3.69　神奇的八爪鱼头部按摩仪

这个八爪鱼头部按摩仪（图 3-95）就是之前很火爆的"灵魂"提取器的升级版。"灵魂"提取器专利申请于 2002 年，不知道什么原因一直没有产品面市，18 年后，不清楚谁把这个专利又给翻了出来，并推向了市场。推向市场后，反响很不错，有聪明的人很快就发现，在其基础上电动化改进一下，体验感会更好。

在 2020 年和 2021 年两年间，就陆续有人申请了灵魂提取器的电动升级版

图 3-95　八爪鱼挠头器

专利。升级版的产品推出后，虽说价格增加了不少，但因产品亮点突出、用户体验感好，销量还是很可观的！电动版的灵魂提取器商家称为八爪鱼头部按摩仪，在按摩仪本体和所有腕爪末端都增加了电动按摩单元，且有多种按摩模式可以选择。

其实，市面上还有很多和第一代灵魂提取器一样的产品，没有升级，还比较原始、比较简单。如果能找到这类产品，把它电子化、智能化升级一下，里面同样蕴藏着巨大的商机。

产品的不断迭代升级往往能为消费者带来前所未有的全新体验，而升级背后所对应的知识产权保护，则是商家在产品升级中获利的坚实保障与内在动力。在此，给大家提个建议，从当下开始，做一个善于观察的有心人，去探寻那些市场广阔但尚未升级的产品，在其基础上加以升级改进，说不定会有意想不到的巨大收获。

3.70 沥水篮与脱水篮

沥水篮（图 3-96）解决的问题是洗完果蔬后，换水时易掉果蔬的问题。脱水篮（图 3-97）解决的是洗完果蔬后沥水较慢的问题。前者市场的普遍性更强，是强需求，是妥妥的痛点；后者快速脱水，针对绝大部分果蔬来说则是弱需求，是痒点。这里要注意，脱水篮针对特定领域的果蔬却是强需求，只是对绝大部分是弱需求。

这样的产品特性和定位，表现在销量上，就是前者要比后者的销量大很多。做这两款产品投入的时间精力相差不多，回报却差很多。所以，如果可以在产品创新之初选品时，要选择市场大的强需求产品，而非痒点类的弱需求产品。

图 3-96 沥水篮

图 3-97 脱水篮

3.71　坐姿矫正器

学生坐姿矫正市场非常大，解决方案也很多，从 20 世纪 90 年代至今，市场上充斥着各种矫正工具，目前市售的解决方案大致分为三种：

（1）穿戴在身上的坐姿矫正器，如穿在身上的背夹式矫正器（图 3-98）、戴在头上的坐姿提醒环（图 3-99）、戴在手上的坐姿提醒手表（图 3-102）、坐姿不端正就遮蔽眼睛的防近视眼镜等。

（2）固定在桌子上的障碍支架（图 3-100），这类矫正器种类比较多，但总体思想都一样，都是通过支架阻止坐姿不正状态的产生，来实现坐姿矫正。

（3）防近视笔（图 3-101），通过设置在笔上的探头来检测坐姿的端正与否，坐姿不正则笔头缩回去，以此提醒坐姿要正。

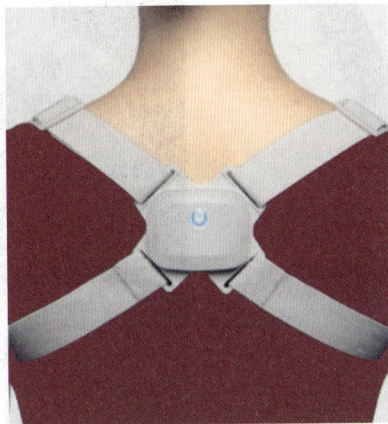

图 3-98　背夹式矫正器

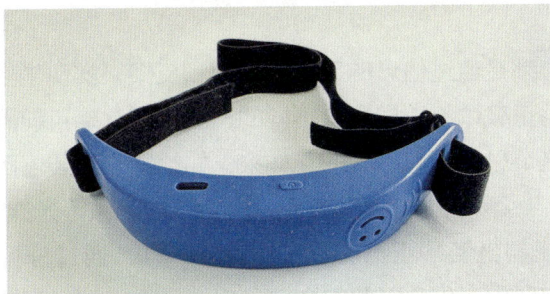

图 3-99　坐姿提醒环

125

图 3-100　坐姿障碍支架

图 3-101　防近视笔

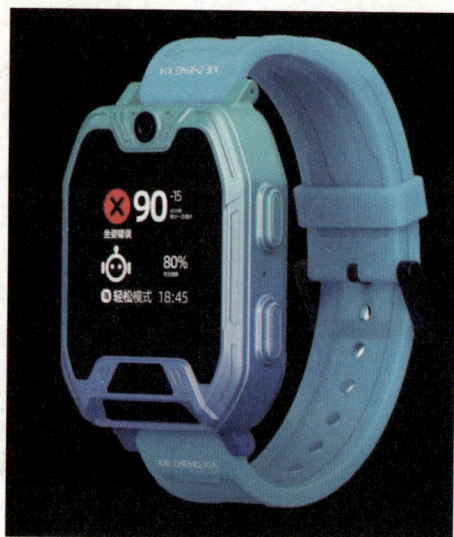

图 3-102　防近视手表

　　（1）和（3）都是通过信息的采集、处理和反馈来实现坐姿矫正，这类创新信息采集方式或矫正载体不一样会有不同的产品出现，除目前的几种产品外，研发者还可以基于这个思想玩出不同的花样来，如给凳子上装置可检测坐姿不正的传感器，当检测出坐姿不正时，通过振动、声音或电刺激等方式来实现坐姿矫正。

　　因为坐姿不正与坐姿端正物理状态肯定不一样，通过分析，完全可以找到正与不正之间的物理量变化，以此作为信息采集点来实现坐姿的矫正。矫正器这个领域的市场很大，通过刚才的分析，若想做这个领域的产品，只需采用刚才的思维方法想出可行的技术方案，即可挤入这个领域。

3.72　瘦脸振动仪

咬在嘴里宣称可以震动瘦脸的瘦脸振动仪（图 3-103）推出后一度受到了女性消费者的欢迎。但这个产品能不能瘦脸，或能瘦脸到什么程度，消费者在购买前是不知道的，但是它提出了一种全新的概念和主张。这个产品是全新的，商家主张的震动瘦脸直观上看貌似可以，价格也不贵，带着买来试试的态度，消费者就下单了，至于瘦脸效果怎么样，只有用后才能知道。

图 3-103　瘦脸震动仪

类似的产品还有万毛牙刷（图 3-104），这个产品看起来挺有用的，毛很软、很细、很密，应该刷牙时洁齿效果很好、对牙齿的损伤很小，但实际上基本不能洁齿，因为毛太密了，整个刷毛表面如同海绵一样，反而不能刷牙了。这就如同一根针能轻易刺入肉里，但一万根针密密麻麻摆在一起就是一个平面，反而不能刺入肉里去。还有前面提到的不频闪的灯，谁也不知道通交流电直接发光的灯，到底对人的眼睛有没有影响，但是商家宣讲的不频闪的灯对眼睛好这个观点，是充分得到消费者认可的，消费者也愿意花大价钱去购买，对于商家来说这很重要。

图 3-104　万毛牙刷

　　产品在消费者眼里有用，决定着他们是否会下单购买，而产品真的有用，则是购买后的复购、转介绍、口碑问题。有的商家前后端都在意，这种生意可以做长久；有的只在意前端，至于产品售出后怎么样并不关心，这种属于一次性买卖。只在意前端的，并非为解决某个问题，其眼里更多的是利，但创新还是要解决用户实际问题的。

3.73　果蔬清洗器

　　图 3-105 所示的果蔬清洗器为宁波市某企业研发生产的，其定位是洗个头较小的果蔬，如圣女果、枣、葡萄粒等。该产品创新点在于整个清洗装置分为滤盆和底盆，且整个产品呈现一头大一头小的形状，滤盆上小头一侧设有循环驱动机构，果蔬放置在滤盆大头一侧。使用时，倒入水并将果蔬放入滤盆大头一侧。在循环驱动机构带动下，滤盆里面的旋转刷转动形成涡流，果蔬便在旋转刷形成的刷洗区和果蔬流动暂存区的循环通道中流动。最巧妙的是，果蔬不是一下子都从果蔬暂存区进入刷洗区，而是按顺序逐一从果蔬暂存区进入刷洗区，从而旋转刷能够对循环通道中的全部果蔬进行多次清洗，且清洗有序，效果均匀。清洗完成后，直接拎起整个滤盆，倒掉底盘里面的脏水即可，操作十分方便。整个产品看

似简单，设计却是十分巧妙。

图 3-105　果蔬清洗器

　　这种创意一旦想到，就一定要做好专利的申请布局，把能实现的所有具有市场性和专利性的结构都专利化。一个专利如果不够，就申请多个专利，在巨大的市场面前，这点专利申请费可以忽略不计。

　　这款产品推向市场后能获得成功，主要是因为其选品和定位做得比较好。项目研发之初，商家对果蔬清洗领域消费者的真实需求进行了深入了解。消费者在家里洗果蔬时对于像苹果、梨等大个头果蔬一般都是一个个洗，而枣、圣女果等个头较小的果蔬挨个洗却比较麻烦。因此，消费者迫切需要一款专门清洗此类小个头果蔬的清洗器。目前市场上也有一些果蔬的清洗器，尚无专门针对小体积果蔬进行清洗的清洗器。洗小体积果蔬是家家户户都需要的，国内需要，国外也需要，所以选择这个方向做创新，在创新选品方向很正确，产品一旦成功，市场回报会非常可观。

　　在做了详细的市场调研、客户需求了解、竞争对手分析的基础上，商家采用了一头大一头小的清洗桶，桶内设有毛刷将桶分为了清洗区和果蔬暂存区，通过手摇毛刷方式让里面的果蔬从暂存区依次通过清洗区，使得每一个果蔬都得到了全方位的清洗，整个产品洗小体积果蔬具有秒洗净、超省力、逐个精洗、循环清洗、不伤果肉等特点，且产品定价也不高，消费者可接受。所以，产品一经推向市场，便获得了市场的高度认可。

　　经过上面的分析，正是由于商家在选品和定位方面都做得非常好，才使得该产品获得了这么大的成功。因此，一个产品要在市场上获得成功，选品和定位一定要做好！

3.74 拉风的 LV 新奇特产品

作为全球知名的奢侈品品牌 LV，在产品款式设计上有着自己独到的见解。但熟悉 LV 的朋友就很疑惑，为什么 LV 经常会出些奇奇怪怪、标新立异的产品？答案是为了增强消费者对自己品牌的记忆。LV 飞机包（图 3-106、图 3-107）就属于这种另类增强品牌记忆的产品。

产品标新立异背后是好奇引发的思考，而品牌记忆只是思考的残留物，购买行为仅是记忆中的选择。为了增强消费者对品牌的记忆，时不时设计一两款奇怪的包，目的是低成本增加品牌的热度，让消费者记住自己，为品牌增加流量。

商家自然知道这些产品不会大卖，让其作为营收的主力产品肯定是不行的，但可以作为吸睛的流量产品来博取更多的眼球。所以，不要过于规规矩矩，对自己的产品"一视同仁"，需要区分不同产品的使命，明白哪些是流程产品，哪些是盈利产品，哪些是吸睛的品宣产品。区分好这些，才能做到低成本也能让消费者轻松记住的品牌。

图 3-106 LV 飞机包（一）

图 3–107　LV 飞机包（二）

3.75　情人节 520 与强力胶 502

每年的 5 月 20 日是"网络情人节"，也是信息时代的爱情节，所以网络上经常以 520 作为"我爱你"数字简称。而 502 胶水是强力胶黏剂，两者之间除数字 2 和 0 对调一下之外，很难让人想到什么联系，可以说两者属于风马牛不相及。如果能将两个毫无联系的事物，通过某种桥梁连接起来，就可能抓住潜在的商机，在其他创新活动中，千万不要忽视这个逻辑。

如何建立桥梁呢？如果 A 产品销量很大，说明市场对 A 产品有强烈的需求，但 A 产品缺乏特点或趣味性，B 产品或元素具有趣味性或特殊的特点，那就可以将消费者喜欢的 B 元素，通过巧妙的方式结合到 A 产品上，借助 A 的销量及 B 的特点，来实现 AB 合体产品的销售量提升。

在 520 和 502 这两者之间，520 象征爱情，谐音我爱你，是抽象的事物。502 是公知的强力胶黏剂，是产品，它传递的是粘东西牢固的信息，可以寓意爱情的联姻牢靠不可分割，将 520 的爱情元素融入 502。

爱情元素最常见的是玫瑰，可以将一定量的玫瑰花粉末融入 502 中，并将常规的 502 包装瓶，设计成充满浪漫及爱情色彩的样子，然后提炼广告语，并通过短视频矩阵的方式，在 520 即将到来的时候就开始预热这个产品。可以想出很多种口号或方式去炒热它，充满了好玩、好奇和期待，并在一定范围内形成讨论话题或新闻热点。如此就建立了具有获利价值的桥梁，操作好的话，有可能获得不错的收益。

借用上面的思维，可以找一下销量好的事物 A 和具有趣味元素的事物 B 结合一下，保不准会有意想不到的效果。

3.76 能将小电池变成大电池的电池套

能将 7 号电池转为 5 号电池，或将 7 号、5 号变成 1 号或 2 号电池的发明创新（图 3-108），有无必要申请专利呢？答案是东西有用，但是否要申请专利要看谁去申请。如果是个人申请，则企业不会购买专利，因为买来这个专利对企业的电池宏观销量没有帮助。当然，个人可以申请并自己产业化去销售这个产品，但这个创新需求量有限，前期的资金和精力投入与最后的收益相比，大概率达不到预期，有可能还要亏钱。毕竟，产品生产制造难度不大，难在后期的推广宣传成本会很高。

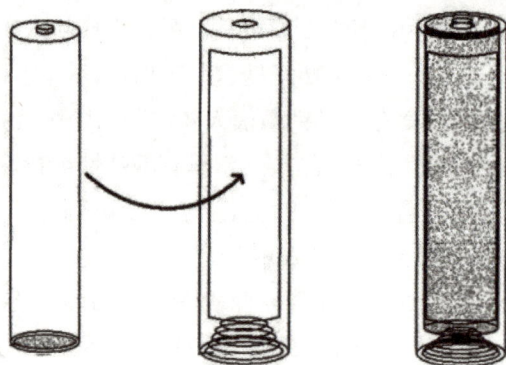

图 3-108 电池套

做电池的企业可以申请，因为不存在购买专利的成本，支付专利申请费就可以。另外，这个产品可以和电池一起包装售卖，对电池销量来说，单次销售可能有帮助，但整体上可能有抑制。原因是如果顾客家里只有 7 号电池，想用 5 号电池时，用这个电池套就可以轻松将 7 号电池变成 5 号电池。如果没有这个电池套，则用户必须去购买 5 号电池才能解决问题。而购买时，买够用的电池节数概率比较小，一般都会多买，这样一来电池套在某种程度上就变成对电池厂家销量的抑制。

3.77 单手可拔下的插头

在生活中，常常会遇到这种情况，插头插在插线板上时，用单手拔插头，由于插线板导电簧片对插头导电片卡得很紧，插线板会被一起拉起来，因此只能用另一只手扶住插线板，才可以将插头拔出。尽管这并不是一个让人不能接受的问题，但两只手操作有时候多少有点不便。为此，就有人在插头侧面设计了一个按压部，该按压部利用滑块原理，在手按压时可以将插头从插线板上弹出来，按压的动作是在拔插头时一并完成的，非常简单高效（图 3-109、图 3-110）。由于按压部具有弹性，所以动作完成以后，它会自动复位，以供下次使用。

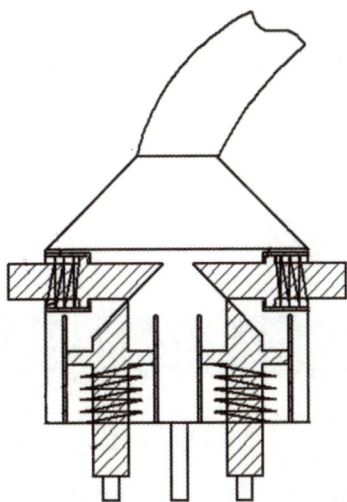

图 3-109　单手就可以从插线板上拔下来的插头

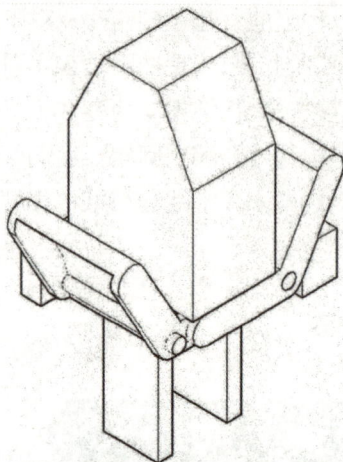

图 3-110　其他实现单手可拔插头的设计

　　单手可拔的插头设计有很多种类型，这只是其中一个解决方案，其他解决方案都差不多，基本都是通过按压某个部件，让作用于插线板上的顶开部顶住插线板，从而实现插头从插线板上脱离。按压部与顶开部之间通过相应的机械结构连接，这些不同的连接结构组成了不同的单手可拔的插头设计。若去查专利，这方面专利特别多，往这个方面想的人太多了，这就造成了某个具体专利很难具有高度的排他性，即具体单手可拔插头设计的保护范围很难写得太大，太大就会把现有技术囊括在内，最后还得缩小保护范围到具体结构上。因此，在专利质量没有问题的前提下，某一具体结构的单手可拔插头设计专利估值一般不会太高，毕竟其他可替代方案太多。

　　所以，思维重灾区的创新项目可以捡漏好的失效专利直接去产业化，想法也落在思维重灾区且想法一般的，建议谨慎申请专利。若想法确实挺巧妙，这种情况下需要从插头的成本、加工组装难易程度等维度去考虑是否申请专利。

3.78　年销售额数十亿元的蒸汽眼罩

　　为什么小小的蒸汽眼罩（图 3-111），仅国内市场一年的销售额就达十亿元？这个创新到底做对了哪些点，导致如此成功？蒸汽眼罩最早是由日本花王公司首先研发推出的，后经企业不断迭代更新，目前已经形成了系列产品。其原理主要是通过温热的蒸汽，来缓解眼睛干涩、疲劳等症状。产品面市以来深受用户的喜欢，仅国内电商平台月销量都在数百万件，年获利非常可观。

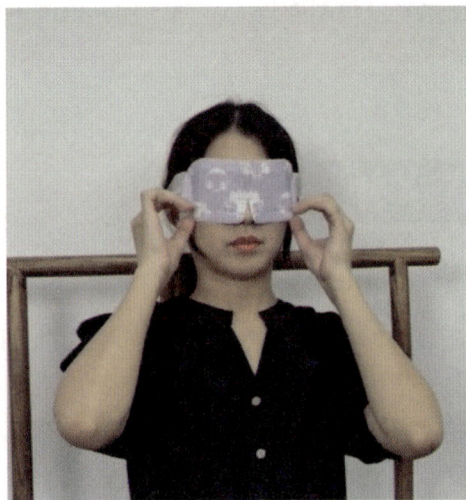

图 3-111　蒸汽眼罩

这个产品会这么成功，究其原因主要有以下几点：

（1）创新选品很精准，这个产品的用户群体很大，因为经常用电脑、看电视、玩手机的人，都存在不同程度的眼睛疲劳、干涩问题，一旦产品用户体验感好，火爆是必然的。

（2）其产品宣讲的功效符合消费者的心智，也就是说消费者认可"温热的蒸汽贴敷在眼睛上对眼睛有好处"，即便这个产品的功效并没有宣传说的那么好，但消费者就是认可，这点很关键。

（3）眼罩内部的自发热体被压制成 1 mm 左右的薄片，从根本上杜绝了早期技术漏粉的可能性，发热体薄片化后，发热更加均匀，发热温度和时间更加稳定，对于良好的用户体验感提供了强大的技术支撑。

（4）符合消费者心理预期的合理的定价，保证了使用人群的广泛性、较高的试错意愿和购买的高频性。

以上几点是这个产品能获得巨大成功的主要原因，对人们的启发如下：①想做的产品的用户群体要足够大，最好能和每个人都产生联系，小众化的产品也可以做，但要谨慎，做之前需要对投入产出比做细致分析；②不能对抗消费者的心智，一定要顺着消费者的心智来，消费者的心智就是群众基础；③产品要真的好用，不好用不能持久，靠其他手段维持高销量的虚假繁荣不是长久之计；④产品的价格定位至关重要，过高过低都不行，高了销量差，低了没有利润，恰到好处才是最好；⑤没有最好，只有更好，随着时间的推移，都会有迭代产品出来，沉下心不断完善改进它，持之以恒，总有一天能获得市场认可和回报。

3.79 药盒水杯

大多数情况下，产品的实用性是消费者首先考虑的，其次才是价格。这款药盒水杯，发明人想为一些病人解决外出时多种药物携带不便、吃药时找不到水的问题，所以想到了将水杯与药盒结合在一起（图 3-112）。虽然这个想法看起来很有创意，而且出发点也是好的，并且也有一定的实用价值。但存在消费者嫌装药麻烦，该功能有点多此一举的可能。还有人会担忧较高温度的水，对药品的储藏有不利影响。有这些因素的存在，都会制约消费者下单，即便水杯的价格很低很诱人。

因此，在做创新时，想出的解决方案最好能站在消费者的角度，做全方位的深思熟虑，如果有引起消费者担忧的点，务必要想办法解决，否则产品面向市场后这个担忧会一直存在，最终影响产品的销量。

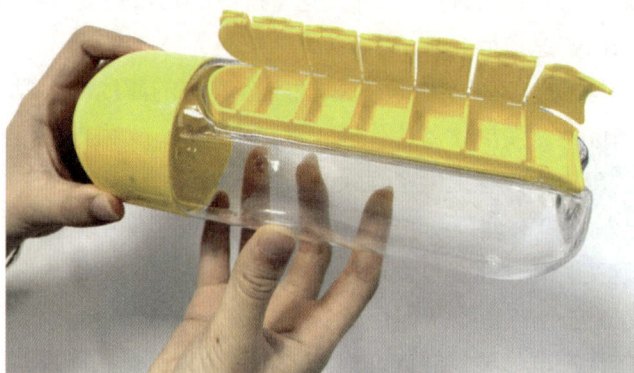

图 3-112 药盒水杯

3.80　超出消费者心理预期的电动开盖器

生活中，几乎每个人都遇到过玻璃瓶盖难以打开的情况。在短视频上看到一款电动开盖器（图 3-113），初看感觉想法不错，但深入了解之后，发现这个产品的选品没有问题，只是产品定位出现了偏差。

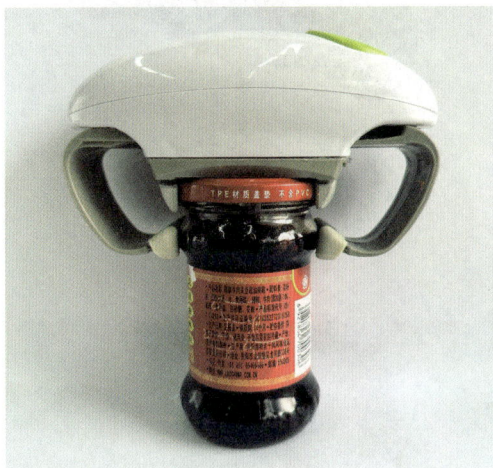

图 3-113　电动开盖器

拧不开瓶盖这种情况经常会遇到，市场是有的，创新的方向也没有问题，大部分消费者愿意花多少钱去解决这个问题才是重点。在成本限制下，采用什么样的技术方案去解决这个问题，创新者估计没有仔细考虑过。线上类似的开盖神器，销量好的大多也就 10 元左右的售价，再高就超出消费者心理价位了。

而电动开盖器这款产品，成本在 20 元左右，到消费者手中要五六十元，甚至还可能更高，而高售价势必导致销量的下降。

另外，开盖神器一般家庭使用频率不高，往往这次用完下次再用不知道什么时候了，若是现场去充电，还得等待，恐怕没有几个人有这个耐心。若是装电池，久放又会导致腐蚀性液体流出，拿出里面的电池用时再装，又显得麻烦。所以，解决开盖问题，不应该用电动这个解决方案。

基于上述原因，线上平台只有不多的店铺在售卖，销量情况很不好。短视频的评论大部分也是负面评论，在某种程度上代表消费者的认知，既然这么多人都不认可，销量差也是预料之中了。

　　有好的构思，在技术方案的选择上，一定要注意这个产品的制造成本是多少？到消费者手里的售价是多少？消费者下单购买会考虑哪些问题？消费者解决这个问题大概愿意花费多少钱？消费者的使用场景是怎么样的？这些都要做到心里要有数，不然就是盲目创新。

图 3-114　手动开盖器

第 4 章
专利基础知识

本章分享 100 个重要的专利相关知识，这些知识涵盖了专利的基本概念、申请流程、保护范围、侵权判定、专利维权等内容。这些内容既有实用性，也有理论性，旨在帮助读者全面了解专利规则，并在实践中加以运用。通过掌握这些专利知识，能更好地了解如何保护自己的创新成果，在市场中通过专利获得竞争优势。

4.1 什么是专利

专利是指一项发明创造，向国家知识产权局提出专利申请，经依法审查合格后，再向专利申请人授予的在规定的时间内，对该项发明创造享有的专有权。

专利授权后，专利权人在法律规定的期限内，对其发明创造享有独占权。同时，专利也是知识产权的一种，在有效期内，可以进行交换、继承和转让。

每个国家的专利制度设立的初衷，都是以公开换保护，即国家知识产权局授予申请人专利权的前提是申请人必须完全公开自己的专利内容，以便让更多的人看到申请人的专利技术内容，以实现促进整个社会科学进步的目的。

因此，专利的技术内容是公开的，大家可以通过专利检索网站自由查阅。但专利技术的使用是有限制的，他人必须征得专利权人的许可方可使用，否则就视为侵犯专利权人的专利权。

4.2 专利的特点

1. 独占性

独占性也称专有性，是指专利权人对其发明创造所享有的独有的制造、使用、销售和进出口的权利。也就是说，任何单位和个人未经专利权人许可，不得进行以生产经营为目的的制造、使用、销售和进出口其专利产品，否则，就构成侵权行为，法律另有规定的除外。同时，对于同一发明创造，国家知识产权局只授予一项专利权。

2. 地域性

地域性是指一个国家依照本国专利法所授予的专利权，仅在该国法律管辖范围内有效，对其他国家不能形成任何约束力，其他国家对其专利权不承担保护的义务（签有国际公约或双边互惠协定的除外）。

也就是说，一项发明创造，只在我国取得了专利权，那么如果有人在别国制造、使用和销售该发明创造，则不属于侵权行为。同样的道理，一项专利，如果仅在他国取得了专利权而在我国没有，那么任何人在我国都可以使用、销售依据该发明创造所生产出来的产品，而不算侵权。这里要说明一点，并不是所有申请人都有申请他国的专利，因为申请国际专利费用还是比较高的，鉴于此大部分专利只在本国进行了申请。

为了便于理解地域性，这里举个例子，比如美国就有很多专利没有申请我国专利权。如果张三看到好的某项美国专利，经过查询其在我国确定没有申请专利，那张三就可以在我国免费使用该专利，而不用担心侵犯其专利权。同样的道理，美国人皮特觉得我国某个专利不错，经过确认，这项专利并未在美国申请，则皮特也可以在美国境内随便使用和销售依据该专利所生产出来的产品，而不用担心侵权。除了上述情况，皮特还可以委托东南亚某个国家生产这个专利产品，并销往除我国以外的其他国家或地区，这种情况也不算侵权。

3. 时间性

时间性是指专利权人，对其发明创造所拥有的专有权，只在法律规定的时间内有效。期限届满后，专利权人对其发明创造不再享有制造、使用、销售和进出口的专有权，这时任何单位和个人都可无偿使用该项技术。

现行的《中华人民共和国专利法》规定的发明专利保护期限为 20 年，实用新型专利为 10 年，外观设计专利为 15 年，这三种类型的专利保护期限，均自申请日起计算。

4.3 个人和企业申请专利的意义

个人和企业作为专利申请载体，有什么不同之处？

1. 个人申请专利的意义

（1）可以保护自己的技术成果，个人可以通过转让或许可自己的专利实现经济回报，以促进个人的技术创新和创业发展。

（2）获得专利是对个人创新能力和技术实力的认可，有助于提升个人的自我价值感和成就感。

（3）可以通过专利作价入股，进而获得公司股份，成为股东并享受经营收益。

（4）公司注册时，可以通过专利作价入股以达到替代货币实缴的目的。

（5）在学术界，拥有专利是个人研究能力和创新成果的体现，有助于提升个人的学术声誉和影响力，对自身的职业发展和生活都能带来好处，比如可享受特定地区或政策下的落户加分、人才引进、职称评定、个人先进评选、升学加分等。

（6）拥有专利的员工、研发人员容易被提拔重用，更易获得高薪和晋升。

（7）拥有专利并获得产业化应用的个人，可以享受当地科技创新的资金鼓励政策，获得一部分资金补贴。各地政策不尽相同，目前大部分地区只对发明专利有此政策（该政策每个地区都不同，具体要向当地知识产权管理部门咨询）。

（8）申请专利或者获得专利授权的员工，可以获得企业给予发明人或设计人的奖励或报酬。获得专利授权的奖励是《中华人民共和国专利法》中明文规定的，而专利申请是否奖励每个企业各不相同。

（9）对于服刑期人员来说，若能获得发明专利授权，可以获得减刑等奖励机会。

2. 企业申请专利的优势

（1）可以通过法定程序获得技术的独占权，从而有效保护企业的研发成果，他人或其他企业未经许可，不得擅自使用企业的专利技术，在一定期限和地域内垄断市场，获取利益最大化。

（2）助力企业产品在市场行为中，获得更强的竞争力。

（3）拥有专利的企业，可以享受很多政策扶持以及荣誉加持，如高新技术企业评定、专精特新企业评定、专利示范企业评定、发明奖评定等。

（4）拥有专利的企业，可以采取技术合作、技术入股、专利转让许可、质押等方式，获得一定的收益。

（5）拥有专利的企业，一旦专利被公开，他人可以在网上查询到相关信息，专利授权后也可以将专利证书作为企业研发实力的象征进行展示，这些都可以增加企业的知名度，可以让企业获得足够的荣誉感，同时也有利于企业的产品或品牌宣传。

（6）拥有发明专利的企业，若专利已经产业化并取得了一定的销售额，可以获得一定比例的产业补助（该政策每个地区都不同，具体要向知识产权管理部门咨询）。

（7）拥有专利的企业，可以提升企业价值，增加企业的市值和吸引力，具有技术上的排他性优势，有助于企业在资本市场中获得更多的关注和投资。

（8）企业拥有一定数量的专利，可作为企业上市等评价的重要指标。

（9）拥有专利的企业，可以将专利号印在产品或产品包装上，起到区别其他企业同类产品的作用，同时还有警示他人该产品受到专利保护，任何人未经允许不得擅自仿制和销售，还有广告宣传作用，消费者一般认为标注有专利号的产品在技术性能和使用功能等方面优于同类产品，信任度会增加，有助于扩大产品的销售，提高产品的市场占有率。

4.4　不授予专利权的情形有哪些

专利的授予有一定的门槛，并非什么专利申请都会被授予专利权。根据《中华人民共和国专利法》第五条和第二十五条，规定以下几种情形不被授予专利权：

（1）科学发现。

（2）智力活动的规则和方法。

（3）疾病的诊断和治疗方法。

（4）动物和植物品种。

（5）原子核变换方法，以及用原子核变换方法获得的物质。

（6）对平面印刷品的图案、色彩或者二者的结合做出的主要起标识作用的设计类产品。

（7）违反法律、社会公德或者妨害公共利益的发明创造。

（8）违反法律、行政法规的规定获取或者利用遗传资源，并依赖该遗传资源完成的发明创造。

不管哪个国家的专利制度，基本上都对发明创造的内容做了限制，并非全部都可以授予专利权，甚至有一部分被排除在专利保护之外。排除的内容可分为以下五种类型：

（1）内容本身不属于《中华人民共和国专利法》所称的"发明创造"，因此不能授予专利权，如上面所列的科学发现、智力活动的规则和方法等。

（2）内容本身虽然有相关内容属于"发明创造"的范畴，但由于立法之初的综合考量或基于 TRIPS 协议（《与贸易有关的知识产权协议》）的规定，将这些排除在授予专利权之外，如动植物新品种、核转化方法获得的物质等。

（3）有关内容违反国家法律、社会公德或妨碍公共利益的，不能授予专利权。

（4）疾病的诊断和治疗方法不被授予专利权，主要原因是人道主义和社会伦理的制约，不能给予申请人垄断权。另外，诊断和治疗方法，直接作用对象为活体的人或动物，不能在产业上应用，不属于《中华人民共和国专利法》意义上的发明创造，所以不能授予专利权。

（5）起标识作用的平面印刷图案不授予专利权，主要是立法者想通过对平面设计授予专利权进行限制，以此来区分外观设计与商标两者之间的区别，以此竭力避免外观设计专利商标化。

4.5 专利的类型及区别

我国现行专利制度，将专利分为发明专利、实用新型专利、外观设计专利三种类型。三种类型的专利各有特点，具体表现如下：

1. 发明

发明，是指对产品、方法或者其改进所提出的新的技术方案。专利申请并不要求这个技术一定是经过实践检验的技术成果，一个想法一个构思也可以申请专利。发明专利也是这样，一般来说只要不是永动机，存在工业上应用的可能性即可申请。在我国发明专利，普遍被认为技术含量高、价值大，社会认可度一般较实用新型和外观设计专利要高，这是因为其在授权前，经过了比较严格的实质审查环节的把关，能授权，一般法律稳定性和质量都比较高。

2. 实用新型

实用新型，是指对产品的形状、构造或者其结合，所提出的适于实用的新的技术方案。一般情况下，技术上只要有一些相应的改进就可以申请，只要涉及产品构造、形状或其结合，都可以用来申请。实用新型专利保护有一定形状或结构的新产品，不保护方法以及没有固定形状的物质。另外工艺方法类的，也不属于实用新型保护的客体，这类发明创造只能去申请发明专利。

实用新型的技术方案，更注重实用性，其技术水平较发明而言，要低一些，故而一般被称为"小发明"。但这个认知是有偏见的，能保护申请人技术，并具有排他性的专利都是好专利。不能保护的，即便是发明也意义不大。截至目前，在我国范围内，专利侵权赔偿最多的，恰恰就是实用新型专利，反而不是发明专利。

实用新型专利不需要实质审查，手续相对比较简便，费用也较低。因此，关于日用品、机械、电器等方面的有形产品的小发明或改进，都比较适用于申请实用新型专利。

3. 外观设计

外观设计是指对产品的形状、图案或者其结合，以及色彩与形状、图案的结合所做出的富有美感，并适于工业应用的新设计。《中华人民共和国专利法》第二十三条中对授予外观设计专利权进行了明文的规定："授予专利权的外观设计，应当不属于现有设计；也没有任何单位或者个人就同样的外观设计在申请日以前向国务院专利行政部门提出过申请，并记载在申请日以后公告的专利文件中。授予专利权的外观设计与现有设计或者现有设计特征的组合相比，应当具有明显区别。授予专利权的外观设计不得与他人在申请日以前已经取得的合法权利相冲突。"

针对上述三种专利的区别，要强调以下几点：

（1）所有的实用新型都可以申请发明，不过发明对创造性要求高，能申请，但不一定能授权。

（2）实用新型与外观设计定义中，都有形状的表述，但实用新型中的形状是指功能性形状，如鱼钩的形状不是为了纯粹美观，而是有一定功能改进，而外观设计中的形状，仅仅是为了美观而设计的形状，两者是有本质区别的。

（3）申请专利到底选择发明还是实用新型，要根据产品本身的特性、技术方案的创造性、产品的生命周期、市场容量大小、专利申请的目的、申请人的预算多少等综合因素而定。

（4）不要以发明专利论英雄，实用新型有时能很好地保护申请人的技术。

（5）不要轻视外观设计专利在产品保护中的作用，这个还是很重要的。

4.6 申请专利前应考虑哪些问题

（1）该发明创造是不是《中华人民共和国专利法》中所称的发明创造，能不能授予专利权，即是否符合《中华人民共和国专利法》相关规定和要求。

（2）如果这项发明创造符合《中华人民共和国专利法》保护的内容，那么应该了解申请专利的目的，主要是用于主动攻击竞争对手，还是用于侵权防御，或者附带目的是申报高新技术企业，或职称评定，那申请专利究竟能不能实现自己的目的？如果是以获利或产业化为目的，则需要考虑发明创造市场前景如何。如果要申请的专利技术前景不好，即便专利产业化后，销量也好不到哪里去，那就不值得申请专利。

（3）明确了申请专利的目的，就需要进一步考虑申请哪一种类型的专利。因为三种专利的保护对象不同，对专利性要求的高度不同，审批程序不同，保护期限也不同，究竟申请哪种专利需要进一步理性地去分析。

首先，申请人的发明创造，是产品还是工艺方法？如果是后者就只能申请发明专利，而不能申请实用新型和外观设计专利。如果是产品，就要看这种发明创造是否具有结构、形状特征，还应考虑该发明创造的结构特征是为了解决技术问题，还是为了增加产品的美感。如果是后者，则只能申请外观设计专利，如果是前者，并且该发明创造的结构特征或形状特征，可由六面视图表达清楚，也可申请外观设计专利，否则就只能申请发明或者实用新型专利。

如果技术特征表现为裸露于外表的结构，那就既可申请发明或实用新型专利，又可申请外观设计专利。但是，能申请发明不一定能授权，毕竟发明对创造性要求是很高的。

申请人在申请专利时，究竟要申请何种类型专利，需要申请人基于这三种专利的保护范围、保护期限、审查周期、技术方案本身的特点、自身的经济实力等因素，结合专利申请目的、产品的生命周期等综合考量。

4.7 专利申请前为什么要进行新颖性检索

对于发明和实用新型两项专利来说，授予专利权的前提，是该技术方案要具备新颖性，创造性和实用性三个特征；对于外观设计专利来说，待申请的外观设计应当不属于现有设计。现实中，如果申请专利前不检索查新，很有可能待申请的专利已经被他人申请过了，再去花代理费、申请费，最终又不能获得专利权。或者授权了，但权利不稳定，那对于申请人来说就很不值当了。

另外一个维度，通过检索发现市场上已经有这个技术或设计，那就不用再花费时间精力重复去做一样的东西。或者知晓了别人的专利技术或设计内容，就可以在其基础上做规避设计，这样一来，既避免了侵权的风险，又避免了时间精力的浪费。同时通过专利的检索，还可以知晓这个行业现状，以及其他友商的经营方向、技术水平、市场布局。通过对其他企业的产品和技术的了解和分析，可以助力自身的研发和创新。所以，专利申请之前一定要进行检索查新。

4.8 如何撰写专利交底书

想申请专利，专利交底书很重要，事关发明人与代理师沟通是否充分，但非强制性行为。专利交底书并非官方文件，而是由发明人撰写自己的发明创造的详尽内容，并毫无保留地给专利代理师，以此作为撰写依据的参考文件。交底书撰写时，要求发明人准确、完整、清晰地表达要申请专利的技术内容，以便专利代理师根据专利法规和发明人提供的交底书内容，撰写出包括权利要求书、说明书、说明书摘要等全套的专利申请文件，并将这些申请文件交给国家知识产权局下设的专利局，以期最终获得专利的授权。

专利交底书写得越详尽，越有助于专利代理师快速准确地理解发明人的技术方案，减少代理师和发明人之间的沟通成本，提高专利申请工作的效率和申请文件的质量。

如果打算申请的专利内容很简单，或发明人和代理师之间沟通极为默契，仅通过电话或当面的语言交流，代理师就完全可以明白发明人的技术方案内容，也是可以不写交底书的，毕竟专利交底书并非强制性撰写文件。但是，这个属于特殊情况，正常情况下，发明人还是要认真撰写专利交底书的。那么该如何撰写专利技术交底书？可参考以下要点：

（1）发明或实用新型的名称。要简单明了地反映该发明的技术内容，交底书里的专利名称如何命名问题都不大，后面代理师在撰写时，会根据整篇专利文件的主题起出最恰当的名字。这里遵循一个原则，名称一般不超过 25 个字，化工领域的名称最多不超过 40 个字。

（2）所属技术领域。为便于在专利初审环节，审查员对专利分类，需要简要说明所属技术领域。如本发明属自行车领域，具体为一种无级变速自行车。

（3）背景技术。一定写清现有技术的具体情况，以便让代理师和审查员轻松了解现有技术，同时也为引出自己的发明创造解决的问题做铺垫，以及为后面体现该专利的创造性打好基础。

（4）发明的目的。这个一定要实事求是，不能有任何营销性的夸张粉饰，准确地指出现有技术的问题，即不足之处，提出本发明所解决的问题，从中归纳出本发明的目的。

（5）发明的内容。对于发明目的，要详尽地写清楚，为此而采取的技术手段，要清楚、完整、准确地加以描述，这些是区别于现有技术的关键所在，要尽可能描述清楚，以使本领域内的技术人员能实施为准。

（6）发明的优点。结合发明的目的及技术手段，将本发明所能达到的效果具体、实事求是地加以描述，尤其是优点和长处。

（7）附图及附图的简要说明。附图以清楚地体现发明的整体技术点为准，附图数量、附图角度以及附图的形式，均以能更好地说明整个技术内容为准，让看了附图和发明内容文字的人，能轻易了解整个发明是怎么回事，乃至想要表达什么、创新点在哪里。发明专利附图并非强制性要求，因为有的发明专利是没有图的，而实用新型专利则一定要有说明书附图。附图中不要出现文字,框图中可以出现文字。简要说明需要说清楚每一幅图是什么图，以便他人清楚了解附图的内容。

（8）实施例。列举该专利发明内容的实例，目的是增加该发明的可实施性，有条件的话，建议列举多个实施实例。

这里需要强调下，交底书撰写时，权利要求书是不需要撰写的，技术领域在不清楚的情况下可以不写。很多公司研发人员普遍喊交底书撰写很难，后来才了解到问题出在哪里，因为他们的权利要求书也由自己撰写，这个撰写确实有一定难度，这就导致很多研发人员很不愿意写交底书。实际上，交底书就是毫无保留地写下申请人的发明创新内容，代理师再根据申请人提供的内容，写出规范的材料去申请专利。权利要求书及整篇申请文件是代理师去写的，发明人不用撰写。

4.9　专利的保护期限

根据《中华人民共和国专利法》规定，我国发明专利的保护期限是 20 年，实用新型保护期限是 10 年，外观设计保护期限是 15 年，时间均自申请日起算。

值得注意的是，专利申请获受理后，专利局会确认专利申请的申请日，但专利的审查是需要时间的，这个时间不能确定，少则数月，多则数年。也就是说，当专利权自授权后生效，会造成专利权的实际保护期并没有这么长。

另外，外观设计专利保护期在 2021 年 6 月 1 日以前是 10 年，从该日期起申请的外观设计专利保护期更改为 15 年。

4.10　专利的费用

申请专利时需要交纳费用，根据《中华人民共和国专利法实施细则》的规定："向国务院专利行政部门申请专利和办理其他手续时，应当缴纳下列费用：

（一）申请费、申请附加费、公布印刷费、优先权要求费；

（二）发明专利申请实质审查费、复审费；

（三）年费；

（四）恢复权利请求费、延长期限请求费；

（五）著录事项变更费、专利权评价报告请求费、无效宣告请求费、专利文件副本证明费。"

专利申请费用减缴项目为申请费、发明专利申请实质审查费、复审费、年费。具体见表 4-1。

表 4-1　专利申请、授权、年费减缴一览表

（单位：元）

申请阶段	专利类型	费用种类	标准值	减免 70%	减免 85%
	发明	申请费	900	270	135
		实审费	2 500	750	375
		公布印刷费	50	50	50
		合计	3 450	1 070	560
	实用新型 / 外观设计	申请费	500	150	75
授权阶段	专利类型	费用种类	标准值	减免 70%	减免 85%
	发明	首年年费	900	270	135
	实用新型 / 外观设计	首年年费	600	180	90
年费阶段	专利类型	年度	标准值	减免 70%	减免 85%
	发明	1 ~ 3 年（每年）	900	270	135
		4 ~ 6 年（每年）	1 200	360	180
		7 ~ 9 年（每年）	2 000	600	300
		10 ~ 12 年（每年）	4 000	1 200	600
		13 ~ 15 年（每年）	6 000	1 800	900
		16 ~ 20 年（每年）	8 000	2 400	1 200
	实用新型 / 外观设计	1 ~ 3 年（每年）	600	180	90
		4 ~ 5 年（每年）	900	270	135
		6 ~ 8 年（每年）	1 200	360	180
		9 ~ 10 年（每年）	2 000	600	300
	外观设计	11 ~ 15 年（每年）	3 000	900	450

　　根据《中华人民共和国专利法实施细则》的规定，专利法和专利法实施细则规定的各种费用，可以直接向国务院专利行政部门缴纳，也可以通过邮局或者银行汇付，或者以国务院专利行政部门规定的其他方式缴纳。

　　专利官方费用的缴纳也是一门技术活，原则上不建议自行缴纳，以免漏缴、错缴、少缴导致专利失效，建议还是交给专利代理机构代为缴纳。

4.11　专利申请费用减缴条件

专利申请中费用减缴条件是什么？根据《中华人民共和国专利法实施细则》的规定："申请人或者专利权人缴纳本细则（专利法实施细则）各种费用有困难的，可以按照规定向国务院专利行政部门提出减缴的请求。减缴的办法由国务院财政部门会同国务院发展改革部门、国务院专利行政部门规定。"可以请求减缴收费类目如下：申请费（不包括公布印刷费和申请附加费）、发明专利申请实质审查费、年费、复审费。

个人请求减缴专利收费的，应当如实填写本人上年度收入情况，同时提交所在单位出具的年度收入证明，个人减缴的标准为年收入小于 6 万元即可减缴。无固定工作的，提交户籍所在地或者经常居住地县级民政部门或者乡镇人民政府（街道办事处）出具的关于其经济困难情况证明。从 2022 年起，对于个人费减，很多地区社保缴纳证明变成了必须环节，有时还要提供银行卡流水。

企业请求减缴专利收费的，应当提交上年度企业所得税年度纳税申报表复印件。在汇算清缴期内，企业提交上年度企业所得税年度纳税申报表复印件。企业减缴标准为上年度应纳税所得额小于 100 万元即可减缴，大于 100 万元不能享受减缴。100 万元的应纳税所得额减缴标准是随着政策的变化而变化的，企业应该根据最新政策要求选择是否提交减缴请求。

以政府机构、学校、科研院所名义提交专利申请的，提供事业单位法人证书即可享受减免。以学生名义申请专利的，提供学生学籍证明和身份证复印件即可享受减免。

这里要注意以下几种情况：

（1）当申请人是两个主体的，两个都符合减缴条件，则减缴 70%。

（2）一个能减缴一个不能减缴，则该申请都不能减缴。

（3）当申请主体开始申请的时候具备减缴条件，则自授予专利权当年起十年的年费按 85% 或 70% 的比例减缴。

（4）当申请主体开始申请的时候，不具备减缴条件，但后面又具备减缴条件的，则可以提出减缴请求，通过后只能享受不超过 10 年的减缴。例如，A 企业申请专利的时候上年度应纳税所得额大于 100 万元，不具备费减条件。专利授权3年后，企业应纳税所得额小于100万元了，又具备了费减条件，此时提出费减申请，通过后最长只能享受7年减缴。

（5）某专利发生了权利的转移，在先的申请人可以减缴，在后的权利人不能减缴的，则后面的权利人不能享受减缴。

（6）某专利发生了权利的转移，在先的申请人不可以减缴，在后的权利人可以减缴的，则后面的权利人可以提出费减请求，通过后可以享受减缴。

个人收入证明（模板）

　　兹证明，_____（身份证号：_____）系我
单位员工，月均收入为_____元，其上一年度（2023）年收入
为_____元。特此证明。

员工签名：_____

单位盖章：
年　　月　　日

图4-1　个人收入证明（模板）

4.12　什么是专利年费

　　缴纳年费是专利权人的义务之一，从专利授权当年直至专利权期满，专利权人每年都要缴纳规定的费用，缴纳专利年费是维持专利权有效性的前提。

专利申请被授权后，专利申请人除缴纳专利登记费外，还应当缴纳被授予专利权当年的年费。每年的年费，应当在前一年期满前一个月内预缴。专利年费可以亲自到专利局或当地代办处缴纳，也可以通过邮政汇款到代办处，或者通过银行汇款等。事实上，目前在国内，每年的专利费大部分都是通过银行汇款的方式支付的。这里需要注意，专利申请过程中的官方费用不建议自己交纳，委托专利代理机构申请专利的，可以让专利代理机构代为缴纳。因为代理机构都有专门的管理软件对代理过的专利进行有效管理，软件会及时提醒专利的缴费日期。个人自己缴纳常常会出现忘缴、错缴、漏缴、少缴、多缴等情况，除多缴外其余几种都有可能导致专利的失效。因此，专业的事情还是让专业的人去操作，以免造成不可挽回的损失。

4.13　专利授权后为什么每年还要缴纳专利年费

因为缴纳年费有利于资源的有效利用。通过每年的专利费，可以让专利权人放弃一些长期闲置又不能给专利权人带来经济利益的专利技术。这些闲置的专利技术，进入公众技术领域后，公众可以自由使用该技术，从而推动了整个社会的科技进步。这就是为什么专利年费不能省掉，必须每年缴纳，且每隔几年会增加一定幅度的原因所在。

4.14　忘记缴纳专利年费怎么办

年费的缴纳对于维持专利权有效性至关重要，有时不小心忘记缴纳年费，但只要没超过绝限期，还是能挽救回来的。根据《中华人民共和国专利法实施细则》的规定："授予专利权当年以后的年费应当在上一年度期满前缴纳。专利权人未缴纳或者未缴足的，国务院专利行政部门应当通知专利权人自应当缴纳年费期满之日起 6 个月内补缴，同时缴纳滞纳金；滞纳金的金额按照每超过规定的缴费时间 1 个月，加收当年全额年费的 5% 计算；期满未缴纳的，专利权自应当缴纳年费期满之日起终止。"

根据上述细则规定，不难看出，忘记缴纳年费可分 4 个时间段，每个时间段的应对方法也不同。

（1）超期 1 个月内。专利权人未按期限缴纳年费或缴纳不足，有 1 个月的缓缴期。在缓缴期内及时补缴年费或补足年费，不需要额外缴纳滞纳金。

（2）超期 2 ~ 6 个月。超过 1 个月未缴纳专利年费的，将会收到专利局发出的"缴费通知书"。通知书中会仔细列出专利权人理应缴纳的年费。对于滞纳金，过期未缴纳年费 2 ~ 6 个月，分别需要缴纳当年年费的 5%（对应超期 2 个月）、10%（对应超期 3 个月）、15%（对应超期 4 个月）、20%（对应超期 5 个月）、25%（对应超期 6 个月）作为滞纳金。

（3）超期 6 个月，超过 6 个月未缴纳专利年费的，将会收到专利局发的一份"专利权终止通知书"，此时专利还有救，不过已经到了非常危险的时刻，再不做处理专利权就彻底丧失了。此时专利权人可以在收到该通知书 2 个月内，缴纳专利年费、25% 的滞纳金以及 1 000 元专利权恢复费，即可恢复专利权。

（4）若收到"专利权终止通知书" 2 个月内未办理专利权恢复手续，且并未缴清相关费用的，一般情况下专利权将彻底终止，且无法恢复。此时，该专利也就变成了公有技术，谁都可以使用。

有一点需要注意，专利当事人因不可抗拒的事由而耽误了期限，造成权利丧失的，自障碍消除之日起 2 个月内，以及最迟自期限届满之日起 2 年内，可以向专利局说明理由，并出具有关证明文件，请求恢复权利。当事人因正当理由而耽误了期限，造成权利丧失的，自收到专利局通知之日起 2 个月内，可以向专利局说明理由，请求恢复权利。也就是说，未按期缴纳年费而造成逾期的，只能以不可抗拒的事由为理由，请求专利局恢复权利。办理权利恢复手续，要提交"恢复权利请求书"并附上有关证明文件，还要缴纳恢复费 1 000 元。

丧失专利权怎么办？可以在原有专利的基础上进行二次创新，重新递交新的申请。

4.15 如何让专利快速授权

专利的申请需要一定的时间周期，在不做任何加快程序的情况下，发明专利审批周期需要 1 ~ 3 年，少数需要 3 年以上；实用新型专利审批周期一般需要 3 ~ 14 个月；外观设计需要 5 个月左右。对于急需获得授权的申请人来说，这个时间显得有点漫长。如何缩短专利审查周期呢？目前有两种加快的途径，一种是通过保护中心的预审通道，一种是优先审查通道。

1. 快速保护中心预审

截至 2023 年 9 月，全国已建成 63 家快速保护中心，只要符合快速保护中心对专利领域和质量的要求，待申请的专利都可以通过快速保护中心预审。

预审模式是在向国家知识产权局提交正式专利申请之前，由保护中心预先对申请文件进行前置审查，符合条件的专利申请将进入快速审查通道。通过预审的案件是否授权最终还是由国家知识产权局进行决定。有时候通过保护中心预审的案件，仍然可能被国家知识产权局驳回。

保护中心对拟进入快速审查通道的企业、高校和科研院所等进行备案管理，并将名单上报国家知识产权局。未备案或备案未通过的企事业单位，不得通过保护中心快速审查通道将其专利申请提交至国家知识产权局。

目前可以走保护中心预审的业务类型为发明、实用新型、外观专利申请，复审及无效请求，专利权评价报告。后面根据政策调整可能会有新的业务类型增加进来。

通过保护中心预审的专利申请，发明最快 2 个月拿到证书，实用新型最快 20 天拿到证书，外观设计专利最快 3 天拿到证书（这是经验值），每个省份或城市的保护中心一般只审查自己省份或城市的专利。

能通过保护中心预审的案件要求都十分高，专利质量不高或者撰写有瑕疵的可能被退回，这种情况下只能转到普通渠道申请。目前，预审通道只针对企事业单位等开放，个人申请是不可以走预审通道的。

现在已经开放运行的保护中心每家管理要求及对案件的严格程度不尽相同，想通过预审的方式申请专利，需要联系当地保护中心根据其具体要求进行操作。

2. 优先审查

自 2017 年 8 月 1 日起，开始实行专利优先审查制度，该制度的目的是加快创新主体发明创造的审查速度。适合走专利优先审查的业务类型，在《专利优先审查管理办法》第二条和第三条中做了明确规定：

"下列专利申请或者案件的优先审查适用本办法：

（一）实质审查阶段的发明专利申请；

（二）实用新型和外观设计专利申请；

（三）发明、实用新型和外观设计专利申请的复审；

（四）发明、实用新型和外观设计专利的无效宣告。

……

有下列情形之一的专利申请或者专利复审案件，可以请求优先审查：

（一）涉及节能环保、新一代信息技术、生物、高端装备制造、新能源、新材料、新能源汽车、智能制造等国家重点发展产业；

（二）涉及各省级和设区的市级人民政府重点鼓励的产业；

（三）涉及互联网、大数据、云计算等领域且技术或者产品更新速度快；

（四）专利申请人或者复审请求人已经做好实施准备或者已经开始实施，或者有证据证明他人正在实施其发明创造；

（五）就相同主题首次在中国提出专利申请又向其他国家或者地区提出申请的该中国首次申请；

（六）其他对国家利益或者公共利益具有重大意义需要优先审查。"

一个申请主体一年可优先审查的数量每个省份要求都有所区别，有的省份一个企业一年只能通过一个优先审查专利，有的省份可以一年通过多个，有的还会对企业上年度有无申报过专利有要求。

目前可以走优先审查的业务类型为发明、实用新型、外观专利申请，复审及无效请求，后面根据政策调整可能会有新的业务类型增加进来。优先审查与快速保护中心预审不同的是，个人申请的专利也可以走优先审查通道，但大部分地区不推荐优先审查。

走优先审查通道，发明专利申请 45 日内发出第一次审查意见通知，1 年内结案；实用新型及外观设计申请 2 个月内结案。优先审查只是加快了审查速度，能否授权还要看具体专利质量。

不管是普通申请，还是走快速保护中心预审，或者是优先审查通道，专利质量是王道。一般所说的专利质量，是指发明、实用新型和外观设计专利符合专利法规授予专利权的条件要求。

4.16　专利的申请流程

前面说的都是专利申请的基础条件，下面要说的是专利的申请流程，第一步先做专利检索，目的是判断即将申请的专利之前有没有人申请过。如果没有人申请过，那可以继续开展下面的工作。如果有人申请了，自己的技术与对方申请的专利相比是一模一样，还是有所区别。倘若一模一样，新颖性就不具备了。若有所区别，一般新颖性是具备的，至于是否具备创造性，这要进行个案分析。

如果初步判断可以申请，第二步要做的是确定申请专利的类型。结构类的发明创造，申请发明或实用新型专利都可以；如果是工艺方法类的创新，只能申请发明专利；如果是在产品的形状、图案、色彩上做的文章，那只能申请外观设计专利。有一点需要说明，凡是能申请实用新型专利的，都能申请发明专利，但发明专利对创造性要求高，能申请不见得能授权，授权与否还要看技术本身的创造性。具体申请时，有的建议 3 种类型的专利一起申请，有的建议只申请其中一种，或者采取发明和实用新型双报的策略。现实中到底采取什么样的申请策略，还需要进行个案分析。

确定好申请类型后，接下来就是提交申请。不同类型的专利，在申请难度和需要经历的流程步骤上都有所不同，申请发明专利需要经过受理、形式审查、公布、实质审查和授权、下发证书这五大环节；而申请实用新型和外观设计专利，则在整体流程上省去了公布和实质审查这两个环节，在完成形式审查后，就会直接进入授权阶段。

如果申请人的专利没有问题，则进入领取证书完成申请。至此，整套专利申请流程得以完成。后面要注意的是，对专利的维护最重要的是每年申请日前一定要缴纳年费。

4.17　申请专利需要提交的文件

申请专利是一个繁杂的工程，不是口头说一下，网上随意操作一下就可以的，而是需要完整的文件材料。那么究竟需要哪些文件？三种专利各不相同，需要分清楚。

（1）申请发明专利所需要的文件包括：发明专利请求书、说明书摘要（必要时应当提交摘要附图）、权利要求书、说明书（必要时应当提交说明书附图）。

（2）申请实用新型专利所需要的文件包括：实用新型专利请求书、说明书摘要及其摘要附图（实用新型一定要有摘要附图）、权利要求书、说明书、说明书附图（实用新型一定要有说明书附图）。

（3）申请外观设计专利所需要的文件包括：外观设计专利请求书、图片或者照片（要求保护色彩的，应当提交彩色的图片或者照片）以及对该外观设计的简要说明。

4.18　专利申请时一定要给代理师讲的几句话

专利申请中，为了防止沟通不畅导致撰写有出入，以下是一定要给代理师讲的几句话：

（1）专利不是为了简单拿个证书，而是要全面布局保护，请帮助找一个在这个领域专利经验丰富的代理师来负责撰写。

（2）独立权利要求要写好，不能有非必要技术特征。

（3）若预算充足，还可以补充以下内容：会支付一些检索费用，麻烦好好检索下；权利要求项数不要局限于10条，根据需要可以多于10条；一个专利若不够，可以撰写多个专利，只要能全面布局保护即可。

专利代理师明白了专利申请人的申请意图和专利申请人的专利撰写质量要求之后，对专利布局保护至关重要。

4.19　申请专利的过程中如何做到绝对保密

由于专利技术开发的过程非常艰辛，申请人都渴望能够对其更好地进行保护，特别是在申请过程中，保密行为显得尤为重要。有什么好的办法在申请专利的过程中做到更好保密，以打消申请人的顾虑？下面是一个理论上可以在代理环节做到绝对保密的办法。

具体怎么操作呢？就是前期申请人写好专利交底书，网上查好撰写专利所需要的材料，当面交给代理师，并马上要求代理师进入一个密闭的房间内，房间不能上网，不能对外有任何联系。待他写完、反复确认没有问题提交给专利局，待收到受理通知书后，再放他出来。这么操作 100% 可以做到在专利代理环节，代理师不会存在泄密或窃取申请人技术的可能。

专利申请过程中，不管怎么讲保密总是有人质疑的。而要想做到 100% 绝对保密，只有采用上述方法理论上才能做到绝对保密。但这是不现实的，所以，现实中申请人申请专利过程中，对于所接触的代理机构和代理师一定要有基本的信任。对于正规代理机构和专利局来说，代理师和审查人员都是经过严格筛选的，不会存在窃取申请人专利内容这一说，这点申请人可以完全放心。否则，疑心过重是不利于专利申请的。

4.20　专利名称对字数的要求

专利名称不应超过 25 个字，最大限度不超过 40 个字。题目中含有的字母、数字和标点符号以半个字（即 1 个字符位）计入专利名称长度。特殊情况下，如化学领域的发明专利，允许最多 40 个字。

4.21 专利名称中为什么以"一种"开头

专利名称以"一种"开头并非必要的一种表达，只是一直延续下来的命名习惯而已。这种习惯是由于在我国专利制度实行早期，由于经验缺乏，看到其他国家专利名称中习惯在前加上冠词 a、an 或 the，翻译时就翻译成了"一种"。这种命名习惯就这样被引了进来，再经过长时间的发展成了国内专利行业的一种惯例，不加"一种"也是可以的，对于专利申请没有丝毫影响，申请人无须过分纠结。

4.22 发明人、设计人、申请人、专利权人的区别

发明人或者设计人，是指对发明创造或设计的实质性特点，作出创造性贡献的人。在完成发明创造或设计的过程中，只负责组织工作的人，为物质条件的利用提供方便的人或者从事其他辅助性工作的人员，不应当被认为是发明人或设计人。

发明人对应的是发明专利或实用新型专利，而设计人对应的是外观设计专利。发明专利和实用新型专利对应的是技术，而外观设计属于美学设计而非技术。这就是为什么任何单位或者个人将在中国完成的发明或者实用新型向外国申请专利的，应当事先报经国务院专利行政部门进行保密审查，而外观设计不用保密审查的原因。

发明人、设计人是做出发明创造或设计的自然人，不可以是某个组织，如公司、高校、科研院所；专利权人是专利所有人及持有人的统称，即专利申请被批准时，被授予专利权的专利申请人。申请人是申请专利的主体，可以是个人、企业、高校、科研院所或其他社会团体。当专利授权后，申请人就变成了专利权人。发明人、设计人可以是专利权人，也可以不是专利权人。

执行本单位的任务，或者主要利用本单位的物质技术条件所完成的发明创

造，为职务发明创造，专利权归属单位；发明人或者设计人接受委托完成的发明创造，双方可以约定专利权归委托方，而不归发明人或者设计人，如果没有约定，专利权归受托方。

4.23　专利申请人和发明人的数量限制

申请专利时，申请人的数量和发明人的数量有限制吗？答案是没有限制，只要申请表格能填得下，多少个数量都可以。需要注意的是，当有多个申请人和发明人时，大家一般基于论文第一作者的认知习惯，会自然认为第一申请人是主要的专利权所有者，第一发明人是主要的发明贡献者。其实在专利领域，申请人的排名对其权利占比没有影响，发明人的排名位置法律地位也都一样，并没有区别。只是在现实的认知中，人们认知第一个人才是正统，排在后面的人都要弱很多。

申请人申请专利时，如果除了保护，还有申报科技项目或评职称等目的，那最好还是各都放在第一位，免得日后受到影响。另外，申请人的数量会影响申请费的多少，在专利官费可以减缴的情况下，一个申请人官方费用可以减免85%，两个或者两个以上可以减免70%。

4.24　发明专利审查流程

发明专利的审查流程，基本上可分为五个阶段，具体如下：

（1）受理阶段。国家知识产权局收到申请人的专利申请后，会进行基本程序审查，以核实申请文件是否符合申请条件。如果符合申请条件，国家知识产权局将受理该件专利的申请，并注明申请日期和申请号，并向申请人发出受理通知书。

（2）初审阶段。在规定期限内，缴纳申请费的专利申请，会自动进入初审阶段。初审审查的目的，主要是审查申请中是否存在明显缺陷，包括审查该件专利的内容，是否属于《中华人民共和国专利法》不授予专利权的范畴、申请形式是否合法、是否存在单一性缺陷、申请文件是否完整、格式是否符合要求等。

（3）公布阶段。发明专利申请在申请后18个月，正式进入公布阶段。国家知识产权局，向全社会公布发明专利申请的内容。如果申请人要求提前公开，该专利将在3~6个月内公开。

（4）实质审查阶段。如果申请人在发明专利申请公布后，提出了实质审查申请，并且实质审查已经生效，则进入实质审查程序。在实质审查期间，将进行全面审查，以确定专利申请是否具备《中华人民共和国专利法》规定的新颖性、创造性、实用性和其他实质性要求。对这3个特性的审查顺序，分别是实用性、新颖性和创造性。如果经审查，审查员发现有不符合授权条件或存在各种缺陷的，将通知申请人在规定期限内陈述意见或进行修改。申请人未能在规定期限内答复的，该申请视为撤回。如果经过多次答复，该申请仍不符合要求，则该申请会被驳回。这里要注意，实质审查请求，是要申请人主动提出的，若三年内未提出实质审查申请，则该专利申请视为撤回。

当然了，《中华人民共和国专利法》第三十五条还规定了另外一种情况，即国务院专利行政部门认为必要的时候，可以自行对发明专利申请进行实质审查。这是因为理论上存在有些发明可能涉及国家或社会的重大利益，但申请人未意识到或因某种原因尚未提出实质审查请求的情况。这种情况极其罕见。

（5）授权阶段。经过上面严格的实质性审查，若没有发现驳回理由，则会发出"授予发明专利权通知书"，在收到授权通知书后，申请人办理授权登记，并缴纳首年年费，随之，该发明专利获得授权。一般情况下，缴纳首年年费后，等待1个月左右申请人就会收到发明专利电子证书。

4.25 实用新型和外观设计专利审查流程

相比发明专利，实用新型和外观设计专利的审查略显简单，主要分为三个阶段，具体如下：

（1）受理阶段。收到专利申请后，国家知识产权局会进行基本的程序审查，核实申请文件，符合申请条件的，国家知识产权局会受理该申请，给出申请日和申请号，同时向申请人发出受理通知书。

（2）初步审查阶段。受理后的专利申请，按照规定时间缴纳申请费的，自动进入初审阶段。初审是对申请是否存在明显缺陷进行审查，主要包括审查内容是否属于《中华人民共和国专利法》中不授予专利权的范围、申请形式是否合法、技术方案是否完整、是否缺乏单一性，申请文件是否齐备及格式是否符合要求等。前两步与发明专利的审查是一样的。

（3）授权阶段。初步审查后，国家知识产权局审查部门，未发现可以驳回申请理由的，则会发出授权通知，申请人收到授权通知书，并缴纳完首年年费后，等待1个月左右申请人就会收到专利电子证书。

需要注意的是，2023年1月1日起，实用新型专利已引入明显创造性审查。实用新型授权难度已大幅度增加。

4.26　为什么绝大部分发明专利的保护范围授权后会变小

一般情况下，发明专利申请文本的独立权利要求保护范围大于授权文本的保护范围。为什么会这样？原因很简单，申请人都想谋求最大的保护范围，以便更好地保护自己的权益，但不是所有大的保护范围都可以通过实质审查最终获得授权。

独立权利要求保护范围过大，会有负面影响，有可能会造成独立权利要求没有新颖性和创造性。这个时候审查员会发出审查意见，指出独立权利要求的新颖性或创造性不足。专利申请人如果收到这种审查意见，若能据理力争并说服审查员，是可以不用缩小保护范围而获得授权的。否则要将从属权利要求或说明书中具有新颖性和创造性的技术特征，加入独立权利要求，从而形成新的独立权利要求，使得新的独立权利要求具备新颖性和创造性，从而获得授权。

这样做独立权利要求的保护范围就会缩小，不这么做整个专利又会被驳回，取舍之间大多都会妥协。为了能够授权被迫缩小保护范围，有可能对申请人来说，专利虽然授权了但没有什么排他性可言，没有排他性的专利实际意义就不大了，因为保护范围太小的专利太容易绕开。

有时即便想通过缩小保护范围获得专利授权，也存在整个申请文件没什么新颖性、创造性的点能再加到独立权利要求中，或者加入后审查员认为仍然不具备新颖性、创造性，这种情况下，要么再给申请人机会让申请人修改答辩，要么直接驳回。

将一个保护范围很大、有可能包含现有技术的专利放过去，对于审查员来说，是有考核风险的。而给保护范围很小专利的授权，则没有这个风险。

所以，基于审查标准和自身的考核要求，这就造成了大部分发明专利的保护范围都要小于申请文本的保护范围。这里要说明下，对于发明专利来说，申请人要判断侵权与否，一定要拿对方授权文本的发明专利权利要求书进行对比，否则有可能判断不准，原因如上所述。而实用新型专利则不存在这个问题，原因在于实用新型授权才公开，不存在公开文本和授权文本一说，可以大胆地拿着产品与实用新型的权利要求书进行侵权对比。这里需要指出的是，拿着产品与实用新型的权利要求书进行侵权对比，结果有问题不代表就一定侵权，因为实用新型不经过实质审查，虽然授权了但不代表权利的稳定，只有与专利权评价报告正面的实用新型进行侵权对比才有一定意义。

实用新型不经过实质审查，只进行明显创造性审查，所以并不是保护范围大的实用新型就一定非得缩小保护范围才可以授权。有的实用新型申请文本的保护范围很大，也获得了授权，但不代表这个实用新型就真的拥有这么大的保护范围，实际在维权时还要作专利权评价报告，来确定权利要求项的稳定性。

4.27 专利申请号与专利号的区别

专利申请号与专利号的区别如下：

专利申请号，即专利申请人向国家知识产权局提出专利申请，国家知识产权局给予专利申请受理通知书，并给予专利的申请号。

专利号，专利申请人获得专利权后，国家知识产权局颁发的专利证书上专利号为 ZL（专利二字的首字母）+ 申请号。如果一个专利在申请中，却在申请号前加上 ZL 字母，使得消费者误以为是授权专利，这种行为属于假冒专利行为，工商行政部门会依法给予查处。所以，申请人在专利没有授权时，不得将专利申请号标记为专利号。

4.28　什么情况下发明和实用新型要同日申请

申请专利时，什么情况下采取发明和实用新型同日申请策略？发明和实用新型专利同日申请也叫双报或双申。采用双报策略主要基于以下原因：

（1）发明专利保护期为 20 年，实用新型为 10 年，审查周期方面，发明一般为 1 ~ 3 年，实用新型一般为 3 ~ 14 个月。发明和实用新型双报后，实用新型先授权先保护，等到审查发明时，再将实用新型放弃，即可获得发明的授权。这样一来，通过双报的申请策略，既达到了快速授权的目的，又最终获得了 20 年的保护期。这样操作，成功解决了发明保护期长但授权速度慢，实用新型授权快但保护期短的问题。

（2）还有一种情况，有的技术能达到实用新型的程度，但申请发明拿不准能否授权，毕竟发明专利对创造性要求比实用新型专利要高。可是，因为技术含量高、市场大、产品生命周期长等原因，只申请实用新型又心不甘，想获得发明 20 年的保护期。遇到这种情况，很多人会选择争取一下，即同日发明和实用新型一起申请，这样即便最终发明没有授权，也能获得实用新型 10 年的保护期。

（3）不采取双报有哪些影响？如果只申请了发明，万一发明没有授权，最终结果是白白花费了代理费和申请费，还免费向社会公开了自己的技术，这就有点得不偿失了。或者只申请了实用新型，仅获得了 10 年的保护期，10 年保护期和 20 年相比，获利也会差太多。所以，在申请人预算允许的情况下，专利技术本身又很不错，同时市场又大、产品生命周期又很长，发明的技术内容又适合申请实用新型的，最好还是采取双报策略。毕竟专利申请所花费的费用，比起一个好的专利技术在市场上的获利来说，可以忽略不计。

4.29　计算机软件是申请专利还是软件著作权好

计算机软件是指计算机系统中的程序及其文档，采用不同的代码语言的形式予以呈现。程序员在开发软件过程中，会投入大量的时间和精力，因此采用最佳的 IP 保护形式就显得尤为重要。

1. 采用专利的形式加以保护

优点：专利保护的是软件整体的思想架构，专利授权后，只要他人采用该构思，就有可能构成侵权，保护力度大。

缺点：发明专利授权周期长，和常规发明一样，软件类发明专利审批，也需要 1 ~ 3 年，且授权后每年还得缴纳年费。另外，软件类发明，若整体思想架构创造性一般，还存在申请了专利但最终因创造性不够而被驳回的情况，驳回后该思想架构会被公众免费知晓。即便发明专利授权，专利的规则是以公开换保护，也就是说软件专利会将软件的整个逻辑架构完全公开，对专利权人多少有些不利。

2. 采用软件著作权的形式加以保护

优点：软件著作权的注册流程相对简单，且授权速度快，一般 25 ~ 35 个工作日可以登记成功，且注册成功后，源代码不需要公开就受到保护。

缺点：竞争对手推测申请人的思路，用不同的编程语言重新编写了这款软件，即便实现了同样的功能，也不算侵权。

所以，对于计算机软件到底采用哪种形式保护，若预算宽裕，且软件的思想架构申请发明也有授权的希望，这种情况下建议两者都申请。当然，实际还需要申请人根据具体情形，选择合适的申请类型。

4.30　实用新型和发明专利的优缺点

实用新型和发明专利的优缺点如下：

（1）优点。授权速度快，一般 3 ~ 14 个月授权，而发明则需要 1 ~ 3 年；

费用低，实用新型代理费和官方费用，都比发明低很多；实用新型对技术的创造性要求低，创造性一般的结构类发明创造，可以选择实用新型专利申请；对手无效难，同样是无效发明和实用新型，无效实用新型要比无效发明难，因为无效时允许找的对比文件数量一般不超过 2 篇，而发明可以是多篇结合起来评价其创造性。

（2）缺点。保护期短，不经过实质审查，导致大量低质量申请，同时社会认同感低、口碑差，而且企业申报科技项目、个人落户加分一般不怎么认可实用新型，或者就没设实用新型选项。如深圳 2021 年出台的积分类人才引进办法，就明确标出有发明专利可以加 30 分，而实用新型根本没有被提及。专利授权补助方面，绝大部分地方早已经对实用新型取消了补助政策，而发明专利在很多地方还是有补助的。现在国家已经出台文件，不允许对专利申请进行补助，很多地方的补助政策会慢慢取消掉。

事实上，发明和实用新型专利各有优缺点，需要根据技术的实际情况，酌情选择申报类型。有时候，需要选择发明和实用新型双报策略，有时候单申请实用新型即可。其实，不管是发明还是实用新型，只要能很好地保护自己的技术，且具有不错的稳定性和排他性，都是值得肯定的好专利。

4.31　授予专利权的条件

1. 发明和实用新型专利的授权条件

根据《中华人民共和国专利法》第二十二条第一款规定："授予专利权的发明和实用新型，应当具备新颖性、创造性和实用性。新颖性，是指该发明或者实用新型不属于现有技术；也没有任何单位或者个人就同样的发明或者实用新型，在申请日以前向国务院专利行政部门提出过申请，并记载在申请日以后公布的专利申请文件或者公告的专利文件中。创造性，是指与现有技术相比，该发明具有突出的实质性特点和显著的进步，该实用新型具有实质性特点和进步。实用性，是指该发明或者实用新型，能够制造或者使用，并且能够产生积极效果。"

需要注意的是，上面这种特性是发明和实用新型授权的实质性条件，也是最重要的授权条件。除了实质条件，专利的授权条件还包括形式条件。形式条件一般是指递交给专利局的文件，必须以书面形式递交，且必须符合相应的文件格式和必要的流程要求。只有形式条件和实质条件都满足，一个专利才能授权。

2. 外观设计专利授权条件

根据《中华人民共和国专利法》第二十三条规定："授予专利权的外观设计，应当不属于现有设计；也没有任何单位或者个人就同样的外观设计在申请日以前向国务院专利行政部门提出过申请，并记载在申请日以后公告的专利文件中。授予专利权的外观设计与现有设计或者现有设计特征的组合相比，应当具有明显区别。授予专利权的外观设计不得与他人在申请日以前已经取得的合法权利相冲突。本法所称现有设计，是指申请日以前在国内外为公众所知的设计。"

4.32 如何进行专利挖掘

首先要明确为什么要开展专利挖掘。开展专利挖掘主要有两个原因：第一，申请主体想全面保护技术成果，通过专利挖掘的方式实现全面的布局保护，免得有漏网之鱼，被竞争对手钻了空子，同时以此达到提高企业核心竞争力的目的；第二，申请主体专利数量不够，想通过专利挖掘的方式实现专利数量的突破。那如何进行专利挖掘呢？主要是需要专利代理师与技术人员充分沟通，有些情况下需要现场考察，再通过代理师的专业经验和对捕捉到的技术内容进行检索分析，以此来判断是否可以申请专利，申请什么类型的专利，以及采用什么样的策略去申请。这些确定好后，接下来就是高质量专利撰写了。

4.33 产品已经公开销售，是否还可以申请专利，有无必要再申请专利

有人很纠结这个问题，产品已经公开销售了，而后又想去申请专利，这样是否可行，是否有必要？

对于发明和实用新型来说，此时去申请专利，公开销售的行为已经导致专利的新颖性丧失，专利理论上不能授权。对于外观设计专利来说，理论上也审批不下来。但专利局审查员在审查时，未必能检索到专利申请日前的销售性公开证据。也就是说，虽然已经公开销售，但申请人仍然有可能拿到专利证书。

不过，专利虽然有可能授权，但该专利法律稳定性方面存在被无效的可能。如果想拿此专利去维权起诉侵权方，侵权方有可能会找到销售性公开证据无效申请人的专利。事实上，还存在一种可能，即销售性公开证据找不到，导致无法无效；或者找到的证据不能形成完整的证据链，国家知识产权局复审不认可，导致无效失败。这种情况下，即便大家都知道申请人的专利有问题不应授权，但就是无法无效掉专利权人的专利，那此时申请人的专利就是切切实实得到法律保护的专利。如此一来，侵权赔偿问题就得按照正常的专利去执行了。

另外，还有一个好处就是，将这个专利信息印在自己的产品上，从某种程度上可以起到一定的威慑作用。即便这个专利的稳定性不怎么强，但毕竟懂专利的人不多，看到申请人有专利，可能会阻止新的竞争对手进入这个领域。

所以，即便销售在先，申请在后，也是有一定意义的。当然最好的选择，还是售前先申请专利为上策，免得事后手忙脚乱。

4.34　专利申请中优先权是什么

专利优先权是指专利申请人第一次在某国提出专利申请后的法定期限内，在其他国家以相同主题的发明创造再次提出专利申请，并将其第一次申请的日期视为在后申请的申请日。这项权利的目的是排除其他国家的不正当抄袭行为，防止他人抢先申请并取得授权。

优先权分为国外优先权和国内优先权，国外优先权在《中华人民共和国专利法》第二十九条第一款中作了规定："申请人自发明或者实用新型在外国第一次提出专利申请之日起十二个月内，或者自外观设计在外国第一次提出专利申请之日起六个月内，又在中国就相同主题提出专利申请的，依照该外国同中国签订的协议或者共同参加的国际条约，或者依照相互承认优先权的原则，可以享有优先权。"

国内优先权《中华人民共和国专利法》第二十九条第二款规定："申请人自发明或者实用新型在中国第一次提出专利申请之日起十二个月内，或者自外观设计在中国第一次提出专利申请之日起六个月内，又向国务院专利行政部门就相同主题提出专利申请的，可以享有优先权。"

2024年1月20日实施的《中华人民共和国专利法实施细则》第三十五条规定："……外观设计专利申请人要求本国优先权，在先申请是发明或者实用新型专利申请的，可以就附图显示的设计提出相同主题的外观设计专利申请；在先申请是外观设计专利申请的，可以就相同主题提出外观设计专利申请……"即外观设计也可以要求之前申请的发明或实用新型专利的优先权。

4.35 什么情况下会用到专利优先权

（1）发现自己的专利技术应用面很广价值很大，除本国会生产销售外，其他国家也会生产或销售，那在申请完本国专利后，在规定的期限内，可以要求本国专利的优先权去申请国外专利。

（2）发现之前本国申请的专利写得有问题，或者又想给前面申请的专利里面加点内容，这种情况下可以要求前面专利的优先权再申请一个在后专利。在后专利提交之日前面的专利视为撤回。

（3）前面申请了一个实用新型专利，申请完之后发现这个专利技术太厉害了，市场超级大，选择实用新型只保护10年有点亏，这种情况下可以要求前面实用新型专利的优先权去申请一个发明专利，或采用双报的方式申请一个发明和实用新型专利。在后的发明或发明与实用新型递交之日，前面的实用新型视为撤回。

（4）前面只申请了发明或实用新型专利，后面发现还是很有必要申请一个外观设计专利，这种情况下可以要求这个发明或实用新型的优先权，就该发明或实用新型专利附图显示的设计提出外观设计专利申请。后面外观设计专利的提出不会影响前面已经申请的发明或实用新型的专利申请。

4.36　什么样的技术一定要申请专利

一般来说，凡是结构类的发明创造，一定要申请专利，否则产品推向市场后，如果反响不错，那么被仿制是必然的。有些厂家，只要把要仿制的产品买过来，简单研究后，很快就可以开模生产出一样的产品。遇到这种情况，如果没有专利保护，发明人将毫无还手之力。

对于工艺方法类的技术，是否要申请专利视情况而定。如果发明人可以很好地以技术秘密的形式保护，那么可以不用申请。像"祖传秘方"类的技术，其保护效果还是不错的，根本不用申请专利，申请了反而对配方持有人不利。

说到这里，就不得不提一下可口可乐，这么多年可口可乐配方一直没有申请专利。不申请的原因很简单，因为专利申请的原则是"以公开换保护"，申请人要获得可乐配方专利的授权，就必须将配方内容公开。就算把里面的一些数据，做了模糊化处理，竞争对手依然可以通过逆向手段，加上公开的零碎信息，推出隐藏部分的内容，然后再在可口可乐原配方基础上做些优化，就可能制造出一样的口感或比原配方口感更优的可乐与可口可乐公司竞争。另一个原因，是发明专利的保护期限仅为 20 年，且不能续费延期，对于诞生于 1886 年的可口可乐来说，通过技术秘密可以长期将可口可乐配方保护下去，技术秘密相比专利更符合可口可乐公司的利益。

那是不是意味着所有的工艺配方，都没必要申请专利保护呢？答案是否定的，工艺配方专利申请要视情况而定。有些配方只要知道原材料就能轻松破解，比如蔬菜果汁饮料，可能就是几种果蔬榨汁混合兑水的饮料。毕竟所有的制作原料，都被要求写在产品包装上，这是无法隐藏的，像这种就需要申请专利保护。

两相对比，不难看出，并不是所有的发明创造都需要申请专利。企业或个人在申请前，必须根据申请专利后是利大于弊还是弊大于利做出权衡。一般来说，结构类技术必须申请专利，而工艺配方可以不申请。工艺配方可以通过部分申请专利，部分以技术秘密的形式加以保护。

例如，技术是由 A、B、C、D、E、F 六种物质组成，A、B、C、D 可以做出基础效果，而E、F的加入可以显著提高产品的整体效果。这种情况下，可以选择用A、B、C、D这4种物质去申请专利，E、F作为技术秘密的形式加以保护。即便他人抄袭A、B、C、D做出了类似的产品，但由于没有E、F这两种物质，仿冒产品的整体效果要比加入E、F的差。这种情况下，仿冒者是没有办法用A、B、E、D与我们的A、B、C、D、E、F竞争的，即便对方侵权了，仍然可以用A、B、C、D基础专利去维权起诉对方。这种策略，就是典型的专利与技术秘密的形式共同保护技术的方式。

4.37　什么是发明和实用新型专利的实用性

实用性是指发明或者实用新型申请的主体，必须能够在产业上制造或者使用，并且能够产生实际应用的积极效果。通俗地讲，就是该发明若是产品类的，则可以在产业中能制造出来，且能解决技术问题；若是该发明是工艺方法，则在产业中能够使用，且能解决技术问题。这里所称的产业，泛指生活中目所能及的行业，如工业、农业等行业。

《中华人民共和国专利法》第二十二条第四款所说的"能够制造或者使用"，是指发明或者实用新型的技术方案，具有在产业中被制造或使用的可能性。只要申请人要申请的专利不属于《专利审查指南2010》中所列的以下六种情形，则在实用性这个环节是没有问题的。

（1）永动机类违反自然规律的发明创造。永动机是人类的一个梦想，但现实中根本无法实现，因为此类技术方案违反了自然规律，而违反自然规律的技术方案，是没办法制造出来或者使用的。因此，可以理解为只要是违反自然规律的，都没有实用性，这种申请肯定会被驳回。

（2）无再现性。以公开换取保护是专利制定的游戏规则，而公开的目的是让看到该专利技术方案的人，按照技术方案本身就能解决技术问题，而这种重复不被任何随机因素制约，且实施结果应该是相同的。这里要注意再现性与实施发明创造性的成品率高低，是有本质区别的。成品率高低只是由实施条件的不同造成的，而再现性本身侧重该专利实施所需的全部条件都满足的情况下，重复实现的可能性。

（3）人体或者动物体的非治疗目的的外科手术方法。外科手术方法包括以治疗为目的和以非治疗为目的。以治疗为目的属于《中华人民共和国专利法》不授予专利权的客体，以治疗为目的的外科手术，不授予专利权是出于人道主义的考虑与社会伦理原因。不以治疗为目的的外科手术方法，由于是以有生命的人或动物作为实施对象，无法在产业上使用，因此不具备实用性，自然也就不在申请范围内。比如，从活着的熊身体中去熊胆的方法。

（4）测量人体或者动物体在极限情况下的生理参数的方法。测量人体或动物体在极限情况下的生理参数，需要将被测对象置于极限环境中，且需要根据不同测试对象的耐受条件，调试不同的极端环节。这个情况对测试人的要求极高，一般都需要极其丰富的经验才可以操作，因此这类方法无法在产业上使用，不具备实用性。

（5）利用独一无二的自然条件的产品。具备实用性的发明或者实用新型专利申请，不得是由自然条件限定的独一无二的产品。利用特定的自然条件建造的自始至终都是不可移动的唯一产品，不具备实用性。这里举个例子，恒山有个悬空寺，其是将寺庙与山崖峭壁融合修建而成，整个寺庙庙宇宏敞，建筑巍峨。像这类就是利用独一无二的自然条件建造而成的产品，类似的还有利用自然界独一无二的自然物制作的艺术品。这类产品也属于创新，但它必须依托于特定的条件或者特定材料，该条件或者材料是独一无二的。这就意味着即便专利局给申请人授予专利权，也没有侵权行为！毕竟申请人依托的是世界上独一无二的东西，那授予专利权就没有实际意义。

（6）能够产生积极效果。能够产生积极效果，是指该发明在提出申请之日起，其产生的经济、技术和社会的效果，是所属技术领域的技术人员可以预料到的，这些效果应当是积极的和有益的。我们知道任何一个国家制定这类制度的目的，都是促进整个社会的技术进步。试想，当申请人申请一个专利技术效果是负面的，无法达到专利制度的初衷，授予其专利权就完全没有必要。所以，这类也是没有实用性的。

从提高发明专利授权的角度来说，如果申请人要申请的专利不属于上述类型，则在实用性这环节是没有问题的。根据审查流程，实用性没有问题后，就要审查新颖性。

4.38 什么是发明或实用新型的新颖性

《中华人民共和国专利法》第二十二条第二款规定："新颖性，是指该发明或者实用新型不属于现有技术；也没有任何单位或者个人就同样的发明或者实用新型在申请日以前向国务院专利行政部门提出过申请，并记载在申请日以后公布的专利申请文件或者公告的专利文件中。"为了便于描述新颖性概念后半段的内容，将这种损害新颖性的专利申请称为抵触申请。

上面这句话表达了两个意思：一个是该发明不属于现有技术，一个是在该发明之前没有抵触申请。

新颖性的判断，主要靠检索现有技术及抵触申请来判断。而现有技术的公开方式，包括出版物公开、使用公开和其他方式公开，这三种公开方式都没有地域限制。由于在实质审查阶段，审查员一般无法获知国内外公开使用或者以其他方式为公众所知的技术，因此，在实质审查程序中，所引用的对比文件主要是公开出版物。

这里要注意，对于专利申请人来说，公开出版物是可以通过检索在专利申请递交之前查到的，而抵触申请是没有办法查到的。因为这个时候他人已经递交上去还没有公开或公告的专利，只有专利局审查员可以查到。所以，在发明专利实质审查时，审查员除了检索该专利申请日之前的现有技术外，还要检索抵触申请。

作为审查员，检索的现有技术的文献资料，包括专利文献和非专利文献。专利文献相对好理解，而非专利文献主要包括国内外科技图书、期刊、学位论文、标准/协议、索引工具及手册等。

审查员检索出的结果，会通过不同的字母代表不同的文献类型，具体如下：

X：一篇文件影响新颖性或创造性。

Y：与本报告中的另外的Y类文件组合而影响创造性。

A：背景技术文件。

R：任何单位或个人在申请日向专利局提交的、属于同样的发明创造的专利或专利申请文件。

P：中间文件，其公开日在申请的申请日与所要求的优先权日之间的文件。

E：抵触申请。

　　审查员检索出对比文件后，怎么判断一篇对比文件能否影响该发明的新颖性呢？首先，要先了解新颖性的审查两个原则：第一个是是否属于同样的发明创造，如果对比文件与该发明的技术领域、所解决的技术问题、技术方案和预期效果实质上相同，则认为两者为同样的发明或实用新型。一旦被判定为同样的发明或实用新型，则该发明或实用新型专利不具备新颖性；第二个是单独对比原则，即在判断新颖性时，将该发明的各项权利要求分别与每一项现有技术单独进行比较，不得将其与几项现有技术内容的组合或者与一份对比文件中的多项技术方案的组合进行对比。

　　对于申请人来说，想要自己的专利在新颖性审查环节不出现问题，最好的方式就是在专利申请递交之前，做好专利的检索工作。但是，抵触申请是检索不到的。抵触申请一般遇到的概率很低，但这个概率仍然存在，所以，这就造成了一个专利在申请前不能保证 100% 授权。

4.39　什么是现有技术

　　《中华人民共和国专利法》第二十二条规定："……新颖性，是指该发明或者实用新型不属于现有技术……本法所称现有技术，是指专利申请日之前在国内外为公众所知的技术。"

　　《专利审查指南 2010》中对现有技术作了详细规定：

　　"现有技术应当是申请日以前公众能够得知的技术内容。换句话说，现有技术应当在申请日以前处于能够为公众获得的状态，并包含有能够使公众从中得知实质性技术知识的内容。应当注意，处于保密状态的技术内容不属于现有技术。所谓保密状态，不仅包括受保密规定或协议约定的情形，还包括社会观念或商业习惯上被认为应当承担保密义务的情形，即默契保密的情形。然而，如果负有保密义务的人违反规定、协议或者默契泄露秘密，导致技术内容公开，使公众能够得知这些技术，这些技术也就构成了现有技术的一部分。"

　　这里有几点需要作以下解释：

　　（1）现有技术是指在申请日以前为公众所知的技术，这个技术必须存在某种公开行为，且这种公开行为必须在申请日或优先权日之前已经完成，且公众通过正当途径就可以得知这种公开行为的实质性技术内容。

（2）公众应当是不特定的人，且不负有保密义务。这里的公众一般指不受特定条件限制的人，与之对应的是受特定条件限制的人，如需要保密技术内容的人，就是特定人。这些人若未经允许泄密，这些技术也就构成了现有技术的一部分。发在大学群里的技术内容，虽然大学同学没有保密义务，但大学同学属于特定人群，不属于公众，即便发了也不属于泄密。但大学同学发到互联网上造成的公开，会导致技术内容属于现有技术。

（3）公开的信息必须包含能使公众得知实质性技术知识的内容。若只是在某平台发布了产品的外观造型，至于产品内部结构从外观上看不出来，这种情况下公众是无法得知产品的实质性内容的，所以这种情况不算公开。

总体来说，审查员要审核专利的新颖性，找的现有技术必须是在专利的申请日之前，专利有优先权的，那就在专利的优先权日之前。这个现有技术若是公众能够得知的状态，如出版物公开、使用公开和以其他方式公开，且均无地域限制，国内外都可。

4.40 在新颖性概念中，什么是抵触申请

《中华人民共和国专利法》第二十二条第二款规定："新颖性，是指该发明或者实用新型不属于现有技术；也没有任何单位或者个人就同样的发明或者实用新型在申请日以前向国务院专利行政部门提出过申请，并记载在申请日以后公布的专利申请文件或者公告的专利文件中。"在判断新颖性时，将这种损害新颖性的专利申请称为抵触申请。

为了便于更好地理解，举个例子。假设张三的发明专利是 2024 年 1 月 1 日申请的，2024 年 4 月 20 日公开的。而李四的专利与张三的专利技术内容一样，其申请专利的时间为 2024 年 3 月 2 日。在李四申请专利的时候，张三的专利处于申请了但是还没有公开的阶段。这个时候，李四是检索不到张三的专利的。谁能查到呢？国家知识产权局内部的审查员能查到。假设张三和李四的专利都具备授权的条件，则最终会导致张三和李四的专利都得到授权，如果这样，就会与《中

华人民共和国专利法》第九条规定的，同样的发明创造只能授予一项专利权相抵触。所以，必须对在张三的专利申请日至公开或公告日这段时间内，有人再申请同样的发明创造的这种情况加以限制，即不让在后的这个专利再获得授权。这里要注意，上面这个例子，还包括李四的专利是在 2024 年 4 月 20 日当天申请的情况。

确定是否存在抵触申请，应当以其全文内容为准。即抵触申请要查阅在先专利的权利要求书、说明书，有附图的也包括附图。抵触申请还包括满足以上条件的，并进入了我国国家阶段的国际专利申请。另外，抵触申请仅指在申请日以前提出的，不包含在申请日提出的同样的发明或者实用新型专利申请。这个可以理解为，张三与李四的专利同日申请，张三的专利是构不成对李四专利的抵触申请的。

抵触申请的构成，必须包含三个方面的条件。这三个层面分别是时间方面、地域方面和内容方面。①时间方面，"在先申请"的申请日，必须在"在后申请"的申请日之前，并且其公开日在"在后申请"的申请日之后（含申请日）。在后公开，可以理解为发明专利申请公布或者实用新型专利授权公告。②地域方面，在后专利必须是向国务院专利行政部门提出的申请。上面的例子中，如果李四按照上述的时间是向美国或其他国家申请的，则不存在抵触申请一说。③内容层面，李四的专利必须与张三的专利是同样的发明创造。满足这 3 个条件，才可以说张三的专利申请抵触李四的专利申请，张三的专利申请是李四专利申请的抵触申请。

4.41　什么是发明和实用新型专利的创造性

《中华人民共和国专利法》第二十二条第一款规定："授予专利权的发明和实用新型，应当具备新颖性、创造性和实用性。"从这条可以看出，发明和实用新型授权的前提，就是要具备创造性。

《中华人民共和国专利法》第二十二条第三款规定了发明和实用新型创造性的标准："创造性，是指与现有技术相比，该发明具有突出的实质性特点和显著的进步，该实用新型具有实质性特点和进步。"这句话的意思是，要确定一个发明或实用新型专利有没有创造性，需要有一个对比基准，即现有技术。第二个意思是，发明和实用新型对创造性的要求不同，发明的标准要高些，实用新型要低些。具体表现在字面上，实用新型缺少"突出的"和"显著的"限定语。下面讲发明的创造性，理解发明的创造性了，实用新型就不再讨论，只用知道它的创造性比发明的创造性低即可。

那如何理解发明的"突出的实质性特点"和"显著的进步"呢？突出的实质性特点，是指对所属技术领域的技术人员来说，发明相对于现有技术不是显而易见的。如果一项发明对于所属技术领域的技术人员来说，只是通过合乎逻辑的分析、推理或者有限的试验可以得到的，则该发明是显而易见的，也就不具备突出的实质性特点。即经过判断该发明的技术方案是显而易见的，就不具备突出的实质性特点。

在判断发明相对于现有技术是否显而易见，通常按照《专利审查指南2010》中的三步法来进行：第一步，确定最接近的现有技术，最接近的现有技术，是指现有技术中与要求保护的发明，最密切相关的一个技术方案，它是判断发明是否具有突出的实质性特点的基础。第二步，确定发明的区别特征和发明实际解决的技术问题，在审查中应当客观分析并确定发明实际解决的技术问题。为此，首先应当分析要求保护的发明与最接近的现有技术相比，有哪些区别特征，然后根据该区别特征，在要求保护的发明中所能达到的技术效果，确定发明实际解决的技术问题。第三步，判断要求保护的发明，对本领域的技术人员来说是否显而易见，在该步骤中，要从最接近的现有技术和发明实际解决的技术问题来出发，判断要求保护的发明对本领域的技术人员来说是否显而易见。

发明有显著的进步，是基于对比现有技术得出的，若跟现有技术相比能够产生有益的技术效果，则该发明具有显著的进步特征。《专利审查指南2010》中描述了八种具备创造性的类型：

（1）发明克服了现有技术中存在的缺点和不足。解决了现有技术的缺点和不足，肯定产生了有益的技术效果，所以具有显著的进步。

（2）提供了一种不同构思的技术方案，其技术效果能够基本达到现有技术的水平。这个很容易理解，就是虽然效果差不多，但开辟了新的技术实现途径，对技术的多样化和技术的安全性还是有贡献的，从社会认可度上来说，也是值得肯定的。

（3）代表某种新的技术发展趋势。例如，数码技术对胶片技术，数码技术就是新的技术发展趋势，这种肯定是有显著的进步的。

（4）发明与最接近的现有技术相比，具有更好的技术效果，如质量改善、产量提高、节约能源、防止环境污染等。

更好的技术效果，是指其技术效果产生质变，具有新的性能；或者产生量变，超出人们预期的想象。当发明产生了更好的技术效果时，从侧面说明该发明具有显著的进步，不然不可能取得更好的技术效果。反过来说也可以，即一个发明取得了更好的技术效果，则该发明具有显著的进步。同时也反映出发明的技术方案是非显而易见的，且具有突出的实质性特点，则该发明具备创造性。

（5）尽管发明在某些方面有负面效果，但在其他方面具有明显积极的技术效果。这好比药品，虽有副作用，但主要还是能治疗某方面疾病的。科学有时候也需要做取舍的，总不能因为有副作用，就否认其不具备显著的进步，那这样没有几个药品可以具备创造性。

（6）发明解决了人们一直渴望解决但始终未能成功的技术难题。试想，某领域中的技术难题困扰人们很长时间，发明人经过努力，予以解决。这种发明肯定是在技术方案方面有别于现在的技术方案。

（7）发明克服了技术偏见。长时间以来，人们一直认为这个技术应该往左，发明人突破了大家的偏见，改成往右，解决了困扰人们的技术问题，像这种由于技术偏见舍弃的偏右的技术方案，是具有突出的实质性特点和显著的进步，具备创造性。

（8）发明在商业上获得成功。当发明的产品在商业上获得成功时，如果这种成功，是由于发明的技术特征直接导致的，则一方面反映了发明具有有益效果，同时也说明了发明是非显而易见的，因而这类发明具有突出的实质性特点和显著的进步，具备创造性。

用商业上的成功来佐证专利具备创造性的成功案例极其少见，主要是申请人很难讲清楚，这个成功是营销因素导致的，还是申请人的专利区别于现有技术的技术特征导致的。所以，大部分以商业上的成功来诉求发明专利具有创造性的，基本都不会被采纳。

4.42 什么是所属技术领域技术人员

　　所属技术领域技术人员，也称本技术领域技术人员，不是一个现实中的真人，而是一个假设出来评价专利创造性的虚拟人。其既是创造性的判断主体，也是发明或实用新型公开充分与否的判断主体。根据《中华人民共和国专利法》第二十六条第三款规定："说明书应当对发明或者实用新型作出清楚、完整的说明，以所属技术领域的技术人员能够实现为准……"这条规定，对一个发明或实用新型专利公开是否充分，给了一个判断主体，即"所属技术领域技术人员"。

　　而"所属技术领域"到底是指什么领域呢？《专利审查指南2010》第二部分第二章技术领域知识点中有明文规定："发明或者实用新型的技术领域应当是要求保护的发明或者实用新型技术方案所属或者直接应用的具体技术领域，而不是上级或者相邻的技术领域，也不是发明或者实用新型本身。该具体的技术领域往往与发明或实用新型在国际专利分类表中可能分入的最低位置有关。"即所属技术领域，是发明和实用新型IPC分类号最低层级。比如名称为"一种钛金属真空保温杯及其制备方法"的发明专利，IPC分类号为"A47G19/22"。整个IPC分类号"A47G19/22"就代表最低层级"餐桌上的饮水器皿或茶杯托"，如图4-2所示。

　　从上面的分析就清楚了"所属技术领域技术人员"是发明或实用新型IPC分类表中最细分领域的假设虚拟人。用这个虚拟人来评判发明或实用新型专利的创造性，以及发明或实用新型公开充分与否。

IPC结构图谱

A	人类生活必需
A47	家具；家庭用的物品或设备；咖啡磨；香料磨；一般吸尘器
A47G	家庭用具或餐桌用具
A47G19/00	餐具
A47G19/22	·餐桌上的饮水器皿或茶杯托

图 4-2　IPC 结构图谱

4.43 为什么实用新型专利要引入明显创造性审查

2010 年我国实用新型专利申请受理量 40.7 万件，到 2022 年已经增长到了 295.1 万件，12 年间翻了 7 倍多。2019 年全球提交的 226 万份申请中，国家知识产权局就收到了全球 96.9% 的实用新型申请，而其他国家专利局仅收到了 3.1%。这个数据有点吓人，同时也客观反映我国实用新型申请现状，造成这个现象主要有以下几个原因：

（1）实用新型授权时间快，一般 3 ~ 14 个月授权，很多申请人因为其授权周期短而选择申请实用新型专利。

（2）实用新型申请综合费用低，代理费和官方费用都比发明要低很多，很多申请人因预算有限而选择申请实用新型专利。

（3）发明审核严格，实用新型不经过实质审查，且实用新型对创造性要求低，相对容易授权，很多技术创造性不高的，申请发明困难的，申请人也会选择申请实用新型专利。

（4）实用新型一旦授权，且专利权评价报告正面的话，无效起来比发明要难。基于这点，有些申请人也会选择去申请实用新型专利。

（5）很长一段时间以来，全国各地都有实用新型专利的授权补贴，很多申请的目的是这个补贴。

（6）项目申报、职称评定等政策导向下，造成的申请需求量大。

（7）这些年各地政策引导下，企业研发费用大幅增加，从而导致大量的科研成果产生，实用新型申请量也相应增加。

以上原因综合导致了目前实用新型的大量申请。申请量过大，原因又多种多样，里面肯定有些质量不高。因此，提高实用新型专利授权质量就迫在眉睫了。

从 2023 年 1 月 1 日起，国家知识产权局开始对新申请的实用新型专利进行明显创造性审查。所以，后面实用新型申请要获得授权，在非正常申请和明显创造性审查的双压下，肯定不再像以前那么容易了。

4.44 什么是专利复审

专利复审是专利申请被驳回时，给予申请人的一种救济途径。具体来说，如果申请人的专利申请被驳回，申请人可以在收到驳回通知后的三个月内向国家知识产权局的专利复审委员会提出复审请求。在复审过程中，申请人可以对驳回的理由进行申辩和陈述，并提供新的证据来支持申请人的主张。如果专利复审委员会认为申请人的辩解有道理，复审委可能会撤销驳回决定，允许专利申请继续审查。但只有申请人才能启动专利复审程序，而且必须在收到驳回通知后的 3 个月内提出。若经过复审后，复审委还是维持原驳回决定，这个时候专利申请人对复审委员会的复审决定不服的，可以自收到通知之日起 3 个月内向人民法院起诉。

4.45 什么是专利的分案申请

分案申请先是源于《中华人民共和国专利法》第三十一条的规定："一件发明或者实用新型专利申请应当限于一项发明或者实用新型。属于一个总的发明构思的两项以上的发明或者实用新型，可以作为一件申请提出。一件外观设计专利申请应当限于一项外观设计。同一产品两项以上的相似外观设计，或者用于同一类别并且成套出售或者使用的产品的两项以上外观设计，可以作为一件申请提出。"即一项发明或实用新型里面包括的内容只能限于一个发明或实用新型，申请人不能把自行车和鼠标放在一个专利里面申请，否则就不属于一项发明或实用新型；或者申请人在一个外观设计专利里面既有自行车也有鼠标，那这个也不符合一个外观设计应当限于一项外观设计的要求。若真这么申请了，这个时候审查员会让申请人把这两个发明创造或设计分开，原专利只保留自行车或鼠标，再新申请一个包含自行车或鼠标的发明或实用新型或外观设计专利。

分案申请需要注意以下几点：

（1）分案的申请不得改变原申请的类别，即原来是发明、实用新型、外观设计专利的，分案申请必须与原来的类型相同。

（2）分案申请的专利申请日按照的是母案申请日，享有优先权的，可以保留优先权日。

（3）分案申请的内容不得超出原申请记载的范围，即原来写的什么内容，分案申请还得是什么内容。

（4）分案申请的专利申请号里面前 4 位数字按照的是分案申请年份。

（5）专利申请已经被驳回、撤回或者视为撤回的，不能提出分案申请。

4.46　"发明"和"发明专利"有无区别

"发明"和"发明专利"是有区别的，"发明"泛指发明创造，它是发明创造的简称，它可以是发明专利，也可以是实用新型专利。而"发明专利"就特指发明专利。为什么在这里不提及外观设计专利呢？前面有提过，外观设计专利并不是技术，只是工业品富有美感的设计，只有发明和实用新型专利才是技术，两者有本质的区别。

4.47　什么是职务发明创造以及与非职务发明创造的区别

根据《中华人民共和国专利法》的规定，所谓职务发明创造，是指执行本单位的任务或者主要利用本单位的物质条件所做出的发明创造。执行本单位的任务，具体包括：在自己的工作中做出的发明创造；完成本单位任务以外的发明创造；辞职、退休或者调动工作一年内，完成的与原单位承担的本职工作或者原单位分配的任务有关的发明创造。使用本单位的主要物质条件，是指发明人或者设计人，在完成发明创造的过程中，主要使用该单位的资金、设备、零部件或者未向社会公开的技术资料以及其他资源。

职务发明专利申请权属于单位，申请被批准后，该单位就是专利权人。非职务发明创造申请专利的权利，属于发明人或者设计人，申请被批准后，该发明人或者设计人为专利权人。

通俗地讲，职务发明创造专利权归属单位，单位享有该专利的所有支配权；非职务发明创造专利权归属个人，个人享有该专利的所有支配权。需要注意的是，不管是职务发明创造，还是非职务发明创造，发明人都享有署名权。

4.48 实用新型专利申请递交上去后发现保护范围写小了怎么办

实用新型专利申请后，突然发现独权里面多了一个非必要技术特征，导致专利保护范围变小，致使对手能轻易绕开专利怎么办？独权里面写了非必要技术特征，会导致竞争对手去掉非必要技术特征后可轻易绕开专利！如独权是 A、B、C、D、E，E 为非必要技术特征，则对手只需要做的产品没有 E 就不算侵权，即独权里写入非必要技术特征，会使发明人辛辛苦苦做的发明创造价值大打折扣或者一文不值。

若遇到这种情况怎么补救呢？

第一种情况，实用新型专利递交后的 2 个月内提交主动修改都是可以的，但非必要技术特征 E 去掉的修改则是不允许的，这个《中华人民共和国专利法》第三十三条有明文规定："申请人可以对其专利申请文件进行修改，但是，对发明和实用新型专利申请文件的修改不得超出原说明书和权利要求书记载的范围，对外观设计专利申请文件的修改不得超出原图片或者照片表示的范围。"去掉非必要技术特征 E 后，权利要求书的保护范围变大了，也就超出了权利要求书的记载范围了，因此是不被允许的。

第二种情况，如果对于申请时间不敏感，则撤回修改后重新递交是可以的，只要专利没有公开，撤回后去掉非必要技术特征，再递交一下即可。但不足之处是，专利申请日会以在后递交的专利申请日为准。

第三种情况，若原专利说明书中有写没有这个非必要特征的实施例，则可以要求前面专利的优先权将这个非必要技术特征 E 去掉重新递交一件在后申请即可。

　　上面的方式只是补救措施，当然了，最好的方式是一开始独权里就不要把非必要技术写进去，这个不难只需要发明人和代理人在专利提交之前共同把握即可。

4.49　什么是专利布局，申请专利过程中如何做到全面的布局保护

1.　什么是专利布局

　　通俗地讲，就是申请主体结合自身战略目标、产业环境、技术发展趋势等多个因素，把所有具有市场价值和专利价值的技术方案，通过申请专利的方式全部保护起来，以保护和巩固自己的技术创新成果，以获得市场竞争优势的过程。

2.　专利申请过程中如何做好全面的布局保护

　　在专利申请的过程中，为了实现全面的布局保护，必须考虑以下关键因素：

　　（1）要从市场性和技术性两个维度做好调研工作，要了解所在领域的各项技术、市场和对手的竞争态势，明确自身的优势和不足，为构建专利布局策略提供基础数据。

　　（2）在预算允许的前提下，制定符合申请主体实际情况的专利申请策略，如申请时间、地域、专利类型、专利数量等多个方面。把控好专利申请文件中权利要求书、说明书等的质量，要求代理师详细审查每一个细节，以确保高质量专利申请。

　　举个例子，以基础专利 A 为基点，看横向还有无 B、C、D 替代方案也能实现基础专利的功能，若能实现且具有市场价值和专利价值，则一并申请。再往上看，看上游有无 A 技术需要的材料或技术，有的话能申请的也一并申请。看完上游再看下游，有无 A 技术的具体应用，有的话也不要放过。最后再看一下，A 技术内部系统有无某些零部件或分组可以申请专利，以及 A 技术和 A 技术内部系统中的零部件的生产、制造，测试等设备是否可以申请专利，有的话也全部申请。对于上述这些专利是否要申请国外专利，可以根据企业自身情况、专利本身

的价值和是否有海外销售的打算做选择。

上述所有专利申请中，对于发明和实用新型专利务必代理师共同确定独立权利要求项中没有非必要技术特征，这点对于布局保护至关重要。

（3）专利申请好后要加强专利管理，最好在申请主体内部建立并完善专利管理制度，包括专利申请、审查、授权、管理、维权等环节，以确保专利布局的合理性和有效性。

（4）在维权方面，要及早发现并制止竞争对手的侵权行为，保护自身权益；在运用方面，要积极利用专利布局中的各种资源，推动申请主体的技术创新和市场拓展。

总之，全面的专利布局需要申请主体充分了解市场和技术状况，制定合适的专利申请策略，注重专利申请文件的撰写和审查，强化专利管理，以及重视维权和运用，从而形成有利于申请主体的专利布局。

4.50 如何确定三种类型的专利权的保护范围

1. 发明和实用新型专利的保护范围

《中华人民共和国专利法》第六十四条第一款规定："发明或者实用新型专利权的保护范围以其权利要求的内容为准，说明书及附图可以用于解释权利要求的内容。"

从上述法条可以看出，权利要求是确定发明或者实用新型专利权保护范围的直接依据，说明书和说明书附图处于从属地位。遇到权利要求中叙述不清或者理解有争议的，可以通过说明书和说明书附图辅助理解。必要时，可以依据说明书和附图公开的内容，去修改权利要求书。但权利要求书中没有记载的，仅出现在说明书或说明书附图里面的内容，不能受到法律保护。即一个创新点，如果只在说明书中进行了描述，在权利要求书中没有任何涉及，则该创新点不受法律的保护。

一个专利的保护范围，因发明创造的类型或专利法的效力而有所不同，对于产品发明，专利权的效力涉及具有相同特性、同样结构和性能的产品，而不用考虑这个产品的制造方法具体采用哪一种。也就是说，任何一种工艺方法生产出来的与产品发明结构一样的都算侵权。对于工艺方法类发明，专利权的保护范围，是使用该方法以及使用、制造、许诺销售、销售或进口等依该方法直接获得的产品。

2. 外观设计专利的保护范围

外观设计专利申请文件没有权利要求书和说明书，只有表明该外观设计的图片或照片，以及对图片或照片的简要说明。《中华人民共和国专利法》第六十四条规定："外观设计专利权的保护范围，以表示在图片或者照片中的该外观设计专利产品为准。"也就是说外观设计专利保护的范围，是根据申请人递交的外观设计图片或照片上记载的内容来确定，并仅限指定的外观设计类别。

4.51 什么是发明专利的临时保护

发明专利的临时保护是指在发明专利申请公布后至授权前这一段时间内，对申请人的权利进行的保护。

《中华人民共和国专利法》第十三条的规定："发明专利申请公布后，发明专利申请人可以要求实施其发明的单位或者个人支付适当的费用。"具体来说，在这段时间内，其他人未经申请人同意，不得实施该发明，包括制造、销售、使用、进口等。如果其他人在这段时间内实施了该发明，申请人可以要求其支付适当的费用。但毕竟发明专利还没有授权，且后面能否授权还待定，所以临时保护不是正式的专利授权后的保护，只是在发明专利申请公布后至授权前这段时间内提供一定程度的保护，其保护力度不能和发明专利授权后的保护力度相提并论。

虽然申请人可以向临时保护期内的实施方提出索赔，但对方也会告知申请人发明专利能否授权还未知，等发明专利授权了再说。也就是说此时实施方所负有的支付义务不具有强制性，发明专利申请人只有等待发明专利申请最终获得专利授权后，才能寻求司法救济。

申请人在发明专利临时保护期内提出过让对方支付合理费用的，在发明专利授权后对方还继续实施的，法院在判赔时，会与授权后才开始实施的侵权行为判赔有所不同，判赔金额会比授权后的要高些，若没有区别则就失去了发明专利临时保护的意义。

前面提过可以向实施方要求支付适当费用，这个适当是多少呢？一般来说按照发明专利授权后的普通许可费用来计算。例如，发明专利授权后以普通许可的方式许可给了 10 个人，每个人 10 万元，则合理的费用诉求金额为 10 万元。

4.52 短视频平台的知识产权保护的重要性

短视频正在改变人们多年养成的生活习惯。将产品或服务呈现在更多人面前，再乘以曝光转换率就能产生一定的销量，销量的好坏取决于产品的受众基数以及产品的特点、短视频的呈现方式和视频质量等多维度因素。

这里有一点要注意，市场喜欢模仿，有利可图时，跟风抄袭的事肯定会出现，这个时候知识产权保护就变得尤为重要。明白这个道理后，将产品创新与知识产权保护以及短视频营销相结合，成为当下及未来最为高效的获利模式。这里要强调一点，短视频平台上要获得利益最大化，产品一定要做好专利的布局保护，而不是简单申请一个专利了事。在产品的巨大市场面前，申请专利所花费的费用基本忽略不计。否则布局不力，保护留有漏洞，产品火爆后的抄袭肯定会成为必然，到时再去补救可能为时已晚。

4.53 专利申请过程中的八大误区

误区 1：专利代理价格谁低就选谁

专利申请人压低专利代理机构的专利代理费，喜欢谁的价格低选谁，有这种想法的申请人比较常见。他们难免会有电商"砍价"的思维存在。不过还是要谨慎，因为这种情况下，代理费甲方越压越低，代理机构没有利润，就不可能招到优秀的代理师去撰写专利。这样一来大概率会导致专利申请文件撰写不到位，最终反过来害了专利申请人。所以建议申请人不要对服务乱砍价，同样价格的产品和服务，如果被客户砍下来，产品还是产品，但是服务不一样，低价只会导致服务质量的下降。

误区 2：专利授权越快越好

专利授权速度不一定是越快越好，有些反而要"慢"点才好，要根据申请人自身的情况来选择快慢。有些技术前景好、投入大、研发过程漫长，这种情况的专利申请，过快公开会显得有些冒失，因为会让竞争对手过早知道企业的研发动向，对于研发型企业来说反而不利。正确的做法是，对于发明专利申请，可以不提前公开声明，也不提交实质审查请求，有答辩的尽可能推迟答辩。对于实用新型，则在付费环节尽可能拖延，有答辩的尽可能推迟答辩，以延缓授权公开速度。如此一来，让竞争对手摸不着头脑，自然反应速度也就没有那么快。

误区 3：专利申请无布局概念

这要看申请的技术能否形成一个体系，还是单一存在。有的技术单纯申请一个专利是不够的，需要全方位布局保护，这时就需要通过很多个专利形成专利壁垒。

误区 4：研发成果只知道申请专利

这是因为知识产权知识的缺乏，有的研发成果除了可以申请专利外，还可以申请商标或版权，同时还存在有的技术没必要申请专利，仅通过技术秘密的形式加以保护的情况。

误区 5：专利管理局部化

很多专利申请人都犯过这个错误，他们在专利授权后，对专利的后期管理，仅停留在专利年费的缴纳上，没有对专利这个无形资产进行全方位的管理。比如，可以对闲置的专利进行许可转让，对涉嫌侵权的进行维权诉讼，对市场价值大的专利进行二次深度挖掘开发等。

误区 6：专利管理人员专业化程度低

很多企业并没有专业的专利管理人员，而是财务、人事、项目申报员、研发工程师等兼职担任，这些人本职工作本身就忙，同时大部分不具备知识产权管理方面的专业化素养，导致管理水平低下，不能很好地管理公司的专利工作。

误区 7：专利申请仅仅为了完成指标

不少企业中因为有着庞大的运营系统，专利申请仅停留在每年完成一定量的指标要求，很少注意有些技术要不要申请专利，更别说申请什么类型的专利和采用什么样的申请策略去申请。如此一来，过度指标化会导致仅注重数量的完成，而不重视质量和做这件事的目的和意义。

误区 8：专利申请只要授权就万事大吉

很多申请人认为只要专利授权了就天下太平，就获得了专利的稳定性和壁垒性，而不去管专利写得怎么样，能不能保护，专利权评价报告能否做得下来等。

4.54 专利证书不等于稳定的专利权

很多人常把专利证书的获得误认为就是获得了有效的专利权，这是不对的！也就是说，专利证书不等于拥有稳定的专利权！实用新型和外观设计专利申请过程中，不进行实质审查，即使在申请之前，已经有人就相同的技术方案申请过非常类似的专利，你的申请仍存在可能被批准。如果没有人提出异议，你的专利权会一直维持，直到权利期满。但是，一旦有人对你的专利提出无效宣告，那么你的专利就存在被无效掉的可能，也就是说你手上拿的证书并不等于有效的专利权。说得更直白点，实用新型和外观设计专利证书并不等于稳定的权利。

就发明专利而言，虽然国家知识产权局对它进行过实质审查，但谁也不能保证发明专利审查部门的审查员对所有相关的文献资料都检索过。即便没有漏检，但在判断创造性时，也会有个人主观认知的偏差，给不应该授权的发明授予专利权。不过，对于发明专利来说，大家不必太过担心，毕竟这属于小概率事情，大部分人获得的发明专利权利还是比较稳定的。

综上所述，获得一本专利证书，并不代表你的专利是真正有效的专利，只是代表国家知识产权局对该专利申请的批准。那什么时候才能证明自己手上的专利是真正有效的专利呢？只有在你的专利被别人提起了无效宣告请求，但复审委还是维持了你的专利时，才是真正有效的专利。比如手机自拍杆实用新型专利，先后被无效了二十多次仍然屹立不倒，这种专利才是极其稳定的专利！

4.55 什么是非正常申请

1. 非正常申请的定义

非正常申请专利行为是指，任何单位或者个人，不以保护创新为目的，不以真实发明创造活动为基础，为牟取不正当利益或者虚构创新业绩、服务绩效，单独或者勾连提交各类专利申请、代理专利申请、转让专利申请权或者专利权等行为。

这些非正常申请专利行为违背了《中华人民共和国专利法》的诚实信用原则，扰乱了秩序，消耗了国家行政资源，使得审查员没有充沛的精力审查正常专利，扰乱了国家对专利审查工作的部署，还影响了我国的创新形象。

2. 非正常申请的认定

《关于规范申请专利行为的办法》中将以下行为定义为非正常申请：

所提交的专利申请存在编造、伪造或变造发明创造内容、实验数据或技术效果，或者抄袭、简单替换、拼凑现有技术或现有设计等行为。

所提交的专利申请与申请人、发明人实际研发能力及资源条件明显不符。

单独或者勾连提交多件专利申请，而这些申请的发明创造内容系主要利用计算机程序或者其他技术随机生成的。

所提交的专利申请的发明创造系为规避可专利性审查目的而故意形成的明显不符合技术改进或设计常理，或者无实际保护价值的变劣、堆砌、非必要缩限保护范围的发明创造，或者无任何检索和审查意义的内容。

同时或者先后提交发明创造内容明显相同，或者实质上由不同发明创造特征或要素简单组合变化而形成的多件专利申请。

3. 被认定为非正常申请后的救济

非正常申请由于是通过人工智能进行前期筛选，筛出的疑似非正常申请再由人工进行核对，这个过程中难免会有误判。若真被认定为非正常申请，可以提供研发过程佐证材料进行救济。这些材料目前没有固定格式，包括研发过程中的所有可信资料。这些资料包括但不限于研发过程中购买的原材料、付款记录、合同、发票、实验数据、产品或样机照片、聊天记录等，提供得越多越好。这些资料经过审核后若被认可，那你的专利还是可以被撤非的。但若没有这些资料，仅凭一个想法去申请专利，在当下非正常申请严查的情况下，一旦被认定为非正常申请，则申请人很难提供所需佐证材料以达到撤销非正常申请的目的。

4.56 什么是标准必要专利

　　标准必要专利是在实施标准时，必须要使用的专利。《国家标准涉及专利的管理规定（暂行）》第四条规定："国家标准中涉及的专利应当是必要专利，即实施该项标准必不可少的专利。"也就是说，在制定某些标准时，部分或全部标准草案由于技术上或者商业上没有其他可替代方案，不可避免要涉及这个专利技术，这种情况下该专利就成为标准必要专利。

　　专利成为标准必要专利的好处有哪些？成为标准必要专利后，对于专利权人来说，最明显的好处就是能够主导技术方向，建立竞争优势，并通过专利许可获得丰厚的经济回报。这意味着拥有标准必要专利的企业或机构可以通过许可专利使用权来获得可观的收入。另外，随着标准的推广实施，标准必要专利实际上具有一定的强制性，与专利的独占权利相结合，对相关市场具有控制力。这使得拥有标准必要专利的企业或机构能够在市场上占据有利地位，影响行业的发展方向。

4.57 专利刚申请还没有授权，是否能公开销售

　　专利刚申请还没有授权，此时能先行销售产品吗？可以公开销售，对专利的授权是不会有影响的。只要申请人的专利提交了申请，产品销售对已申请但未公开的专利是没有影响的。不过这个时候有人看到申请人的产品后，进行仿制销售，申请人是没有办法维权的。毕竟申请人的专利没有授权，也就没有法律依据，所以最好是等到授权之后再销售。

另外，提前销售还有一个不利的地方，就是在专利申请审查过程中，如果申请材料有问题，一定要撤回修改后再提交，而这个销售行为的出现，会导致专利的撤回修改机会丧失。即申请人的销售行为，会变成撤回修改再申请专利的公有技术，即使再次申请授权了，以后也存在被人以使用公开为由无效掉的可能。不过也看情况，如果实在着急，等不到授权再销售，也只能先行销售，这种情况下，前面专利一次性撰写到位，就显得尤为重要。

需要说明的是，上述内容针对的是产品类专利，而对于工艺方法类专利，在专利申报后授权前这段时间的公开销售，不会对撤回修改重新递交的在后专利产生任何影响。这是因为即便竞争对手拿到专利人公开销售的产品，也没有办法直接推出专利人的工艺方法是怎么实现的，这与产品类专利买回去就可以知晓产品结构是有所不同的。

4.58　如何提高发明专利的授权率

众所周知，发明专利要经过严格的实质审查才能获得授权，而授权的实质性内容主要包括三个方面：一是技术方案本身，二是专利的撰写，三是审查意见的答复质量。但是，高质量技术方案配合高质量专利撰写有可能不产生审查意见，没有审查意见也就没有答复环节，但这个概率比较小，绝大部分发明专利都会有审查意见。

上述三方面中，技术方案的优劣是基础，而专利的撰写和答复质量则起重要的促进作用。技术方案的质量主要取决于技术人员的研发能力、申请人的研发投入和研发条件，而撰写和答复阶段的质量在很大程度上依赖于代理师的专业知识和技巧。下面从这三个环节展开，说明如何提高发明专利的授权率。

1. 技术方案环节

技术方案本身受制于技术人员、研发投入和研发条件这三个因素。在这三个因素很难改变的情况下，技术方案质量的高低只能依靠前期的充分检索查新及技术交底材料的高质量撰写。因为交底材料撰写是否全面详尽，直接决定后期代理师对技术方案的充分理解及接下来的专利申请文件的撰写质量。建议技术人员在撰写交底书时要注意以下几点：

（1）确保技术人员对技术方案进行清晰和详细的描述，在交底材料中使用准确的术语表述技术内容，将发明的完整性和实施细节清楚地写出来，毕竟技术人员才是这方面的专家，不要想当然地认为代理师十分懂这个领域的技术内容，建议技术人员要把周围的人都当作对这个技术一点都不了解去写技术交底书，让别人看了交底书就能完全明白整个技术内容，有助于避免技术方案模糊不清导致代理师对技术方案理解不透彻而出现撰写偏差。

（2）对于工艺方法类发明专利，最好技术人员能提供技术论证和实验数据来支持技术方案本身的可行性。技术论证和实验数据将增加发明的可信度和可靠性，从而增加授权的概率；对于结构类发明专利，最好技术人员能提供多个可实现总发明构思的实施例，以确保发明专利有多个保险，这样在后期答复审查意见时有足够的答辩空间，以确保发明专利的最终授权。

在整个发明专利的审查中，对于专利内容主要审查实用性、新颖性和创造性。实用性一般不会有太大问题，重点是后面的新颖性和创造性。这两个维度的把控一定要在技术方案确定下来后做详尽的检索查新，若找到一样的对比文件则技术方案就失去了新颖性。经过检索确定技术方案有新颖性，还要确定技术方案区别对比文件的点是否具备充足的创造性，可以在代理师撰写案件前技术人员与代理师充分沟通。若发现创造性不足，就需要技术人员重新修改技术方案或补充技术内容，或者深度挖掘技术方案中隐藏的创造性技术内容。

由于技术人员检索专利水平有限，代理师在普通代理情况下又不会做深度检索，建议除代理费之外额外支付代理机构检索费用，以确保专利撰写前的查新有足够深度和质量，这对于提前判断技术方案的新颖性和创造性至关重要。

很多代理机构的专利代理费一再降低，这种情况下一边降价一边又要求代理师做充足的高质量检索是不现实的。

2. 代理师撰写环节

申请文件是专利审批过程中的重要依据，因此，撰写高质量的申请文件对于提高发明专利的授权率至关重要。代理师水平高低对于提高发明专利的授权率具有非常重要的作用。因此，申请人需要根据自身的实际情况选择合适的代理机构及代理师。选好代理师后，在撰写环节需要做到以下几点：

（1）合理地选择和确定发明创造的名称

发明创造的名称应该能够准确反映发明的主要内容，避免使用不必要的技术术语或者广告用语。在现实中，名称并不会影响发明专利的实质审查，是叫"一种杯子"还是"一种降温杯"对于发明专利实质审查丝毫没有影响，只不过一个好的发明名称可以有效地帮助审批机构快速准确理解发明的核心内容。

虽然名称对发明专利实际审查没有什么影响，但还是建议给发明专利起名时最好反映发明的主要内容。这个在以后的职称评定、科技项目申报、专利的转移转化等场合中还是很有用的。

（2）撰写高质量权利要求书

代理师在撰写权利要求书时，要注意以下几点：

① 专利权利要求书应清晰、明确地定义发明的技术特征和范围，使用准确的术语和描述，以确保他人能够理解和区分该发明与现有技术的差异。应尽量避免模糊的术语和表达，以减少对权利要求的解释和理解的歧义。使用明确、精准的语言和定义，确保权利要求的清晰性和确定性。

② 权利要求书应该全面覆盖发明专利具有保护意义的各个方面技术方案，通过合理撰写多个权利要求，覆盖不同的实施方式。

③ 权利要求书应当得到说明书的有力支持，确保权利要求的合理性和有效性。

④ 权利要求书的权利要求应当按照技术层次递进的方式撰写，独立权利要求应当从整体上反映发明的主要技术内容，记载构成发明必要的技术特征，然后逐步细化到具体的特征和限制。注意，独立权利要求一开始可以写得比较大，而不能一开始就写得很小，尤其是独立权利要求不能写入非必要技术特征，这会导致即便发明专利授权也很容易被绕开。

（3）说明书和说明书附图

专利说明书是对发明或者实用新型的结构、技术要点、使用方法做出清楚、完整的介绍，这也是权利要求书的基础和依据，说明书及其附图可用于解释权利要求书，以便确定发明和实用新型专利权的保护范围。它包含技术领域、背景技术、发明内容、附图说明、具体实施方法、附图等内容。这些是国家知识产权局对专利申请进行审查，判断是否能够授予专利权的基础。

由于其内容对于专利授权至关重要，因此，代理师在撰写专利说明书时，应该清楚、准确地描述发明的技术内容，包括发明的技术领域、背景技术、技术问题、技术方案、实施方式等。撰写时应该尽可能详细、具体，避免使用模糊不清或含糊的措辞。同时，应该强调发明的创新性和实用性，说明该发明相对于现有技术的优点和改进之处。尽可能提供具体实施案例以支持发明的可实施性，避免审查员对发明质疑和不认可。

这里要强调背景技术的撰写，背景技术在整个专利申请文件中也是很重要的，可以用来介绍该发明的技术领域、技术环境以及现有技术的情况，从而帮助审查员更好地理解发明是为解决什么问题而产生的。代理师在撰写过程中要注意简洁、明了地阐述现有技术的缺陷以及本发明的创造性，同时还要注意突出强调本发明相较于现有技术的优势，以达到增强说服力的目的，这在后期评估发明专利的创造性时起着至关重要的作用。

说明书附图是结构类发明专利申请中不可或缺的重要组成部分，工艺配方类发明专利可以没有附图。若有附图，则附图与说明书内容之间需要相互配合，通过文字与图共同描述和解释发明的实质性内容，以充分证明发明的创造性和实用性。

代理师还需要在说明书中突出发明专利的创新点，以便审查员更好地理解发明的价值。在撰写手法上，代理师会将发明专利的创新点放在从属权利要求中，将支撑该创新点的论据放在说明书中，若审查员指出某些权利要求项不具备创造性，那么在答复阶段代理师会通过适当缩小权利要求的范围来快速获得授权。

3. 答复审查意见环节

代理师在答复审查意见时，需要把控好答复质量和技巧，以提高发明专利授权率。

（1）代理师应当仔细阅读审查意见，理解审查员的观点，并注意审查员提到的每个问题。对这些问题，代理师应认真思考并理解其含义。在回答针对性意见时，应该明确陈述观点、理由和证据，方便审查员更好地理解。

（2）代理师在收到审查意见后根据审查意见内容选择是否尽快回复。如果审查员提出不利于授权的审查意见，如缺乏新颖性、创造性等，收到通知后立即答复可能并不是明智之举。因为，此时审查员可能对案例的印象还比较深，难以轻易改变观点。相反，如果时间拖长一些，审查员可能需要重新理解，反而有可能改变观点，认同申请人的观点。针对审查意见稍微修改即可授权的这种，可以尽快答复，以早日拿到专利授权。

但是，有些发明专利申请是以专利威慑为申请策略的，可能会采用各种手段来拖长专利审查周期，以尽可能晚地获得授权。目的是迷惑或威慑竞争对手，使其处于想做又不敢做的摇摆心理，从而使自己获得宝贵的竞争时间，以赢得市场竞争。

到底是尽快答复还是拖延答复没有绝对的好坏之分，需要根据具体情况来决定。如果申请人希望尽快授权，且对审查员的初步观点比较认同，或者没有其他策略需要时间来操作，可以尽快答复。如果申请人需要更多时间来考虑专利布局和保护，或者希望通过拖延答复来让审查员重新考虑授权问题，可以拖延答复。

总之，代理师在答复审查意见时需要把控好答复质量和技巧，以提高发明专利授权率。通过理解审查意见，充分准备、及时回复，尊重审查员、针对性回答，强调发明的创新性、修改申请文件，保持沟通、遵循规定格式和要求以及合规性答复等措施，代理师可以更好地应对审查员的意见和反馈，提高发明专利授权率。

要判断一项发明专利是否能够通过实质审查，关键在于技术方案本身的技术质量，这个是根本。尽管撰写阶段的撰写质量和答复阶段的答复质量对于能否申请成功也有一定影响，却并非决定性的因素。抛开专利挖掘，一个再厉害的代理师也不可能把一个完全没有新颖性或创造性的技术方案写到授权。

4.59　专利权的起止时间

专利权自授权公告之日生效，这里说的授权公告之日，并非专利授权通知书发出之日，而是指专利正式获得授权的授权日。多数情况下，授权日和公告日是同一天。专利权结束日期，是从申请日起往后推对应的专利的保护时间，如发明是 2022 年 1 月 1 日申请的，则结束日期就是 2041 年 12 月 31 日。实用新型从申请日起往后推 10 年，外观设计从申请日起往后推 15 年。

4.60　常用的专利检索网站有哪些

这里推荐七个常用主流检索网站：

（1）专利局专利检索，该网站由国家知识产权局开发，共收集了 105 个国家、地区和组织的专利数据，同时还收录了引文、同族、法律状态等数据信息。

（2）专利信息服务平台，该网站由知识产权出版社有限责任公司开发。该网站初级检索功能免费，高级检索功能则收费。

（3）国家重点产业专利信息服务平台，该网站主要针对一些重点产业。设有专题数据库。

（4）innojoy，该网站由保定市大为计算机软件开发有限公司开发。其数据范围涵盖国内以及国外绝大部分国家或地区，数据比较全面。innojoy 提供简单检索、表格检索、DPI 检索、Hl 智能检索、Step 检索、批量检索、表达式检索、逻辑检索、复审无效检索、法律检索、图片检索，共多种检索方式。目前，基础检索和高级检索免费，高端项目需要付费。

（5）专利汇，该网站由北京南冥科技有限公司负责开发。数据范围涵盖国内，以及国外绝大部分国家或地区，数据比较全面。其具有专利统计分析、状态监控、年费预警、分析报告、工作空间等功能，可以全方位满足企业专利研发人员与专利管理者的需求。目前，基础检索和高级检索免费，高端项目需要付费。

（6）IncoPat 专利数据库是一个涵盖世界范围海量专利信息的检索系统，提供了"原始数据库"和"同族数据库"两种数据展示形式的数据库，可实现 IPC、专利权人、同义词、国别代码、号码等字段的扩展检索。

（7）专大师专利检索，由浙江知亦贝科技有限公司开发，PC 端、App、微信和抖音小程序都可以进入。数据范围涵盖国内和国外绝大部分国家或地区，检索响应快，用户体验感好。移动端可即时拍照进行外观设计专利检索，操作十分方便快捷。用户也可以在 PC 端或移动端设置指定的关键词或竞争对手，平台会自动对其进行监控，当有新专利公开或公告时便会第一时间通过微信小程序、公众号、邮箱等形式推送给用户，让用户知晓监控目标动向。

4.61 如何进行专利检索

专利检索可以通过以下几种方式进行：

（1）常规检索。在专利检索网站或者专业数据库中输入专利号、专利名称、申请人、发明人、关键词等信息进行检索，检索词之间默认是"and"关系。这是最常用的检索方式，可以帮助人们快速找到感兴趣的专利。这种检索方式比较粗放，只是大致查询一下，若要全面检索争取不漏检，常规检索是达不到要求的，必须要用高级检索。

（2）高级检索。高级检索需要在检索网站的标题、摘要、权利要求书、说明书、IPC 分类号或洛迦诺分类号，申请人、发明人、地址、申请日等任意一个或多个检索输入框中，输入相应的关键词，通过逻辑运算符与（and）、或（or）、非（not）及通配符等来提高检索效率和准确性。

例如，要检索防近视笔，则需要在"标题"一栏输入"笔"，在"说明书"一栏输入"笔 and 近视"，先做下初步检索，看别人申请专利时是怎么称呼防近视笔的，根据初步检索修正或补充检索词的准确性和全面性。同时看一下初步检索结果里面与期望检索结果最接近专利的 IPC 分类号是多少，再把这个 IPC 分类号复制到高级检索 IPC 分类号输入栏进行二次限定检索。若想限定 2001 年 1 月 1 日—2023 年 12 月 31 日的防近视笔专利，则在"申请日"一栏输入上述时间段即可。

若想查这段时间内防近视笔的发明人"张三"申请了多少专利，可以在"申请人"或"发明人"一栏输入"张三"。若不想结果中有防近视笔的制备方法或工艺专利被检索出来，可以在"标题"一栏输入"笔 not（方法 or 工艺）"即可。

（3）图形检索。图形检索主要针对外观设计进行，可使用含有图像搜索引擎的网站进行检索。检索只需要上传待检索的产品图片即可，有的网站还需要限定洛迦诺分类号，以便提高检索准确率。

4.62　什么是非付费情况下的初步检索

申请专利前，申请人往往会让代理师帮助检索自己的技术方案能不能申请专利。这时的检索，因为是在非付费情况下进行的，检索深度往往比较浅，检索结果一般仅供参考。

这种程度的检索方式，主要是通过推测对比文件中大致可能出现的关键词，再配合逻辑运算符 and、or、not 等进行查询。检索的目的是判断该技术方案的新颖性和创造性程度，是否够得上专利申请的标准。检索过程中，将检索到的对比文件与申请人即将要申请的专利技术方案进行对比，以判断有无新颖性。若一个专利没有新颖性，就不再审查创造性。有新颖性，是否有创造性，需要进行个案分析。然而，非付费情况下，代理机构一般只进行国内范围的初步检索，所谓的初步检索可以理解为大致查一下，再加上代理机构的经验判断，给申请人一个大致的授权概率。

这种检索深度比较浅，毕竟检索是耗时耗力的事情。如果进行全面检索，既要查国内的专利、论文等公开出版物，还要查国外的。国外的检索由于受语言限制，检索难度很大。所以，想要进行国内外全面深度的检索，必须额外付费。

对全面的国内外检索，每个代理机构的收费不尽相同，一般都需要几千元。不是所有申请人都承受得起这样的费用，所以，绝大部分专利申请，在非付费的情况下，一般都是初步检索加经验判断能否申请。若判断后概率还比较高，就可以去申请。

检索深度按照以下顺序依次增高：专利申请时非付费情况下的初步检索＜专利申请前付费检索＜发明专利实质审查检索＜无效对方专利时的检索。

第一个专利申请时非付费情况下的初步检索前面有讲过，深度比较浅。

第二个专利申请前的付费检索，由于有收费用，所以检索深度比非付费要深，一般国内外都会查，有比较详尽的检索报告，但因为主要是给专利能否申请及申请前技术方案的改进或申请策略的制定用的，所以检索深度相对于后面的发明专利实质审查检索要浅。

第三个发明专利实质审查检索，是审查员依据工作职责，对发明专利进行的一种检索，其检索对象主要是公开出版物，如专利、论文等，一般不查使用或销售的公开证据。由于审查员所使用的检索工具比较好，且检索经验相对代理师更为丰富，所以对于公开出版物方面的检索要比代理师好。

第四种无效对方专利时，这里面有一定的利益驱动，故而受托人一般收的费用比较高，所以受托人检索动力往往很足，任何一个能影响目标专利的对比文件都不会放过，审查员在实质审查环节不会检索的受托人都会去检索，如线上线下的销售证据、线下的使用证据、短视频和微信朋友圈等。

4.63 企业在研发立项之前务必要做好知识产权风险排查

企业在研发立项之前务必要做好知识产权风险排查，否则研发费用花了上千万，却基本上打了水漂。

浙江一家企业从一个"海归"处买了一项发明专利，前期支付了 20 万元的预付款，承诺产品销售后每件再给一定的提成。这家企业可能不怎么懂专利，拿到专利后也没有做任何知识产权风险排查，就冒失投入 1 000 万元做研发。好不容易研发出了产品，发现这款产品侵犯了一家美国企业在我国申请的发明专利权。这是怎么回事呢？当时，那个"海归"虽然有专利，但其专利是在美国企业专利基础上延伸出来的外围专利。外围专利的实施，必须经过基础专利权人的同意才可以实施，否则就会视为侵权。举个例子，美国企业在我国申请的专利是 A、B、C、D，"海归"申请的专利是 A、B、C、D、E、F，虽然"海归"的专利也得到授权，但是要销售 A、B、C、D、E、F 的专利产品，就会侵犯美国企业基础专利 A、B、C、D 的专利权。

这下可把这家企业给难住了，销售吧，肯定侵权。不销售费吧，1 000 万元算是打了水漂，去向人家购买许可吧，这家美国企业实力非常强，许可费可不是小数目。最后这家企业进退两难了。

为什么会产生这种情况呢？主要是认知局限造成的，总以为买个专利就可以高枕无忧，现实却并非如此。所以，企业投入研发前，最好先做个全面的知识产权风险排查，比起后期骑虎难下，前期排查花不了太多钱。如果没有知识产权风险，再投入资金做研发，否则就可能像这家企业一样进退两难。

4.64　专利检索结果中可以反映核心专利的维度

这里提到的核心专利是相对于某一行业或专利权人而言的，是指在某一技术领域内具有关键性、基础性和重要性的专利。核心专利往往具备以下特点：

（1）被引用次数多的专利。被其他专利引用的次数在一定程度上能反映出专利的核心程度，被引用次数高代表该专利可能是核心专利，但这个维度算核心专利的指标之一，但并不是权重最大的。

（2）维持时间长的专利。维持时间长的专利一定程度上能反映出该专利对于专利权人的重要性，对于专利权人重要的专利才会长时间维持，价值不大的一般会较早放弃。一般来说，核心专利维持时间肯定长，维持时间长的专利并不都是核心专利。

（3）经过多次审查、答辩才授权的专利，或被驳回后提出复审、复审委维持驳回决定、又起诉复审委最终获得授权的专利。一般来说，这种破除万难才获得授权的专利，对于专利申请人来说是比较重要的核心专利。

（4）被多次提起无效宣告请求后仍然有排他性的专利。一般来说，被多次无效仍屹立不倒的专利，都具有较高的核心价值。能用来打击竞争对手说明该专利具有"杀伤力"，能被多次无效还具有排他性，则说明该专利法律稳定性比较强，这类专利对于专利权人来说是具有较高核心价值的。

（5）拥有多个同族专利（在不同国家或地区申请的相同或类似专利）的专利大概率具有更广泛的保护范围和影响力，这类专利一般来说都是核心专利。因为申请国外专利费用都比较高，申请人肯定会拿自己最有价值最核心的专利去申请国外专利，特别是申请人向多国提出申请的情况，这种一般都是申请人经过挑选后的核心专利。

（6）需要额外缴纳附加费的专利。一般来说，价值大的专利申请人为了全面保护，整个申请文件内容比较饱满，权利要求项和说明书页数有可能会超限，超限需要额外缴纳附加费。如，对于价值一般的专利，申请人为了不额外缴纳附加费，往往会把权利要求项限制在 10 项以内，一般重要的专利才会无所谓附加费而允许代理人超过 10 项。但并不是缴纳了附加费的专利就一定是专利权人的核心专利，没有缴纳的就不是，这个维度仅供参考。

（7）获得政府组织的高级别专利奖项的专利。一般来说，这类专利是专利权人按照参赛标准精挑细选后的专利，这类专利一般都有极高的稳定性和市场表现力，基本都是专利权人的核心专利。

（8）获得质押融资的专利。一般来说，仅通过专利本身质量获得质押融资的专利是专利权人的核心专利，若不是则不一定是核心专利。

（9）有许可备案的专利。有签署许可备案，且许可金额符合可产业化专利合理许可价格的，一般都是专利权人的核心专利。

（10）行业认可度高的专利。受到行业内专业机构、专家或同行认可的专利一般具有较高的核心地位，是专利权人的核心专利。

上面这些维度可以帮助综合评估专利的核心程度，但具体情况可能因不同领域和行业而有所差异。上面有些维度的专利在检索结果中一般无法呈现，但可以通过外围渠道获取到。

4.65 什么是 IPC 分类号

IPC（international patent classification，国际专利分类）是国际上通用的专利文献分类法。用国际专利分类法分类专利文献而得到的分类号，称为国际专利分类号。

国际专利分类号采用等级的形式层层细化，将所有的技术内容分为八大部，每一部有 5 个层级，每一层级的具体名称为部—大类—小类—大组—小组。依据某一种产品的国际分类，可以很容易地检索出本产品所属技术领域的专利信息。

IPC 分类号八大部如下：

A 部——人类生活必需（农、轻、医）。

B 部——作业、运输。

C 部——化学、冶金。

D 部——纺织、造纸。

E 部——固定建筑物（建筑、采矿）。

F 部——机械工程。

G 部——物理。

H 部——电。

例如，专利名称为鼠标，专利申请号为"200810244387.X"的 IPC 主分类号 G06F3/033 的 IPC 结构图谱如图 4-3 所示。

G	物理
G06	计算；推算；计数
G06F	电子数字数据处理
G06F3/00	用于将所要处理的数据转变成为计算机能够处理的形式的输入装置；用于将数据从处理机传送到输出设备的输出装置，例如，接口装置
G06F3/01	·用于用户和计算机之间交互的输入装置或输入和输出组合装置
G06F3/03	··将部件的位置或位移转换成为代码形式的装置
G06F3/033	···由使用者移动或定位的指示装置；其附加配件

图 4-3 IPC 结构图谱

上述分类方式仅针对发明和实用新型专利，外观设计专利采用另外的分类体系——洛迦诺分类。在分类时，同一专利可能有若干个分类号，其中第一个称为主分类号。当一件专利申请涉及不同类型的技术主题，应当根据所涉及的技术主题进行多重分类，给出多个分类号，将最能充分代表发明主题信息的分类号排在第一位。

IPC 分类最重要的目的就是便于检索，通过赋予每个专利文献 IPC 分类号，建立有利于专利文献检索的检索体系。现在所有的专利检索系统，基本都有 IPC 检索输入栏，通过 IPC 缩限查询范围，能有效提高检索效率。

一般在检索时，可以先找到一个与目标专利比较近似的专利，再找到这个专利的 IPC 分类号的信息，直接复制或删掉这个 IPC 分类号小组或大组信息。通过这样操作，可以缩小检索范围提高搜索目标专利的效率和准确度。

4.66　什么是洛迦诺分类

洛迦诺分类是一种工业品外观设计注册用国际分类，英文 Locarno，通常缩写为 LOC，由《洛迦诺协定》1968 年建立。

洛迦诺外观设计分类，以外观设计的产品名称、图片或者照片，以及简要说明中记载的产品用途为依据进行分类。其分类的目的是：确定外观设计产品的类别属性；对外观设计专利进行归类管理；便于对外观设计专利进行检索查询；按照分类号顺序编排和公告外观设计专利文本。

洛迦诺分类表中对 32 个大类和 223 个小类的不同设计类型产品，建立了外观设计分类。它包括一个依字母顺序排列的商品的目录，并有商品所属分类的说明。该目录还包括对 6 600 个不同类型商品的分类说明。

例如，专利申请号为"201430406896.4"，名称为"帽子"的外观设计专利，洛迦诺分类号为 02-03，洛迦诺分类号中 02 是大类，指"第 2 类——各种服装和衣着用品，包括鞋类"；03 是小类，小类如下：

（1）服装。

（2）内衣、女内衣、妇女紧身胸衣、胸罩。

（3）帽类。

（4）鞋类（包括长筒靴、鞋和拖鞋）。

（5）短袜和长筒靴袜。

（6）领带、头巾和围巾。

（7）手套。

（8）零星服饰。

（9）其他杂项。

通过洛迦诺分类号可以提高外观设计专利检索的效率和准确率。

4.67 个人如何查询专利审查进度

个人如何查询专利审查进度？可以通过搜索引擎输入"专利业务办理系统"，单击"进入"按钮，在右侧公众查询处注册个人账号并设置密码。注册完成后，回到首页，单击右侧的"专利审查信息查询"按钮，在出来的界面上单击"专利审查信息查询"按钮，就进入了"案件查询"页面。在"申请号 / 专利号""发明名称""申请人"三项中任意输入一项信息即可进行查询。单击下部的专利申请号，在出现的页面上，可以查看申请信息、审查信息、费用信息等内容，单击审查信息即可看到审查进度，如图 4-4、图 4-5、图 4-6、图 4-7 所示。

图 4-4 国家知识产权局专利业务办理系统

图 4-5　登录页面

图 4-6　查询输入页面

图 4-7　具体专利的审查信息页面

　　"专利业务办理系统"会随着时间的推移迭代更新，届时查询入口页面可能会发生变化，读者在查询时应以该系统的最新版为准。

4.68 什么是垃圾专利和鸡肋专利

个人、企业、高校和科研院所等持有者手里持有的，不能转让许可、不能产业化应用、不能产生排他性作用的专利，均可以称为垃圾专利。垃圾专利主要是为了职称评定、科技项目申报、课题结案要求、落户加分等原因而产生的不以技术保护为目的的专利。

鸡肋专利指的是，转让许可或产业化有希望，但现实中又转让不出去，持有人也无法自行产业化，每年还得缴纳年费维持着的专利。这种专利食之无味、弃之可惜，高不成、低不就，往往令持有人爱恨交加。

鸡肋专利是怎么产生的呢？究其原因有以下几点：

（1）不从客户角度出发，自以为客户应该需要，市场应该买单，而申请的一些伪需求专利。

（2）项目立项前，完全没有做定位或做的定位有偏差，导致定位不准而产生的专利。

（3）不考虑专利产品加工的难易程度，以及加工成本的高低，自动忽略产业化中的现实问题，脱离实际而申请的专利。

（4）专利起初是奔着保护去的，但最终授权后保护范围太小，易被绕开，没有任何排他性的专利。

（5）专利自身没有问题，因专利持有人自身资源有限，无法产业化或者转让许可，而长期持有的专利。

跟垃圾专利相比，鸡肋专利其实对专利持有人更不友好，因为不仅每年要缴纳年费，又不能带来任何回报。如果专利持有人手里有鸡肋专利，还是想办法尽快产业化或者转让吧！如果实在不行就果断放弃。

4.69 实用新型和外观设计维权时是否需要专利权评价报告

从目前的司法实践来看，对于实用新型和外观设计专利在维权时是否要提供专利权评价报告，不同的维权途径和不同的法院要求都不太一样。

直接向法院起诉时，有的法院强制要求提供，有的则不做强制要求。《中华人民共和国专利法》第六十六条第二款规定："专利侵权纠纷涉及实用新型专利或者外观设计专利的，人民法院或者管理专利工作的部门可以要求专利权人或者利害关系人出具由国务院专利行政部门对相关实用新型或者外观设计进行检索、分析和评价后作出的专利权评价报告……"注意这里的"可以"二字，即通过诉讼途径维权的，《中华人民共和国专利法》并没有强制要求提供专利权评价报告。

电商平台上投诉必须要提供专利权评价报告。

通过市场监督管理局行政维权，绝大部分要提供，个别地区不需要提供。

从目前的经验来看，通过法院起诉和市场监督管理局维权，经济较强的沿海地区一般要求的概率大，经济较弱的地区一般要求要松些。原因是经济强的地区法院一般知识产权维权案子多，强制提供是为了避免浪费原被告的时间及司法资源。市场监督管理局的情况类似。

为什么维权时大部分一定要提供专利权评价报告呢？主要是因为实用新型和外观设计专利只进行初步审查，不进行实质审查，即便这两种专利都获批，也存在法律稳定性差的可能。如果专利权人用稳定性差的实用新型或外观设计轻率地维权起诉别人，很容易浪费专利权人的时间、精力和财力，同时浪费行政部门和司法机关的资源。为了避免这种现象的发生，根据专利权人或者利害关系人的请求，由国家知识产权局在实用新型或者外观设计被授予专利权后，对这两种类型专利进行检索，并就该专利是否符合《中华人民共和国专利法》《中华人民共和国专利法实施细则》规定的授权条件进行分析和评价，最后作出是否符合授予专利权条件的结论。这是一种官方出具的较权威的专利质量评价，相当于是对实用新型或外观设计专利在授权后进行实质审查。

这里要特别强调一点，请求专利权评价报告的专利，应当是已经授权公告的实用新型专利或者外观设计专利，包括已经终止或者放弃的实用新型专利或者外观设计专利。

4.70 实用新型或外观设计专利稳定性不确定的情况下，产品上是否要标记专利号

在实用新型或外观设计专利权稳定性不确定的情况下，产品上是否要标记专利号？万一竞争对手来研究专利权人的专利漏洞怎么办？不公开自己有专利，又怕别人仿制，挺矛盾的心理。

没有做专利权评价报告，专利稳定性尚不确定，如果经过初步判断，专利权评价报告大概率是负面的情况下，产品上标明专利号的好处大于没有标明专利号的产品。这是因为，生活中毕竟懂专利的人是少数，不懂的人看到是专利产品，在某种程度上，还是能起到一定的威慑作用。如果经过初步判断，专利权评价报告大概率是正面的情况下，如果专利保护范围很好，很难绕开，标上去是好的，可让研究对方知难而退。还有一种情况，评价报告是正面的，但撰写或布局不到位导致很容易绕开，则不标为好。如果暂时判断不出评价报告正面与否，则不要标，待专利权评价报告结果出来，再根据情况酌情选择标与不标。

4.71 专利权与商标权的区别

很多人分不清专利权与商标权的区别，这里以对比的方式分析如下：

1. 授权机构不同

商标权是国家知识产权局下设的商标局，依法授予商标所有人对其所注册的商标受国家法律保护的专有权，而专利权则是国家知识产权局下设的专利局，依法授予专利申请人，在一定期间内，实施利用其发明创造的独占权利。

2. 权利人的权利和义务不同

商标权人的权利有使用权、许可使用权、独占权、禁止权、投资权、转让权、继承权，权利人可以自行使用其商标、许可他人使用其商标或者转让其商标而获得收益，还可以申请对于侵犯商标权的行为的法律救济。商标权人的义务为商标

注册人应当对其使用注册商标的商品或服务的质量负责。许可他人使用其注册商标时,应当监督被许可人使用其注册商标的商品或者服务的质量。应当按照法律规定的时间和方式缴纳商标使用费或者许可使用费等费用。

专利权人的权利为对授权专利的独占实施权、许可实施权、转让权、放弃权、标记权,权利人可以自行实施其专利、许可他人使用其专利或者转让其专利而获得收益,还可以申请对于侵犯专利的行为的法律救济。专利权人的义务为,自被授予专利权的当年开始,按规定缴纳专利年费;依法实施专利;不得滥用专利权;依法对发明人、设计人给予奖励,支付报酬。

3. 保护对象不同

商标权的保护对象是依法予以保护的注册商标,如图形、文字、它们的组合或者立体商标、声音商标。专利权的保护对象是依法应授予专利权的发明创造或设计,包括发明专利、实用新型专利和外观设计专利三种。

4. 审批流程不同

商标注册必经程序,包括申请、形式审查、实质审查、初审公告、注册公告五个阶段。发明专利申请的审批程序,包括受理、初步审查、公布、实质审查以及授权五个阶段。实用新型或者外观设计专利申请,只有受理、初步审查和授权三个阶段。实用新型专利从 2023 年 1 月 1 日起,在初步审查程序后引入了明显创造性审查。

5. 保护期限不同

注册商标的有效期为 10 年,自核准注册之日起计算,期满可以续展,而且可以无限制重复申请,每次续展注册的有效期均为 10 年。发明专利权的期限为 20 年,实用新型为 10 年,外观设计为 15 年,均自申请日起计算。专利权期限届满后,专利权终止。专利权期限届满前,专利权人可以书面声明放弃专利权。

4.72 什么是高价值发明专利

我国明确将以下五种情况的有效发明专利,纳入高价值发明专利拥有量统计范围:

（1）战略性新兴产业的发明专利。

（2）在海外有同族专利权的发明专利。

（3）维持年限超过 10 年的发明专利。

（4）实现较高质押融资金额的发明专利。

（5）获得国家科学技术奖或我国专利奖的发明专利。

高价值发明专利的特点：创新难度高，市场前景好，权利稳定，技术竞争力强。从实际情况来看，（4）和（5）若是真实仅依靠专利质量获得的质押融资和取得的奖项，则是高价值专利。但符合（1）～（3）的发明专利，不见得就具有高价值发明专利的特点。有声音质疑，战略性新兴产业的发明专利，就一定是高价值发明专利吗？在海外有同族专利权的发明专利，就一定是高价值发明专利吗？维持年限超过 10 年的发明专利，就一定是高价值发明专利吗？确实不一定。这些问题，定义高价值发明专利的专家也曾想到，所以在宣布高价值发明专利的认定条件时，通过措辞"纳入"，巧妙地避免了这种质疑声。可以这么理解，高价值发明专利的统计，本身就有困难，但暂定将符合 1～3 的发明专利算在内，以后再完善高价值发明专利的认定维度，毕竟很多东西都有一个不断发展优化的过程。

4.73 如何培育高价值发明专利

如何培育高价值发明专利？可以遵循以下几点：

（1）在研发项目一开始就要注重专利和论文的运用，找准研发的切入点和方向，避免做无用功和重复劳动。这样做可以为后期提升和培育高价值的发明专利打下坚实基础。

（2）在研发阶段就要有高水平技术人才参与，高质量研发过程是人操控整个研发资源，追求研发目的的过程。没有高水平技术人才的参与，是很难产出高质量技术的。这里的高水平技术人才并非一定是高学历人才，有可能是从事这行很多年、拥有高深技艺的工程师。

（3）研发主体机构要有可期的研发成果产出激励制度。光有前面两项还不足以让研发工程师有足够的动力，产出高价值的技术成果，要能有效激励研发人才积极投入研发过程。有好的激励制度做后盾，才能让研发人员充满激情地去做出高质量技术成果。

（4）要完成高质量专利申请，对于高质量技术成果专利化保护，项目的所有参与人员一定要高度重视，由高水平的专利代理师与研发人员充分沟通后，再撰写专利申请文件，并在专利递交之前，做好全面的核审工作，保证专利高质量申请。

（5）要做好专利的全面布局，对所有具有市场价值和专利价值的技术成果的横向替代方案，全部申请专利，并对技术上下游，可能产生的延伸专利也一并申请。另外，由于专利地域性保护的特点，高质量的专利要成为高价值专利，必须从市场和战略布局层面，做好国内外的专利布局，使其价值最大化，这是高价值专利培育的目标。建议在专利递交申请前，就做好技术的攻防演练，确保应申请尽申请，绝无漏网之鱼。

（6）要配套高价值专利培育的引导性政策。在政府政策的引导下，研发主体才能更有动力，产出更多的高价值专利申请。

（7）要建立高价值专利的评选机制。建立高价值专利的评选机制是高质量、高价值专利培育过程中非常重要的一环，同时也是检验高价值专利培育成果好坏的重要参考指标，因此机制的建立及不断优化就显得尤为重要。

4.74 如何向国外申请专利

海外申请专利通常有四种途径：第一种，直接向目标国递交申请；第二种，通过《巴黎公约》向目标国家递交申请；第三种，通过 PCT 途径递交申请；第四种，通过《海牙协定》递交申请。

1. 直接申请

申请人直接向目标国家或地区的专利负责部门递交申请文件。但需要注意，必须遵循《中华人民共和国专利法》第十九条："任何单位或者个人将在中国完成的发明或者实用新型向外国申请专利的，应当事先报经国务院专利行政部门进行保密审查。保密审查的程序、期限等按照国务院的规定执行。中国……对违反本条第一款规定向外国申请专利的发明或者实用新型，在中国申请专利的，不授予专利权。"外观设计由于不是技术，其只是产品的美学设计，所以不需要提前做保密审查。

2. 《巴黎公约》途径

《巴黎公约》全称《保护工业产权巴黎公约》，其规定申请人在首次向缔约国中的一国，提出正规申请的基础上，可以在一定期限内，向任何其他缔约国申请保护，在后申请的日期，将视为与首次申请的日期相同。这里的期限，特指优先权期限，发明和实用新型专利优先权期限是 12 个月，工业品外观设计是 6 个月。

通常的操作是，申请人先在我国提出申请，对于发明和实用新型专利，在 12 个月内要求我国专利的优先权向国外申请，外观设计专利在 6 个月内要求我国专利的优先权向国外申请。这样做的好处是申请人有充足的时间，根据市场反馈情况来决定是否要去国外申请，毕竟国外申请费用还是比较高的。若产品市场反馈不好，则不需要额外花费用向国外申请专利。

3. PCT 途径

PCT 专利申请是指申请人可以通过 PCT 通道，向多个国家递交国际专利申请的一种途径。PCT（Patent Cooperation Treaty，《专利合作条约》）是《巴黎公约》之后，方便专利申请人获得国际申请的国际性条约，也是对《巴黎公约》的一个优化补充。

利用 PCT，申请人可以提交一件国际专利申请，同时在全世界大多数国家申请对其发明创造的保护。这里要注意的是，通过 PCT 申请的专利，不能直接获得授权，专利权还是要某个具体国家授予。专利申请人办理好进入某个国家的手续后，由该国的专利局对该专利申请进行审查，符合该国专利法规定的，授予专利权，不符合的予以驳回。

由于各个国家审查尺度和检索水平不同，会造成同一个专利在有的国家授权，有的国家驳回的现象。这里需要注意 PCT 仅针对发明和实用新型专利开放，对于外观设计专利则需要走《海牙协定》通道。相比于向每个国家单独申请专利的《巴黎公约》方式，PCT 专利申请简化了国际申请的手续，申请人只需要向一个受理局，以一种语言提交一份申请，便可在进入各个国家阶段以前，代替多份单独的国外申请，该方式为申请人向外国申请专利提供了一种更方便的途径。

我国国家知识产权局作为 PCT 受理局之一，接受的语言是中文和英文，即在我国递交 PCT 国际申请，用中文和英文都可以。一般来说，向国外申请专利的国家数量大于等于 3 个时，走 PCT 途径比较合算，小于 3 个，直接走《巴黎公约》

比较合算。

4.《海牙协定》

《海牙协定》是知识产权领域中一个非常重要的知识产权国际条约，它是申请人向多个国家提交外观设计专利申请时的一种高效的简化途径，其全称为《工业品外观设计国际注册海牙协定》，它与《商标马德里协定》和《专利合作条约》一起，共同构成工业产权领域的三大体系。《海牙协定》在工业知识产权领域中，具有重要地位，它与 PCT 和《马德里协定》并行，分别依次对应外观设计专利、发明和实用新型专利以及商标。

我国于 2022 年初宣布加入《海牙协定》，于 2022 年 5 月 5 日正式生效。按照《海牙协定》规定，申请人只需要提交一份国际申请，就可以在相关缔约方，寻求外观设计的保护，弥补了外观设计专利走《巴黎公约》通道的不足，极大方便了申请人，同时提高了注册效率，并降低了注册成本。

4.75 如何以专利技术作价替代货币实缴出资

如何用专利等技术成果作价入股成立公司，以替代货币实缴出资？到底怎么操作，先举个例子。假设股东想成立一个注册资本 1 000 万元的公司。第一步，制定公司章程，写明出资额和出资方式；第二步，购买一个他人闲置的专利转让到自己名下，或者股东自己申请一个发明或实用新型专利，并委托评估公司把这个专利评估为 1 000 万元；第三步，再根据公司章程将出资的专利变更到公司名下；第四步，根据已出具的资产评估报告，进行注册资本出资审验，并出具验资报告；第五步，进入"国家企业信用信息公示系统"完成注册资本实缴变更登记。至此，公司的非货币实收资本已办理完成。

上述的流程需要注意以下几点：

（1）针对上面第二步，现在评估机构更倾向于给股东自己申请的专利进行评估。另外，对于股东申请对自己名下的专利做评估时，要求企业本身有一定的营收，且公司营收及技术产品收入情况要能支撑评估价值。

（2）财税方面，股东把价值 1 000 万元的专利转给公司，股东税负问题怎么解决？财税 2015 第 41 号文件第一条规定："个人转让非货币性资产的所得，应按照'财产转让所得'项目，依法计算缴纳个人所得税。无形资产出资需要缴纳企业所得税和个人所得税。"

公司才成立，马上先交纳 20% 的个人所得税 200 万元，多少有些不妥。如果真这么操作，也就限制了很多初创型科技企业技术入股的积极性。所以，财税 2016 第 101 号文件完善了技术入股中有关所得税的相关规定："个人以上述方式出资成立公司的，股东可以选择继续按现行有关税收政策执行，即马上缴纳 20% 个人所得税，也可选择使用递延纳税优惠政策。选择递延纳税政策的可暂不纳税，递延至转让股权时，按股权转让收入减去技术成果原值和合理税费后的差额计算缴纳所得税。"例如，当时用专利作价替代货币实缴 1 000 万元，1 年后，该股权增值到 1 500 万元，则计税金额为 1 500 万元减去 1 000 万元后，按照 500 万元的 20% 计税，这样就大大提高了初创企业技术入股的积极性。

（3）专利技术在评估时不可能刚好评估到 1 000 万元，有可能低于或高于 1 000 万元。若低于 1 000 万元，需要股东后续补齐差额部分。高于 1 000 万元，则 1 000 万元入资本金，超出部分入资本公积。

（4）若公司注册资金全部由知识产权替代货币实缴出资，在公司发生破产清算时，股东需要补齐知识产权非货币替代实缴所对应的 20% 个人所得税。例如，1 000 万元注册资金全是由专利评估后替代货币实缴的，则破产清算时股东需要补交 200 万元的个人所得税。

4.76　专利技术合伙开公司如何分配股权

专利权人自己的专利项目，遇到有人投资，股权比例怎么分配比较合适，可以参考下面的模式。假设投资人投给专利权人 100 万元，投资人只投资不干活，专利权人只干活不投资。建议投资人回本之前分利 70%，专利权人分利 30%；回本之后专利权人分 51%，投资人分 49%；投资人收益 5 ~ 10 倍投资金额后，专利权人拿 70%，投资人拿 30%。为什么要这么做呢？因为，这样的股权比例，更容易吸引资金，更有利于专利权人专心做事，仍然保持足够的动力。否则专利权人的心里会发生微妙的变化，从而影响公司的运转。上述比例只是举例，实际中可以根据各自情况灵活调整股权分配比例。

现实中还会遇到既投资又干活、只干活不投资、不投资也不干活也没有技术入股的情况，那这种股权怎么分配呢？

例如，公司注册资本 100 万元，并且股东一致认为资金在整个公司运作中权重只占 30%，公司的经营贡献占比 70%。假设 A 出资 80 万元不干活，即经营贡献为 0；B 出资 10 万元，经营贡献占比 90%，B 还是专利技术的贡献者，即 B 是经营的主力人员；C 出资 10 万元，经营贡献 10%。这种情况下 3 个股东的股权占比应该为：

A=80% × 30%+70% × 0=24%

B=10% × 30%+70% × 90%=66%

C=10% × 30%+70% × 10%=10%

表 4-2 是 3 个股东比较合理的股权分配比例。

表 4-2　专利项目多人合伙出资及股权占比计算方法（假设注册资本 100 万元）

股东	30% 权重	70% 权重	股权占比
	出资（万元）	经营贡献（%）	
A	80	0	24%
B	10	90%	66%
C	10	10%	10%

除了上面的内容，还要注意以下几点：人的作用比资金更重要；能力比关系和资源要重要；股份要和能力、投资相对应；临时性资源不要轻易给股权；合作过程中，一定要指定一个遇事能说了算的股东作为公司的决策人；行政权和股权不要混为一谈。

4.77　什么是知识产权质押融资，如何办理知识产权质押融资

知识产权质押融资是一种新型的融资方式，指企业以合法拥有的专利权、商标权、著作权中的财产权作为质押物，从银行获得贷款。这种融资方式主要是为了解决中小企业在发展过程中遇到的资金短缺问题，在企业整体资质符合要求

的基础上，可以利用其知识产权进行融资。

我国目前知识产权质押融资呈快速发展趋势，仅 2022 年一年，全国专利商标质押融资额 4 868.8 亿元，连续两年保持 40% 以上增速，有效缓解了一大批中小企业燃眉之急。

如何办理知识产权质押融资呢？可以参考以下步骤：

（1）知识产权权利人向银行提交知识产权质押贷款书面申请。

（2）由专业的评估机构对企业专利权、商标专用权等知识产权进行评估。

（3）银行对企业的基本情况按银行贷款规定进行审查，并对企业提交的其他资料及专利权、商标专用权评估结果进行审核。

（4）审核通过后，双方签订"借款合同""质押合同"。

（5）到知识产权管理部门办理知识产权质押登记手续。

（6）执行借款合同。

对于质押物的选择，可以根据企业的实际情况来决定。如果企业的知识产权优势较为突出，可以选择单一知识产权质押；如果企业的知识产权优势不够明显，可以选择知识产权质押加第三方担保的方式进行融资，以降低银行的风险。

每个地方质押融资模式有所不同，大体上分为两种：第一种是"银行 + 企业专利权 / 商标专用权质押"的直接融资形式；第二种是"银行 + 政府基金担保或科技担保公司 + 企业专利权 / 商标专用权质押"的担保融资形式。

以杭州银行在宁波的模式为例，知识产权质押贷款是杭州银行宁波分行对于具备知识产权实施能力和获利能力的企业，与政府相关部门合作，发挥知识产权的资产属性功能，拓宽科技型小微企业的融资产品。

其放款的基本条件必须符合以下 3 条：取得已经授权的自主发明专利或实用新型的科技型企业；正常经营且注册两年以上，经营稳定，无不良信用记录；资产负债率最高不超过 80%。符合上面这三条要求的企业可以获得最高 300 万元的融资额度。

在办理质押融资过程中，企业需要提供给银行企业基本资料（营业执照、公司章程、法定代表人身份证明和征信查询授权等）；经营情况证明材料（财务报表和纳税申报表等）；发明专利或实用新型专利证书及专利有效证明材料。贷款流程为：收集资料—授信申请—知识产权评估—风险池合作方案审核 / 授信审批—合同签订—知识产权质押登记—贷款发放。

贷款风险比例为区科技局约 50%，担保公司约 40%，剩余的 10% 由银行和评估公司承担。通过这种融资新模式，有效缓解了一大批中小企业燃眉之急。

2022 年，全宁波市知识产权质押融资金额达 164.88 亿元，累计发放知识产权质押贷款金额位居全国第六、计划单列市第一。

4.78 发明和实用新型专利侵权判定的原则

全面覆盖原则是专利侵权判定中的一个最基本原则，它是指如果被控侵权产品包含了专利权利要求中记载的全部技术特征，则落入专利权的保护范围。全面覆盖原则包括下面四种情况：

（1）字面侵权。仅从字面上分析比较，就可以认定侵权物的技术特征与专利的必要技术特征相同。更有甚者连技术特征的文字表述都相同，这种可以理解为被控侵权物对这个专利抄得一模一样，毫无差别。

（2）侵权物的技术特征与专利独立权利要求中的技术特征完全相同。举个例子，假设有一项专利，其独立权利要求必要技术特征为 A、B、C、D。如果被诉侵权技术方案包含了 A、B、C、D 这四个技术特征，那么根据全面覆盖原则，被诉侵权技术方案落入了专利权的保护范围，构成侵权。这个例子中，被诉侵权技术方案的技术特征与专利独立权利要求中所有的技术特征完全相同，因此符合全面覆盖原则的判断标准。

（3）专利独立权利要求中技术特征使用的是上位概念。侵权物中出现的技术特征是专利独立权利要求中上位概念中的下位概念，亦属于技术特征相同。例如，专利独立权利要求中限定的是金属，被控侵权物用的是金属铝，这就是上下位的概念，这种情况也属于全面覆盖。

（4）侵权物的技术特征数量，多于专利独立权利要求中的技术特征。侵权物的技术特征与专利独立权利要求中的技术特征相比，不仅包含了独立权利要求中的全部必要技术特征，而且还增加了新的技术特征。例如，侵权物的技术特征为 A、B、C、D、E、F，专利权利要求中的技术特征为 A、B、C、D。

理解了上面的概念就知道如何判断侵权物是否侵权，同时也就知道了如何规避目标专利。

4.79　侵权与否为什么只看独立权利要求

侵权与否为什么只看独立权利要求？既然如此，从属权利要求有什么用？

在实际案例中，发明和实用新型专利侵权判定，只看权利要求书中的独立权利要求，那写从属权利要求有什么用呢？这是因为，独立权利要求是保护范围最大的，侵犯从属权利要求，必然会侵犯它所从属的独立权利要求，反之则不然，即从属权利要求对判断专利侵权，一般不起什么作用。

为什么要写从属权利要求呢？因为，专利权人在起诉侵权方时，侵权方一般不会乖乖就范、束手就擒，一般会竭尽所能去无效专利权人的专利。国家知识产权局在无效宣告程序中，对修改专利文件有严格的限制，一般不允许将仅在说明书中记载而未在权利要求书中记载的技术特征，通过修改加入权利要求书。这样一来若只写了一个独立权利要求，万一被无效掉了，整个专利就被无效掉了。

为了增加专利的稳定性和可靠性，撰写多项从属权利要求，采用步步为营的策略，即便独立权利要求被无效掉了，还有从属权利要求可以坚守阵地，为专利权人的权利保驾护航。

当拥有多个从属权利要求时，通过适当的撰写方式，可以在保护范围上形成高低搭配。即使独立权利要求无法保住，还有从属权利要求可以坚守阵地，避免整个专利因一个独立权利要求被无效而使整个专利被无效掉。

因此，从属权利要求能够增强授权专利的稳定性和可靠性，助力专利权人更有效地保护创新成果。

最经典的案例就是源德盛的自拍杆实用新型专利，独立权利要求被无效掉了，从属权利要求 2 变成了新的独立权利要求仍可坚守阵地，为专利权人起诉侵权方获赔立下了汗马功劳。所以专利权利要求书中，撰写从属权利要求还是很重要的。当然，有的专利超级简单，一个独立权利要求就可以全部搞定。

4.80 自己有专利是否会侵犯他人的专利权

　　自己有没有专利，与做的产品是否侵犯他人的专利权是两码事。因为有可能发明人做的产品，是在他人专利的基础上延伸出来的，延伸的点具有新颖性和创造性。专利可以申请，但不代表发明人申请了专利，就可以掩盖掉产品是在他人专利基础上延伸出来这个事实。

　　举个例子，如他人的专利是 A、B、C、D，发明人做的产品是 A、B、C、D、E，E 这个点的加入，使得整个方案 A、B、C、D、E 具有新颖性和创造性。发明人用 A、B、C、D、E 去申请专利，也能授权，但毕竟 A、B、C、D、E 这个产品，是在他人 A、B、C、D 的基础上，加了一个特征 E 做出来的，他人是基础专利，发明人申请的是延伸专利。发明人做 A、B、C、D、E 这个产品，还是会侵犯基础专利 A、B、C、D 拥有者的专利权，并不会因为发明人申请了延伸专利，就不侵犯基础专利了。要想避免潜在的侵权风险，除非发明人做的产品是 A、B、C、E，E 不等于 D，这才没有侵权风险。

4.81 如何判断自己的产品外观是否侵犯他人外观设计专利权

　　如何判断被控侵权产品与原告外观设计专利产品相同或者相近似？按照以下步骤操作即可。

1. 外观设计专利是否为同类或相近种类判断

　　外观设计专利侵权判定中，应当首先审查被控侵权产品与专利产品是否属于同类或相近种类的产品，比如有人把打火机做成扳手造型，但这个扳手造型的打火机是不会侵犯扳手外观设计专利权的，因为两者不属于同类产品，也不属于相近种类产品，因此不构成侵犯外观设计专利权。一般来说是否为同类或相近种类产品，可以根据外观设计产品的用途，认定产品种类是否相同或者相近。确定产品的用途可以参考外观设计的简要说明、国际外观设计分类表、产品的功能以及产品销售、实际使用情况等因素。

2. 判断是否相同或相近似

在上述第一条依据判断为同类或相近种类产品的基础上，才进行外观设计十分相同或相近似的判断。

（1）判断相同

当产品与外观设计专利的设计相同时判断为相同。所谓设计相同，是指形状、图案、色彩（或色彩与形状、图案的结合）三个要素相同。产品的设计内容除色彩外可单独形成设计，这三要素组合起来也可形成相应的设计。

① 单纯的形状设计。这种设计主要针对产品的外观形状进行创新和设计，如鼠标的外观设计（图 4-8）、烧水壶的外观设计（图 4-9）等。

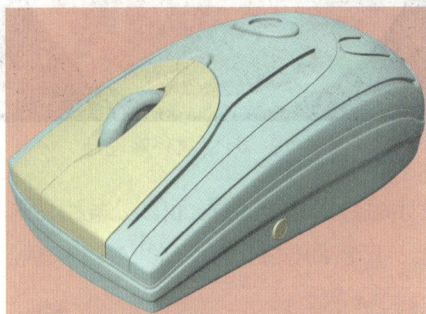

图 4-8　鼠标的外观设计　　　　　图 4-9　烧水壶的外观设计

② 单纯的图案设计。这种设计主要针对无固定边界产品表面的图案进行创新和设计，如床单花纹（图 4-10）、地砖图案（图 4-11）等。

图 4-10　床单花纹　　　　　图 4-11　地砖图案

③ 形状和图案结合的设计。这种设计综合考虑产品的外观形状和表面图案的整体统一性，如服装设计（图 4-12）、月饼盒外观设计（图 4-13）等。

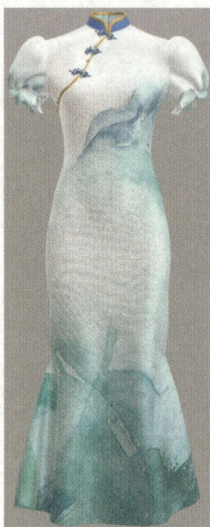

图 4-12　服装设计

图 4-13　月饼盒外观设计

④ 图案和色彩结合的设计。这种设计综合考虑产品表面的图案和色彩的有机结合，如装饰画的外观设计（图 4-14）、广告海报的设计（图 4-15）等。

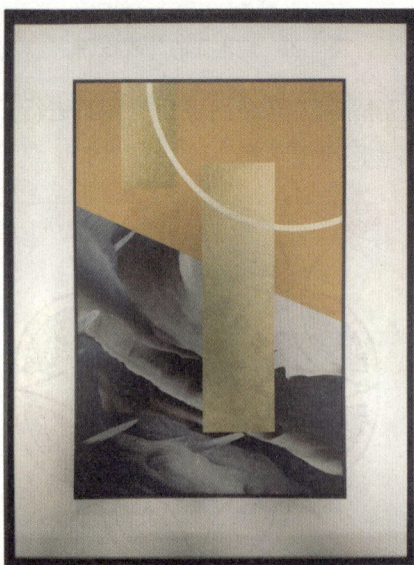

图 4-14　装饰画外观设计

图 4-15　海报外观设计

⑤ 形状、图案、色彩三者结合的设计。这种设计综合考虑三元素组成的产品的整体性，如水杯的外观设计（图 4-16）、酒瓶的外观设计（图 4-17）等。

图 4-16　水杯外观设计

图 4-17　酒瓶外观设计

对于④和⑤要素结合的设计，必须两种以上要素完全相同时，才能判断为相同的设计。也就是说申请外观设计专利时请求保护色彩，保护范围会变小。若发生侵权行为，被控侵权产品在其他两个要素都相同的情况下，仅色彩不与原告外观设计专利的色彩相同或相近，则应当认定二者不构成相同设计。

在判断两种以上要素结合的设计是否相同时，需要综合考虑各个要素之间的相似性和差异性，以及这些要素对产品整体视觉效果的影响。如果各个要素之间存在明显差异，或者这些差异对产品整体视觉效果产生了显著影响，就不能判断为相同的设计。相反，如果各个要素之间相似度高，且对产品整体视觉效果的影响相似，就可以判断为相同的设计。

（2）判断相近似

物品相同，设计相近似，判断为相近似。如果两件产品的用途和功能相同，即属于同一类产品，那么即使它们的外观设计不完全相同，但只要它们的设计相近似，就可以判断为相近似的设计。

物品相近似，设计相同，判断为相近似。如果两件产品的用途和功能相近似，即属于同一类产品。即使它们的外观设计不完全相同，只要它们的设计相同，就可以判断为相近似的设计。

物品相近似，设计相近似，判断为相近似。如果两件产品的用途和功能相近似，即属于同一类产品，同时它们的外观设计也相近似，那么就可以判断为相近似的设计。

所谓物品相近似，是指同一类的产品，即用途相同、功能不同的物品。如电子表和机械表都是表，总体上其作用相同，但二者的功能不同，故二者属相近似的物品。

需要注意的是，在判断外观设计是否相近似时，需要考虑设计的整体视觉效果和各个设计要素之间的相似性和差异性。如果各个设计要素之间存在明显差异，或者这些差异对产品整体视觉效果产生了显著影响，就不能判断为相近似的设计。相反，如果各个设计要素之间相似度高，且对产品整体视觉效果的影响相似，就可以判断为相近似的设计。

3. 侵权对比过程中要以普通消费者的眼光和审美来判断

进行外观设计专利侵权判定，应当以普通消费者的眼光和审美观察力为标准。因为外观设计，不牵扯技术层面的问题，而只存在外观是否相似，也就是说一个产品内部什么样，完全不影响外观设计的侵权判定。

普通消费者作为一个特殊的消费群体，这里指该外观设计专利同类产品或者类似产品的购买者或者使用者。

4. 整体观察、综合判断是外观设计侵权判断的主要方式

在判断外观设计专利侵权时，需要采用整体观察和综合判断的方式进行对比。具体来说，需要考虑以下几个方面：

（1）全部构成要素相同或相近似，可以认为两者是相同的外观设计。

（2）全部构成要素不相同或不相近似，可以认为两者是不相同的外观设计。

（3）主要部分相同或相近似、次要部分不同，如冰箱前面相同或相近似，只是背面不同，可以认为两者是相同的外观设计。

（4）产品的大小、材料、内部构造和性能通常不能作为侵权与否的判定依据。

（5）在对比被控侵权产品与专利外观设计时，应该重点比较专利权人独创的富于美感的主要设计部分与被控侵权产品的对应部分，看被告是否抄袭、模仿了原稿外观设计的新颖独创部分。

（6）采用隔离对比、异地观察的方法，在对比被控侵权产品与专利外观设计时，可以采用隔离对比、异地观察的方法，以避免受到其他因素的干扰。如果实际造成或者可能造成消费者误认的，可以认定被控侵权产品与专利外观设计构成相同或者相近似。

需要注意的是，外观设计专利侵权的判断原则并不是一成不变的，而是需要根据具体案件的具体情况进行判断，并进行整体观察和综合判断。只有通过全

面、客观、科学的比较和分析，才能准确判断外观设计是否构成侵权行为。同时，在判断外观设计专利侵权时，还需要综合考虑侵权事实和证据、法律规定等因素。

4.82 专利被侵权时要收集哪些证据

当权利人发现自己的专利受到侵权或者感觉受到侵权时，应该收集哪些证据？专利侵权证据可以从以下三个方面收集：

（1）收集侵权方的证据。若侵权方是个人，则收集包括侵权方姓名、身份证号码、联系方式等；若是企业或其他机构，则收集侵权方确切的名称、机构性质、地址、人员数、注册资金、经营范围、联系方式等情况；若可以再收集一下侵权者的声誉和商业信誉情况。收集这么多资料的目的是更好地了解侵权者的实际情况，以便针对不同的侵权行为采取相应的维权策略。世界 500 强侵权和一个线上小店铺侵权，应对方式方法是完全不一样的。一个侵权惯犯和初次侵权者判赔时又不一样。

（2）收集有关侵权事实的证据。专利侵权的前提是必须要有侵权行为。因此，证明并拿到侵权者确实实施了侵犯专利权的行为的证据，在处理侵权过程中是至关重要的。这些证据包括侵权产品的照片、样品、制造方法、侵权者的销售记录、销售单据、财务报表、销售渠道等证据。后面这几个证据比较难拿到，一旦拿到就是最直接的证据。这些证据可以帮助专利权人证明侵权方侵权事实的存在，以及了解侵权者的销售情况和获利情况，以便在维权时使用和要求合理的赔偿金额。

（3）专利权人自己要收集准备的资料证据。专利证书、最近一次专利年费缴纳凭证，或提供专利登记簿副本；实用新型和外观设计专利要提供专利权评价报告；若有专利转让许可行为，提供专利转让许可合同，打款记录，发票；若有获奖，提供专利获奖证书；若能证明被控侵权人的侵权行为给自己造成了损失，提供经济损失、市场份额下降、商誉受损等证据。由于对方侵权造成的己方损失，专利权人可以提供销售记录、合同、发票和其他相关文件来证明专利产品销售量的减少或价格的降低是由侵权行为造成的，这些证据可以帮助确定要求赔偿的金额。

总之，专利权人在处理专利侵权案件中，全面收集相关证据对于专利权人来说至关重要。这些证据是支持专利权人向侵权者索赔的重要依据，也是专利权人在后期诉讼中获得公正合理赔偿金额的重要保障。需要注意的是，在收集证据时，需要确保证据的真实性和合法性，要遵守相关法律法规。

4.83 专利被侵权时应如何处理

权利人发现专利侵权后不要慌，应以最快速度找到应对策略。正常情况下，有哪些应对策略？每种应对策略分别有什么优缺点？一般情况下，有以下五种应对策略，这五种应对策略级别依次增高。

（1）与侵权方私下协商。专利权人可以直接告知疑似侵权方自己有专利，对方的行为侵犯了自己的专利权，要求对方停止侵权。这种方式的优点，是效率高，无成本；缺点，对方不一定会理会，威慑力低，可能还会打草惊蛇。

（2）委托律师发律师函。专利权人通过律师发送律师函，指出对方侵权行为，要求立即停止并赔偿一定金额。这种策略具有高效、成本低的优势，但威慑力不够高，部分被指控方可能不回应或拒绝合作，导致协商失败。

（3）平台投诉。如果侵权行为发生于在线平台，专利权人可以向该平台提出投诉，要求平台介入并处理。这种方法的优势在于成本较低、效果快速，然而也存在一些缺点。首先，虽然可以阻止侵权行为，但是无法直接获得赔偿。其次，部分电子商务平台的知识产权保护制度可能不够完善，可能会导致投诉处理进度缓慢或者没了下文，甚至可能无法有效地遏制侵权行为。

（4）行政裁决。如果是线下侵权，专利权人可以向当地市场监督管理局进行投诉，向市场监督管理局投诉属于行政裁决。优点在于成本低，见效快；缺点是行政裁决无强制手段，部分侵权人若不服裁决，会导致专利权人拿不到赔偿。

（5）司法程序。专利持有人还可以选择向法院提起诉讼，通过司法手段解决侵权问题。法院的介入使得专利权人可以主张停止侵权行为并获得民事赔偿。这种方法的优点在于具有强制执行力，维权的力度较大，但也存在一些缺点。诉讼程序通常比较耗时，速度较慢，同时成本也较高。此外，诉讼过程需要专利持有人投入相当多的时间和精力进行举证和答辩。

当专利权人的权利受到侵害，可以酌情使用以上五种维权方式。这五种维权方式各有优缺点，遇到侵权时需个案分析，选择不同的处理方式即可。

4.84　专利未授权，发现他人生产与自己专利技术一样的产品该怎么办

专利未授权，发现他人生产与自己专利一样的产品应该怎么办？现实中，这种情况很常见，那该如何应对呢？发明专利申请从申请日到公开日、实用新型和外观设计从申请日到公告日这段时间，专利都处于保密状态，如果他人在此期间做出与自己的专利内容相同的技术或设计，不视为侵犯权利。对于发明专利，公开日至授权公告日这期间，属于临时保护期，若发现他人侵犯自己的权利，可以要求他人做适当补偿。不过，他人可以不予理睬，毕竟公开不代表授权，能否授权还待定。授权公告日之后，才正式拥有专利权，便可以法律的手段来维护自己的合法权益。

4.85　侵犯了他人专利权该如何应对

自己做的产品被对方起诉专利侵权，遇到这种情况该怎么办？推荐以下七种应对方法：

（1）无效对方的专利。可以在答辩期内，向专利复审委请求宣告专利无效，同时请求法院中止案件审理。通过一系列取证和运作，把对方专利无效掉，该专利就视为自始不存在，法院也会终止案件的审理，那也就不存在侵权一说，自然也就不用赔偿。

（2）告知对方自己做的产品是以非生产经营为目的的。根据《中华人民共

和国专利法》第十一条规定，以生产经营为目的，是构成侵犯专利权的必要条件，如果不是以生产经营为目的，就不存在侵权一说。这种情况，现实中确实存在，但不多见，大部分被控侵权行为还是以生产经营为目的的。

（3）主张自己用的是现有技术。《中华人民共和国专利法》第六十七条规定："在专利侵权纠纷中，被控侵权人有证据证明其实施的技术或者设计属于现有技术或者现有设计的，不构成侵犯专利权。"言外之意，就是在对方申请专利之前，这个技术人尽皆知，已经属于公有技术了，侵权嫌疑就不存在了。当然，需要有证据才行。

（4）主张先用权。《中华人民共和国专利法》第七十五条第（二）项规定："在专利申请日前已经制造相同产品、使用相同方法或已作好制造、使用的必要准备，并且仅在原有范围内继续制造、使用的。"不构成专利侵权，这条先用权看似简单却很难，主要难在被诉方要提供令人信服的证据。现实案例中，存在有些人是有先用权，但提供不了证据或者提供的证据不全，导致先用权得不到认可。

（5）主张合法来源。《中华人民共和国专利法》第七十七条规定："为生产经营目的的使用、许诺销售或者销售不知道是未经专利权人许可而制造并售出的专利侵权产品，能证明该产品合法来源的，不承担赔偿责任。"这个产品是向 A 企业购买的，有合同、有发票、有打款记录，有合法的货品来源，这种情况下不用承担赔偿责任，只需停止即可。但现实中，很多被控侵权方，往往提供不了证据或提供的证据不全，大部分还会被判侵权。

（6）协商解决。如果可能，可以尝试与对方进行协商解决。这个是在对专利权人的专利和自己的产品经过全面对比仔细分析后，发现侵权事实确定，对方也掌握了确凿的证据的情况下所做出的无奈之举。这种情况下，被控侵权方可以与对方沟通，寻求达成和解的方式，此时可能需要做出一些让步或妥协。

（7）寻求律师帮助。在协商不成的情况下，只能寻求律师帮助。此时找一个专业的知识产权律师，可以帮助评估案件的证据和可能性，并指导采取适当的行动。

这里要注意，被控侵权方被起诉到法院，法院只管被控侵权方售卖的产品是否侵犯原告的专利，专利是否有效属于由国家知识产权局决定，即便该专利不稳定，必须经过被告的无效宣告程序把原告的专利无效掉，法院才会不判侵权，否则仍然有被判侵权的可能。这里提供 7 种应对方法以供参考，现实场景中，假如真的侵权，最好是先好好沟通，希望以最小的损失来解决侵权问题。若通过沟通解决不了，只能看对方后续如何操作再酌情应对。

4.86　侵犯专利权，是否需要承担刑事责任

　　侵犯专利权，需要承担刑事责任吗？答案是不会，因为，这与情节严重的假冒专利行为要承担刑事责任不同，侵犯专利权，只需要承担一定的民事责任和行政责任。一旦确定侵犯他人专利权，侵犯人需要立即停止侵害，并赔偿相应的损失。至于具体的赔偿金额，要根据权利人因被侵权所受到的实际损失而确定。如果损失难以确定，就参照该专利许可使用费的倍数来合理确定。如果权利人的损失、侵权人获得的利益和专利许可使用费都无法确定，人民法院可以根据专利权的类型、侵权行为的性质和情节等因素，确定给予 3 万～500 万元的赔偿。

　　以前，侵权赔偿的原则基本上是填坑的原则，即损失多少，判对方赔多少，以弥补专利权人损失的部分。原则上不采用惩罚性措施，是因为还处于技术的扩散阶段，太过严厉的惩罚性措施，会导致技术扩散受到较大的限制，不利于国家技术水平的全面提高，所以专利侵权赔偿没有引入惩罚性赔偿措施。

　　以创新驱动发展作为新的经济导向，如果还采用"填坑式"保护力度，会严重影响科技创新人员的创新积极性，不利于经济的战略性转型。新增惩罚性赔偿，对故意侵犯专利权且情节严重的，人民法院可以按照权利人受到的损失、侵权人获得的利益或者专利许可使用费数额的 1～5 倍确定赔偿数额，加大了侵权方的侵权成本，对于侵权行为具有一定的威慑作用。

4.87　什么情况下不视为专利侵权

　　《中华人民共和国专利法》第七十五条规定以下行为不视为专利侵权：

　　（1）专利产品或者依照专利方法直接获得的产品，由专利权人或者经其许可的单位、个人售出后，使用、许诺销售、销售、进口该产品的。

（2）在专利申请日前已经制造相同产品、使用相同方法或者已经作好制造、使用的必要准备，并且仅在原有范围内继续制造、使用的。

（3）临时通过中国领陆、领水、领空的外国运输工具，依照其所属国同中国签订的协议或者共同参加的国际条约，或者依照互惠原则，为运输工具自身需要而在其装置和设备中使用有关专利的。

（4）专为科学研究和实验而使用有关专利的。

（5）为提供行政审批所需要的信息，制造、使用、进口专利药品或者专利医疗器械的，以及专门为其制造、进口专利药品或者专利医疗器械的。

针对以上五条，详细解释如下：

第一条为权利用尽。通俗地讲，专利产品经专利权人授权，被首次售出后，专利权人即丧失对该专利产品进行再销售、使用的支配权和控制权，即专利权人对该产品的权利已用尽。权利用尽也称权利耗尽，是指专利权人或被许可人一旦将专利产品在市场上合法流通后，应认为专利权人已经就这些产品取得了自认的基于专利权的合理收益，原专利权人拥有的部分或全部排他权因此而用尽，原专利权人不得针对这些产品再行提起基于该专利权的利益主张。否则，一个专利产品卖给张三，张三再卖给李四，李四卖给王五，都会受到专利权人独占权的限制。

第二条为先用权。意思是张三在专利权人专利申请日之前，已经制造相同产品、使用相同方法或者已经做好制造、使用的必要准备，就是产品还没有推向市场，这个情况下，张三若仅在原有范围内继续制造、使用，不视为对专利权人专利权的侵犯。张三享有在原则范围内，继续制造和使用的权利，即使与专利权人的专利权存在冲突，也不视为专利侵权行为。

第三条为对临时过境交通工具的使用。这个主要是依照其所属国，同我国签订的协议或者共同参加的国际条约，或者依照互惠原则，为运输工具自身临时过境，提供的一种不视为侵权的行为。

第四条是为科学研究和实验，而特设的不侵权行为。如果单纯的科学研究和实验，使用他人专利都算侵权，不利于科学技术的进步。这里要注意，使用专利应当限于"专为科学研究和实验"为目的，不包括以营利为目的研究他人专利和实验分析后进行制造、使用、销售等行为。

第五条是药品和医疗器械的实验例外，这一规定也称"Bolar 例外"。药品的行政审批周期很长，对于即将到期的药品专利，若等到药品专利保护期届满再进行合法仿制，虽然专利权已终止，但在其后相当长一段时间内，仍不会看到同类的仿制药进入市场，这相当于变相延长了专利保护期。对于公众以及仿制药商来说，显然是不合理的。鉴于此，许多国家在专利法中都引入了"Bolar 例外"条款，我国是在 2008 年修订《中华人民共和国专利法》时引入了"Bolar 例外"。

4.88　什么是先用权

先用权是指在专利申请日之前，已经有人做好制造或者使用的必要准备，那么即使别人后来获得了这项技术的专利权，先用权人仍然有权在原有的范围内继续使用这项技术。

先用权是对专利权的一种限制，目的是平衡专利申请人和已经在实践中使用或者准备使用这项技术的人之间的利益，这样可以避免因为申请专利的时间先后而造成的不公平竞争。

这里需要注意，先用权的成立需要满足一定的条件，即在专利申请日之前已经开始制造或使用这项技术，且这个制造或使用行为还没有造成他人申请专利的新颖性丧失；先用权人不知道他人申请了专利，其制造使用的技术是先用权人独立完成的，并非抄袭获得。满足这两条之后，经法院确认确实享有先用权的，先用权人可以继续在原有的范围内使用该技术，而不用承担赔偿责任。

4.89　注意不经意间的假冒专利行为

有人申请了专利，为了更好地宣传，会在产品上标记专利号，这是正常的标记行为，没有任何问题。但有人先申请外观设计专利，后面在开模做产品的时候，又对产品外形做了一些改变，此时，再把外观设计专利号标在产品或产品包装上，可能涉嫌假冒专利行为。

电商平台有一款多功能尺的产品就出现了这样的情况。外包装上标注的专利号和所对应的外观设计图与产品不相符，有较大的差异，严格来讲，这就是假冒专利行为，因为专利和产品对不上。之前，就有一个企业也出现过类似情况，后被人举报，当地知识产权局认为该企业主观恶意不强，违法行为轻微，造成的社会危害较轻，并积极配合执法工作，只做出了责令整改的处罚决定。但这对企业来说，还是会造成一定损失的，因为标记专利号的外包装都得销毁重新印制。这还算轻的，最怕直接把专利申请号开模在产品上，就需要重新开模或修模，比较麻烦。

标记专利号，最为稳妥的做法是做的产品能和外观设计专利图形一致，如果真的是先申请的外观设计专利，后面做产品时产品若外观造型修改幅度大，最好是再补充新的外观设计专利。标记专利号时，标记最新专利的专利号即可。总结一下，标记专利号没有问题，但要注意标记一定要正确，以免给自己造成不必要的麻烦。

4.90 自己的专利被宣告无效了，是否还能在产品上标注专利产品

专利权被宣告无效，包括宣告专利权全部无效和部分无效两种情况，部分权力要求项被宣告无效的专利，标注在产品上是没有问题的。全部权利要求项被宣告无效的专利，视为自始即不存在。这时当事人如果仍然在产品上标注专利标识，则构成假冒专利行为。

需要注意的是，专利权终止前，依法在产品上标注专利标识，并在终止后许诺销售或销售的行为，是不构成假冒专利行为的，毕竟有未销售完的产品，得让商家销售完。但要注意，对于专利权被宣告无效前标注专利号的产品，在被宣告无效后继续销售，仍然构成假冒专利行为。什么意思呢？就是在"专利产品"上面打了专利标识，遭到他人仿冒，专利人去起诉"侵权者"，结果专利被"侵权者"无效掉，但专利人仍然继续售卖"专利产品"。这个时候，因为专利人的产品上有被无效的专利标识，这种行为就构成了假冒专利行为。

《中华人民共和国专利法》第六十八条规定："假冒专利的，除依法承担民事责任外，由负责专利执法的部门责令改正并予公告，没收违法所得，可以处违法所得五倍以下的罚款；没有违法所得或者违法所得在五万元以下的，可以处

二十五万元以下的罚款；构成犯罪的，依法追究刑事责任。"什么情况下才会严重到构成犯罪？这里罪与非罪的界限，在于"情节是否严重"，情节在此处主要指非法所得数额较大、给专利权人造成重大损失等情况。

4.91　如何应对专利"恶意维权"

恶意维权是将一个公有技术去申请实用新型或外观设计专利，利用这两种类型专利不经过实质审查的特点，拿到专利证书，再利用专利侵权诉讼非必须提交专利权评价报告的特点，拿着获批的专利，以一打多或以多打多的方式，到处起诉别人，每家索赔一般低于被告请律师应诉和无效其专利的花费。大部分被告感觉请律师不划算，就会选择少赔一点私下和解。

但是，从 2021 年 6 月 1 日起，修改后的《中华人民共和国专利法》明文规定被告也可以提供原告的专利权评价报告。这样的话，原告再拿一个不稳定的专利，到处起诉他人侵权，就受到了一定的限制。2021 年 6 月 3 日起，最高人民法院做了对知识产权侵权诉讼中滥用权利行为的解释。对于上述涉及滥用知识产权的行为，被告若能提交证据证明原告的起诉构成法律规定的滥用权利损害其合法权益的，可以依法请求原告赔偿因该诉讼所支付的合理的律师费、交通费、食宿费等开支。意思是明知这个专利权利不稳定，却拿它来起诉他人，他人的律师费、交通费、食宿等合理开支，就得由原告来支付。这个司法解释，对于原告违反诚实信用原则行使诉权具有一定的遏制作用，能更好地限制专利权滥用。

4.92　小心他人拿你没有申请专利的产品去申请专利反过来又告你侵权

你的一款在售产品，没有申请专利，小心他人拿去申请专利反过来又告你侵权！

为什么已经销售的产品，对方还能申请下来专利，并做出稳定的专利权评价报告呢？这是因为实用新型不需要经过实质审查，初步审查没有什么问题，专利就授权了。授权后，去做专利权评价报告，审查员一般只检索专利、论文、书刊等公开出版物，而对于公开销售这种行为是没有办法检索到的，或检索到也没有办法确定公开的具体日期或内容。根据审查规范，只能通过检索专利、论文等对比文件来评价这个专利的新颖性和创造性。所以，产品已经在市场上销售，他人拿产品去申请专利，专利授权后具有稳定性还是很有可能的。也许有的人要说，可以拿自己销售在先的证据，去无效他人抢先申请的专利。这是可以的，但是这个过程中，还得请律师应诉，花费不少才能无效对方专利，且可能存在找不到证据，或者找到的证据不全，不足以无效对方专利的可能。与其这样，不如在产品售卖前，就先申请好专利，免得后面被倒打一耙。

也许还会有人想不通，既然已经销售了一段时间，怎么可能找不到证据？关于这个问题，需要在这里再解释一下。无效他人的专利是要提供复审委认可的证据的，没有证据或证据不全，是不能无效掉对方专利的，即使明知有销售在先的事实也没有办法。

为什么会这样？因为有的产品虽然销售在先，但是销售不规范，不签合同、不开发票，收款也不走公账，基本上雁过无痕。或者即便有痕迹，但这些痕迹不足以形成完整的证据链，无效受理部门不认可，也就没有办法无效掉对方的专利。

产品都已经销售，但却没有申请专利，一般来说，是产品生产方没有专利申请的意识，或者感觉产品平平没申请专利的必要性，这就造成了一旦他人有这个意识，钻个空子就有可能申请下来专利，且还有可能专利是极度稳定的。

4.93 如何绕开他人的专利，自己的专利如何不被他人绕开

为了便于理解，下面以自行车为例进行说明：

假设自行车是王先生首先发明的。为了便于理解，暂定这辆自行车只包括车轮、车架、传动系统和刹车系统四个部分，且他的专利独立权利要求保护范围

也只写了这四部分。王先生的自行车热销，他人羡慕不已，也想做王先生这款自行车。

这个时候，怎么操作才算不侵权呢？

第一种情况，发明人做的自行车也包含这四个部分，则肯定侵权。

第二种情况，发明人的自行车在这四个部分的基础上多了一个铃铛，这也算侵权。

第三种情况，发明人做的自行车将链条传动改成了齿轮传动，这也算侵权，因为专利上认为这是等同替换，等同替换也算侵权。

第四种情况，发明人的自行车将链条传动改为了较为复杂的连杆传动，这种情况就不算侵权了，因为这被认为不是等同替换。

第五种情况，发明人的自行车少了一个刹车系统，少一个特征是不算侵权的，市面上在售的没有刹车系统的自行车就不侵犯王先生的专利权。

通过以上案例，总结如下：一模一样算侵权，少一个特征不算侵权，多一个特征算侵权，等同替换算侵权。实际应用中，要想绕开对方专利，就缺少独立权利要求中的技术特征即可，因为发明、实用新型维权只看独立权利要求。这种攻防之间，作为王先生来说，辛苦发明的自行车想避免他人侵权，那独立权利要求中就不能将非必要的技术特征写进去。比如刹车系统，就不能放在独立权利要求中，侵权方只要去掉非必要技术特征就不算侵权，这点要务必注意。也不能被他人用不等同技术特征轻松替换掉独立权利要求里面的技术特征。这就要求王先生在申请专利时要做好全面的布局保护。

有一点要说明一下，就是怎么判断是否为等同替换。等同替换是指用与专利技术特征基本相同的手段，来实现和专利技术基本相同的功能，以期达到基本相同效果的行为。且这种替换是本领域普通技术人员容易想到的，并且不需要经过创造性的劳动。这里要注意这三个"基本相同"："基本相同的手段""基本相同的功能""基本相同的效果"是判断等同替换的核心所在。这种等同替换，在专利审判实践中一般都被认定为侵权，只要所替换的技术特征无创造性，一般会被视为等同性专利侵权。需要注意的是，等同替换的判断需要考虑专利保护范围的整体性，不能局限于单个技术特征的等同替换。同时，等同替换的判断也需要考虑创造性劳动的因素，不能简单将所有相似的技术特征都视为等同替换，具体见表 4-3。

表 4-3　侵权与否判断表

实施行为	专利技术	侵权状况
A+B+C+D	A+B+C+D	侵权
A+B+C+D+E	A+B+C+D	侵权
A+B+C 或 D	A+B+C+D	不侵权
A+B+C+D1	A+B+C+D	侵权，D1=D
A+B+C+D2	A+B+C+D	不侵权，D2 ≠ D

4.94　如何进行专利规避设计，以避免侵权风险

所谓的专利规避设计，是指为规避对方专利保护范围，被迫来修改目标专利的技术方案，以此实现利用目标专利的技术思想合法实现自己的商业目的。

主要手段是通过专利检索找到目标专利，然后对目标专利进行分析，找出竞争对手专利权利要求书中独立权利要求的缺陷，进而设计出替代方案，以此绕过竞争对手专利的保护范围。

大部分情况下，专利规避已由单纯的专利法律层面的策略运用，升级为在规避的基础上的再设计，即在规避掉对方专利的保护范围的基础上，重新对技术方案进行升级改进，来实现与现有专利的保护范围的不同和升级。通俗地讲，就是在规避的基础上，再加点新特征，以此显示技术的不同和方案的升级。

具体操作，主要是从侵权判断的角度入手，根据权利要求书的内容，来分析竞争对手专利的技术特征，对权利要求书中的独立权利要求的技术特征，进行删减或非等同替换，利用专利规则的方式降低侵权风险。

对于发明和实用新型来说，只要减少或非等同替换掉授权文本权利要求书中独立权利要求项的技术特征，就可以规避掉目标专利。所有专利的权利要求书中第一条都是独权，但独权不一定都是第一条。大部分专利只有一项独立权利要求，有的专利有多项独立权利要求，具体独立权利要求项数需根据每个专利的撰写情况进行个案分析。

这里需要注意，不是所有的专利都可以规避掉，不然就失去了专利的意义。在现实中，竞争对手的专利往往不是一个专利，而是系统性的专利池，专利规避

的难度会比较大，考虑的因素比较多，有时规避几个还可以，但面对庞大的专利池，就不见得都能规避了。

专利的规避设计是技术进步发展的一种推进形式，值得鼓励。因为这从另一层面也给了专利申请人巨大的压力，迫使申请人在专利申请时，要做到不能轻易被他人规避掉。这跟足球比赛一样，进攻方变得厉害了，防守也得升级才可以，攻防之间就提高了双方球队的技战术水平。

4.95　如何为专利产品起个好名字

专利申请了，产品辛辛苦苦研发出来要推向市场了，如何给产品取名字却犯难了。一个好的名字对产品的成功起的作用是非常大的。55°杯为什么能火起来，这个前面章节有讲过，除了产品功能及营销外，名字起得也很有特点，因为55°杯这个名字里面有好奇、有新概念、有标新立异的成分，这些综合因素促成了其名字具有较高的传播属性，对其当年的火爆起到不小的加分作用。

好的名字要好听好记，好传播、有寓意、无生僻字。这样的名字才有利于产品的宣传推广，否则名字上不能加分，就需要靠重金砸出品牌知名度，让消费者记住的成本就比较高了。如何起出好名字，给以下几点建议：

（1）产品名字应该简单易记，容易发音和拼写，这样可以更容易地被消费者记住和传播。信息在传播时，从传播效果上来讲，听觉＞视觉＞触觉。一个生僻字或者一个发音很难的字或者超级难写的字，是很难被大家读出来或写出来的。没有人能读出来写出来，怎么传播呢？

（2）产品名字应该与产品的特点、功能或目标市场相关，这样可以更容易地被消费者理解和接受。一个创业者购买一个商标，其产品是马桶疏通器，最终用了"速通洁"这个商标。这个商标名可以让人一下子知晓其背后的产品是什么，且名字好听好记，很容易被消费者理解和接受。

（3）产品名字应该具有独特性，可以突出产品的特点和品牌形象，避免与竞争对手的产品混淆。人们对具有个性的东西往往记忆比较深刻，而起一个独特、个性的名字在避免与竞争对手的产品名字混淆的同时，更能加深消费者的印象。

（4）产品名字应该具有可注册性，可以在相关领域进行商标注册，以保护产品的知识产权。

4.96 能否用注册商标去无效外观设计专利

《中华人民共和国专利法》第二十三条第三款规定："授予专利权的外观设计不得与他人在申请日以前已经取得的合法权利相冲突。"若商标权在先，外观设计专利与商标所有人的合法权利相冲突，是可以用商标去无效外观设计专利的。

大家都知道 QQ 图标是一个很可爱的企鹅造型标志，腾讯公司也为此注册了图形商标。2008 年，有人申请过一个企鹅造型的存钱罐外观设计专利。该存钱罐的外观造型几乎与 QQ 的企鹅图形商标一模一样。不生产产品只是申请和腾讯企鹅造型一样的专利，没有什么关系，因为申请不侵权，只有生产销售才侵权。只要不生产，腾讯公司一般不会去无效这类专利，但申请人就失去了申请这个专利的意义。

在某智能手机大受欢迎时，有人因羡慕该品牌的影响力，申请了一个包含该品牌 logo 的标识外观设计专利。然而，这个行为很快被公司发现。公司遂向专利复审委员会提出无效宣告请求。根据《中华人民共和国专利法》规定，授予专利权的外观设计不得侵犯他人在先取得的合法权利。这个人的行为明显侵犯了公司的商标权，因此他的外观设计专利被无效了。如果他已经将该专利应用于电子产品，公司还会对他提起商标侵权诉讼。

通过上面两个案例可以看出，在申请外观设计专利时时，应避免侵犯他人在先的合法权利，以免对自己的外观设计专利权的稳定性造成影响。

4.97 如何从失效专利里面掘金

全球每年都会有大量的专利因各种原因而失效处于无权状态，无权专利并不是没有意义了，有些意义还是非常大的，只不过很多一直未被发掘。如何在失效的无权专利里面掘金？下面是无权的原因及每种情况下的价值：

（1）已经转化为生产力，但因期限届满而失去专有权的专利，这类专利已经过市场的检验使用价值较高，可以随便使用。

（2）专利因各种原因迟迟不能许可或产业化，专利权人无利可图的，一般就会选择不再缴纳年费而放弃这些专利，这类专利里面有很多技术还是不错的，有的仅仅是专利权人不具备自己实施的能力或因推广不力导致失效的。所以从这里面掘金，有时候会捡漏。

（3）有的专利技术虽然已经在发达国家失效了，但这些专利技术也许正是我们所需要的。

（4）前瞻性专利，因当下难以转化而放弃，但通过二次开发，可以产生巨大经济价值，此种类型的专利通过相关技术的改进，可能会变得易于转化实施，碰到此类失效专利不可轻易放过。如防滴水雨伞、旋转拖把，早期都有前瞻性的专利申请过，后来市售的这两款产品也是二次开发而来的。

（5）被宣告无效而失效的专利，可能是新颖性不具备或创造性不足等原因导致的，这类专利虽然权利被无效掉了，但仍然可能具有相当的市场价值。例如，磁吸式出汤茶具就是被无效的专利，后又被商家从失效专利里面发掘了出来，现在该款产品在各大电商平台销量都非常不错。

（6）因为专利撰写不到位，导致专利技术很容易被绕开而放弃的专利技术，只是保护范围写得有问题，其技术还是可以的，遇到这种可大胆使用。

（7）申请的目的是拿证的专利，这类专利虽然失效了，但也没有什么含金量，开发使用价值不大，直接不用管。

（8）已经公开最终未授权的发明专利，这类专利要么是发明人后面自己放弃的，要么是审查员认为不应授予专利的，这两种情况有价值的和没有价值的都有，是否有用需要个案分析。

（9）虽说不是失效专利的范畴，但是因专利有地域性，在哪国申请就在哪国得到保护，所以对已经或正在创造经济价值但未向我国提出申请的国外专利，可以直接拿过来使用。

各大专利检索网站上都可以查到无权状态的专利。

4.98 是否存在"没有无效不掉的专利"

"没有无效不掉的专利"肯定是不对的，否则专利制度就没有什么作用了。什么专利都能无效掉，那还申请专利干什么呢？

什么样的专利才是不能被他人轻易无效掉的稳定专利呢？下面仔细分析一下。

很多人经常会把专利证书的获得，误认为就是获得了稳定的专利权，这是不对的。也就是说，专利证书不等于拥有稳定的专利权。

在我国，实用新型和外观设计专利申请过程中不进行实质审查，即使申请之前，已经有人就相同的技术方案申请过非常类似的专利，但申请仍可能会获得授权。如果没有人提出异议，专利权最长可以一直维持到权利期届满。但是，一旦有人对专利提出无效宣告，那么专利也存在被无效掉的可能。就发明专利而言，虽然对它进行过实质审查，但审查员也可能会漏检对比文件，或者在判断创造性时有个人主观认知的偏差，将不应该授权的发明授予了专利权，所以发明专利授权也存在稳定性差的概率，只不过这个概率很小。申请人也不必太过担心，毕竟不是所有授权的实用新型和外观设计专利都存在稳定性的问题，稳定与否需要个案分析。大部分人获得的发明专利，其权利是比较稳定的。

所以获得一本专利证书，并不代表专利是真正有效的专利，只是代表国家知识产权局对该专利申请的批准。那什么时候才能证明手上的专利是真正有效的专利呢？只有在专利被别人多次提起无效宣告请求，但复审委还是维持了专利权利要求项全部有效，或者部分有效，但有效的部分仍具有十足的排他性，这种专利才是真正稳定的专利。现实中这种案例还比较多，最经典的就是深圳×××公司的手机自拍杆实用新型专利，总共被无效了近三十次，第十三次才将该专利独立权利要求无效掉，但剩下的权利要求项仍具有相当强的排他性，×××公司利用该专利起诉侵权者前前后后获赔了上亿元，这种久经沙场的专利也是极其稳定的专利！

还有×泰当年诉××德侵权的那件经典的实用新型专利，该案原告请求赔偿额度高达3.3亿元，××德也是使尽浑身解数掘地三尺找遍了一切能找的无效证据，也只是无效了部分权利要求项，被部分无效后的专利仍具有足够强的排他性，最终仍然被×泰争取到了1.57亿元的和解赔偿。所以，这种也是极其稳定的专利！

4.99 一个典型专利维权案例

2021 年，魏某的刮丝器外观设计专利维权事件引起了全社会的广泛关注。下面详细分情况讨论一下，最后再讲遇到这种情况的应对策略。

第一种情况，魏某拿一个明知的公有技术或设计去申请实用新型或外观设计专利，利用这两种类型专利不经过实质审查的特点取得专利证书，再利用该专利去起诉侵权方，通过索赔获利，这种行为出发点不值得提倡。

第二种情况，家家常备的刮丝器，俗称萝卜擦，其结构原理已经存在很多年，魏某利用此结构原理重新设计了外观造型，并申请了外观设计专利。偶然发现有多个商家售卖侵权产品，该人对其外观设计专利做了专利权评价报告后，发现权利稳定，于是决定利用获批的专利，以"一打多"的方式起诉数十家小摊小贩维权。这件事从法律角度来看无可厚非，这是他人的权利。用自己的专利维权还要背负骂名就不应该了，也不符合加大知识产权保护的初衷。

第三种情况，刮丝器是魏某新设计的外观造型，其专利稳定性也没有问题，但是市面上没有人售卖这种产品，也就没有人侵犯其外观设计专利权。如果魏某让他人拿着刮丝器到处找小摊贩推广售卖，然后再对这些小商贩逐一起诉维权，这种行为该严厉谴责！

至于这三种情况怎么应对，分情况讨论下：

第一种情况的应对策略：魏某的外观设计专利虽然授权，但是权利是不稳定的。魏某拿这种专利起诉侵权，因为专利权评价报告并非起诉的必要条件，原告有权选择提交或不提交。但从 2021 年 6 月 1 日起，修改后的《中华人民共和国专利法》明文规定：原告没有对自己的专利做专利权评价报告，被告也可以去做原告的专利权评价报告。这样的话，原告再拿一个权利不稳定的专利起诉别人侵权，就会受到一定的限制。另外，2021 年 6 月 3 日，最高人民法院做了对知识产权侵权诉讼中滥用权利行为的解释："对于上述涉及滥用知识产权的行为，被告如果能提交证据证明，原告的起诉构成法律规定的滥用权利损害其合法权益的，可以依法请求原告赔偿因该诉讼所支付的合理的律师费、交通费、食宿费等开支。"

第二种情况的应对策略：魏某维权属于正当行为，且专利权评价报告是稳定的，在这种情况下，侵权方需要拿出采购合同、发票、打款记录等证据来证明自己卖的刮丝器有合法来源，并停止售卖即可。这种情况，只要证明售卖侵权产品的合法来源，可以不用赔偿。在拿不出这些证据或证据不全的情况下，若法院判赔，一般会酌情考虑多方面因素，判赔金额不会太高。

针对第三种情况的应对策略：在拿不出对方指使他人将刮丝器主动放到自己店里售卖的证据情况下，解决办法参考第二条。

第 **5** 章

专利技术的
转移转化

本章重点介绍专利技术的转移转化知识。创新并不应停留在理论上，更重要的是将理论转化为实际的应用，将创新的想法转化为具有市场竞争力的产品，这才是创新的根本目的。而专利技术的转移转化就是实现这一目的的关键环节，也是最重要的一环节。通过专利技术的转移转化，可以将自己的创新成果转化为具有商业价值的具体产品或应用，为社会的发展作出贡献。

5.1 专利技术转移转化的概念

科技成果的转移转化，主要是专利技术的转移转化，从广义概念上讲，包含专利产业化、专利转让、专利许可、专利质押融资、专利作价入股等多种方式。

1. 专利产业化

专利的产业化，是将专利技术商品化或服务化的过程，其目的是实现专利的市场价值或社会价值。专利产业化也是专利权人通过运用专利规则，将专利技术转化为具有市场竞争力的产品或服务，从而实现经济效益的一种手段。它是专利权利转化为现实生产力、支撑产业创新发展、实现经济价值和社会价值的重要途径之一。

专利技术可以由专利权人自行产业化，也可以通过许可，由他人产业化。自行产业化包括产品类专利技术产业化、工艺方法类专利技术产业化、非技术的外观设计专利产业化。

2. 专利的许可

专利的许可是指专利权人根据双方签订的合同内容，将专利权人的专利许可给他人实施的一种专利转化方式。通常情况下，专利权许可有普通许可、排他许可、独占许可、分许可、交叉许可、开放许可。

（1）普通许可。专利权人保留自己实施的权利，也可以再许可他人使用，但被许可方只有使用权，无许可他人的权利。

（2）排他许可。专利权人保留使用权，但不可再许可，被许可方有使用权，但不得许可他人。

（3）独占许可。专利权人许可后无使用权，同时不得再许可他人，被许可方有使用权，但无权许可他人。

（4）分许可。专利权人保留原有的许可方式，被许可方可将该专利许可给第三方使用。

（5）交叉许可。两个专利权人之间的合作，互相允许对方使用自己的专利，或允许对方将自己的专利许可给任何第三人使用。

（6）开放许可。2021 年 6 月 1 日起才在我国开始实行的一种专利的许可方式。其类似专利的普通许可，不同点在于开放许可强调许可金额低、被许可人数多。认可许可金额后，任何人都可以支付约定好的许可费，并按照许可条件使用该专利技术。

3. 专利的转让

专利转让可分为专利申请权转让和专利所有权转让。所谓专利申请权转让，是指专利已经申请但尚未授权，此时专利申请人将专利申请权转让出去的一种法律行为；所谓专利权转让，是指专利已经获得授权，此时专利权人将其拥有的专利权转让给他人的一种法律行为。

在专利转让中，专利申请权人或专利权人为转让方，获得专利申请权或专利权的为受让方。转让方与受让方之间，需要签订书面合同，并向国家知识产权局进行登记，手续合格完整后，权利才发生转移，此时受让方才会成为新的专利申请权人或新的专利权人。专利转让成功后，新的专利权人就可以享受该专利的支配权，该支配权包括对该专利进行产业化、转让、许可、继承等权利。

4. 专利质押融资

专利权质押融资，是指企业以自己持有的专利权中的财产权，在经过评估后，作为质押物从银行获得贷款的一种融资方式，目的在于帮助科技型中小企业解决因缺少其他资产担保而带来的资金紧张难题。由于专利的独特性，很难做到企业与银行之间一对一对接，而是涉及多方参与，目前主要涉及方有银行、企业、政府、中介机构、担保公司等多方主体。

专利的质押融资，虽不属于常规认知的专利的转移转化，但它也是通过专利获得资金的一种方式。既然专利转移转化，是通过技术换取资金，那通过专利的质押，从金融机构贷得企业想要的资金来解决企业融资难的问题，让企业轻装上阵，继续从事专利技术的产业化工作，其效果等同于常规的专利技术转移出去，专利权人获得收益的普通方式。因为技术转移出去，技术需求方产业化，技术仍然在企业手里，给企业一笔专利质押融资贷款，让企业继续从事产业化，宏观效果上讲是一样的，都是为了促进技术的转移转化，从广义上讲可以将这种方式纳入专利的转移转化。

5. 专利作价入股

专利作价入股，是指专利权人将专利权作为资本入股，以替代货币实缴投资，由此获得股权收入的经营方式。这种方式需要对专利权的价值做出合理的评估，这种方式也是一种广义上的专利转移转化，将这种方式纳入专利转移转化范畴，也是基于该方式的专利技术盘活效果。专利转让方虽当下没有拿到转让技术应该获得的货币收益，却省去了货币实缴出资，并获得了股权方式的收入。这种方式，也符合让技术动起来的宏观理念，理应将这种方式纳入广义的专利转移转化范畴，值得更多的专利权人大胆尝试。

5.2 专利技术转移转化的步骤

专利技术成果转化是指将科学研究或技术开发过程中取得的具有实用价值的专利技术成果，转化为具有实际应用价值的商品、服务或产业的过程。其目的是促进科技创新与经济社会发展的融合，加快专利技术的转化和推广，提高科技创新的社会效益和经济效益，推动专利技术与市场需求的对接，为产业升级和经济发展注入新的动力。

专利技术转移转化全程受到《中华人民共和国专利法》等相关法律法规的保护，以下是专利进行技术转移转化的基本步骤。

1. 评估专利技术价值

如何评估待转移转化专利的价值？目前，对专利价值常用的评估方法有以下三种：

第一种收益法：主要考虑专利的收益能力，即未来可能产生的现金流。对于可产业化的专利，这种方法特别适用。不过需要注意的是，评估时切勿高估整个市场的占有率，以免得出过于离谱的专利估值。

第二种成本法：基于对被评估专利的价值形成角度，即专利的成本构成并扣减各种价值损失的途径进行评估。常见的评估模型为：专利价值 = 专利重置成本 - 功能性减值 - 经济性减值或专利价值 = 专利重置成本 × 成新率。但在实际中，由于专利在企业财务报表上通常不会完全展现其各类成本和费用，因此第一种收益法往往比成本法更适用。

第三种市场法：在有活跃成熟的市场的情况下，比较类似资产的市场价格，是相对简单且有效的方法。在房地产领域可能比较适合这种方法，但在专利领域，每个专利情况都不太一样，且可参考的专利样例比较少，同时还受专利类型、专利技术内容、布局保护程度、不同时间段、地域、专利持有人背景、购买方实力等综合因素影响，可参考性较差。但是，若能找到类别性比较强的专利，市场法还是比较高效简单的一种估值法。

在实际评估专利价值时，须根据专利技术的特性、评估目的及外部市场环境等各方面因素，选择合适的评估方法。

2. 转移转化模式选择

列出可以接受的专利转移转化方式，如独家许可、普通许可、开放许可、合作开发、接受投资自行孵化、前期付少量费用后期按照销售提点算提成等，这些可行的转移转化方式在推广宣传前要有所了解。

3. 转移转化途径选择

寻找最适合自己的专利转让途径，是专利转让流程中最容易实现的环节。现在专利转让的途径和方法有很多，可以在专利网站上进行转让，也可以委托专利中介机构，甚至还可以寻找相关的企业当面洽谈等。不管哪种方式，千万不能只拿专利证书或申请文本资料去推广宣传自己的专利，必须拿出易让人理解的照片、三维动画、样机等去沟通洽谈。

4. 谈判和签署协议

与合作伙伴商谈，达成双方满意的技术合作协议，这里需要注意跟对方约定清楚专利的转让许可范围、时间期限、后期新产生的专利的权利归属等内容，否则没有约定可能会导致后期双方的扯皮。另外，还要注意万一专利权被他人无效掉导致专利没有排他性，这时已经支付的专利许可费一般不退回。

5. 转移转化手续办理

进行专利权的许可转让手续办理，以及技术的交接和技术再现的指导工作。在进行专利许可转让手续办理时，由于许可转让所设计内容相对比较专业，建议寻找专业的知识产权从业人员协助办理，以免许可转让手续办理出现问题。在进行技术的交接过程中，大部分可产业化专利技术转移转化都需要技术持有方进行技术指导，以确保技术的可实现性。只看专利申请文本或技术书面资料有时很难复现技术持有人在技术宣传时的效果，仍需技术持有人给予一定的技术指导。技术的转移转化过程中的收益也会与是否进行技术指导相挂钩。

5.3 专利技术转移转化的影响因素

专利技术成果在转移转化过程中主要受技术提供方、技术需求方、市场趋势、政策导向四个方面的影响。

5.3.1 专利技术提供方

1. 专利技术成熟度、可靠性、市场认可度

专利技术成熟度和可靠性对技术成果的转化起着至关重要的作用。因为，专利技术需求方的购买逻辑是将技术购买来产业化后，以谋求商业上的获利。毕竟，没有人想购买一个不成熟的专利技术，买回来之后再做各种测试研究，这里面难免存在一些不确定因素，万一有哪个因素没解决，势必会大大增加技术转化的风险。绝大部分情况下，申请人也没有验证过该技术现实中是否可行、性能是否稳定、市场是否认可，没有佐证数据的情况下，仅凭一个专利证书就想把专利以很高的价格转让出去难度会比较大。因此，技术需求方在选择专利技术时，会优先考虑成熟度和可靠性较高，市场高度认可的技术作为购买对象。

2. 专利持有方的专利布局保护质量

专利持有方的专利布局保护质量也是决定是否可以达成专利技术转移转化很重要的一个因素，因为技术需求方购买来的专利很容易被绕开或被无效掉，让购买方感觉自己辛辛苦苦买来的技术做出的产品是在给他人作嫁衣，从而在考虑购买时因为这个因素而不去购买。因此，专利的布局保护质量是专利技术转移转化中很重要的一个因素，也是专利技术持有方在专利技术转移转化谈判过程中的筹码，尤其在产品易被仿制的领域更为突出，而工艺方法类的要弱化很多。

3. 专利技术的转让价格

专利技术的转让价格高低对技术的转移转化过程有一定影响，但并非决定性因素。首先，专利技术的转让价格反映了技术的成本和价值，高售价可能表明技术的研发和实施成本较高或者市场比较大。但过高的转让价格会让技术需求方望而却步，过高的价格意味着购买方试错成本很高风险很大，毕竟买来的技术变为商品或投入产业化还需要再投入资金做研发才可以，这个过程往往伴随着一些不确定因素发生。所以，适当的报价对专利技术的转让还是很重要的。

4.　专利技术转让过程中的付款方式

专利技术转让过程中的付款方式也是决定技术转移转化过程一个很重要的因素。一次性付清转让全款，在标价比较高的情况下，对于购买方来说是比较有压力的。一般来说，购买方更倾向于接受分阶段付款的方式，这样购买方压力和风险也小。有的转让方可以同意技术需求方前面不用付任何费用先去实施，等产业化后有获利了再按照销售提点来算费用。这种模式对于购买方比较友好，但对于专利持有方来说就不见得都能认可了。目前，有些高校在采取这种模式，但这种模式对于专利持有方来说存在一定风险，即前面技术对接过程中时间精力花费了，有可能后面什么都没有得到。

5.　专利技术的展现形式

专利技术若只看专利申请文本内容，往往给人感觉直观性不够，而是否有更直观的技术展现形式直接决定了技术的转移转化率，这种推广效果很差。现在人都很忙，没有几个人愿意停下手上的工作去看一堆冷冰冰的文字和说明书里的线条图，所以形象化地展示专利技术的内容对于专利技术转移转化来说至关重要。

6.　专利技术的推广渠道

专利技术的推广渠道是影响转移转化成功率的关键因素之一，在专利技术有比较好的展现形式后，就要开始全面推广专利技术了，而不同的推广渠道具有不同的优点和局限性，因此选择合适的渠道对于提高转移转化成功率至关重要。为了提高转移成功率，需要在选择推广渠道时充分考虑其覆盖范围、影响力、成本和效益等因素。同时，也需要不断优化和拓展推广渠道，以扩大受众群体和影响力，提高转移转化机会和成功率。

7.　专利技术转移转化后的技术支持

专利申请人是最懂这个技术的人，购买方有时将技术购买回来后，不见得按照专利内容就可以完整地再现专利技术，这时还需要专利申请人提供技术指导，有无后期技术指导对有些购买方来说还是很看重的，这个也直接影响技术的转移转化是否可以达成。

5.3.2　技术需求方

技术需求方的资金、设备、人才等综合实力会直接影响技术的购买与否，这些因素不仅决定了需求方是否有能力购买技术，还影响了购买技术的质量和技术的后续开发及推广。

前面章节也讲过，真实的需求是购买意愿加上购买实力，缺任何一个都不能形成真实的需求，而资金是技术购买的基础，如果技术需求方没有足够的资金，那么即使技术再好、再有潜力，技术需求方也无法购买。所以，技术持有方需要充分考虑潜在买方的财务状况和资金实力，以确保技术能有较高的转移转化成功率。

另外，技术需求方的现有生产设备或基础设施也是技术购买的重要因素之一，某些技术需要特定的设备或基础设施才能实现应用和推广，如果技术需求方没有合适的设备或基础设施，就需要投入更多的资金和时间来建设，从而增加了技术购买的难度和成本，也会直接影响购买方的购买决心。

此外，人才是技术购买的关键因素，技术的开发需要专业的人才支持，如果技术需求方缺乏相关领域的专业人才，就需要花费更多的时间和资金来招聘和培训人才，从而增加了技术购买的难度和成本，也会直接影响购买方的购买意愿。

5.3.3　市场趋势

市场趋势对专利技术的转化具有重要影响，如果市场对某些技术成果有强烈的需求，那么该技术就更容易被接受。相反，如果市场需求小或者市场已经处于饱和状态，那么该技术成果的转化就会面临更大的困难。例如，高端芯片技术在需求量很大时，全国范围短时间内就注册了很多芯片领域的企业，此时，这方面可产业化的专利技术的转移转化的概率还是很高的。

另外，市场竞争也会影响专利技术成果的转移转化，如果竞争激烈，那么企业老板会主动寻求推动技术的革新和应用，以促进技术成果的转移转化。如果竞争不激烈，企业老板通过常规产品就可以获利颇丰，这时一般没有足够动力去谋求新技术的转移转化。

5.3.4　政策导向

政策导向对专利技术成果的转移转化也具有重要影响，政策导向可以通过各种方式影响技术成果的转移转化，如提供资金支持、税收优惠、引导市场需求等。

1. 专利转化政策

政府可以出台相关政策鼓励和支持专利转化，如提供财政资金支持、税收优惠等，这些政策可以降低专利转化的成本和风险，有利于专利转化。

以慈溪市 2022 年支持知识产权运用和成果转化相关政策为例，政策规定："当年授权并实现产业化的发明专利实施企业（该企业为第一专利权人），对该成果转化为当年销售额达到 500 万元以上的按成果转化为销售额的 1.5% 给予补助，单项最高奖补额为 15 万元，每家企业奖补额累计不超过 30 万元。"政府的科技政策，例如对科技创新的鼓励、对特定行业或技术的支持等都会影响企业和个人的创新活动和技术成果的转化。政府的投资和引导往往会带来更多的社会资本和资源投入，推动技术成果的研发和产业化。

政策导向已经从早些年的专利授权补助，改为专利技术成果转化奖励，对企业将专利技术转化有积极的引导性作用。

2. 专利技术产业化集群政策

政府还可以出台一些专利技术产业化集群政策，以鼓励和支持某些产业或技术的发展，这些政策可以为专利转化提供产业环境和政策支持，有利于专利技术在相关产业的推广和应用。

例如，有产业集群的地区，政府可以主导收购一些该产业集群的核心专利，以供该集群内注册的企业免费使用。企业为了获得核心专利的使用，就会把企业迁移过来，或在产业集群地区新注册企业，这样也变相增加专利技术的产业化规模。这种模式也对专利技术的转移转化具有正向的积极推动和引导作用，也是专利产业化的一种政策性探索。

3. 专利技术转移政策

根据《中华人民共和国企业所得税法实施条例》第九十条："企业所得税法第二十七条第（四）项所称符合条件的技术转让所得免征、减征企业所得税，是指一个纳税年度内，居民企业技术转让所得不超过 500 万元的部分，免征企业所得税；超过 500 万元的部分，减半征收企业所得税。"这个政策自 2008 年 1 月 1 日实施以来，对专利技术持有方推动技术转移产生了积极的引导作用。

政策法规对专利技术转移转化起着重要的推动作用，政府可以通过出台相关政策和法律法规，为专利转移转化提供政策支持和法律保障，有利于专利技术的推广和应用。同时，企业也需要加强对政策法规的学习和了解，以便更好地适应政策和法规的变化，促进专利技术的转移转化。

以上因素都是影响技术转移转化的主要因素，不同的主体因素会在实际的技术转移转化中产生不同的影响。为了提高技术转移转化的成功率，技术提供方和技术需求方应该充分考虑所处的市场环境和技术需要，建立起良好的合作关系，并在技术合作方面不断加强和提升，以便让更多先进技术得到市场的广泛应用。

5.4 专利技术成果转移转化现状

党的十八大首次提出"实施创新驱动发展战略"，强调"科技创新是提高社会生产力和综合国力的战略支撑"。这是我国在新的发展阶段，确立的立足全局、面向全球、聚焦关键、带动整体的国家重大发展战略。2012 年至 2022 年，在国策的影响下，企业、高校、科研院所等创新主体产生了巨大的创新成果，而这些创新成果的载体主要是专利技术。这期间，国家知识产权局累计授权发明专利 395.3 万件，年均增长 13.8%。世界知识产权组织发布的《全球创新指数报告》中，我国的排名由 2012 年的第 34 位上升到 2022 年的第 11 位，连续 10 年稳步提升。发明专利申请量，从 2010 年起，连续 13 年稳居世界第一。取得这些可喜成绩的同时，也清晰地认识到，整体数量逐步上升的背后，专利转移转化率却相对较低，同时存在整体专利质量不高的问题。

下面从高校科研院所、企业、非职务发明人这 3 个主要创新主体来看目前国内的专利转移转化情况。

5.4.1 高校科研院所专利转移转化

先来看高校科研院所的专利转移转化情况。根据国家知识产权局公布的数据，高校科研院所专利授权量，在 2021 年达到了 50.5 万件，但是其专利转移转化率仅为 17.3%。这表明，大量的专利申请并没有得到有效利用，那么问题出在哪里？这是由于大部分高校科研院所的部分科研成果，止于科研，缺乏市场化运作的机制，导致难以转化为商业价值。

1. 高校科研院所转移转化现状

专利产业化率较低的主要原因，是因为有大量的专利处在"沉睡中"，尤其是高校科研院所，长期存在此类问题。如何将这些睡眠中的专利盘活？这些年来，国家一直在探索好的解决办法。2021 年，国务院印发《"十四五"国家知识产权保护和运用规划》，以知识产权运用为核心，就完善知识产权转移转化体制机制、提升知识产权转移转化效益，提出了一系列政策部署。

《2021 年中国专利调查报告》显示，我国科研单位和高校发明专利产业化率分别为 15.6% 和 3.0%。这表明科研院所和高校专利转移转化的整体活跃度相对较低。在制约专利转移转化的因素方面，超过五成的高校和科研单位专利权人认为，"专利不能满足市场化实际需要"和"专利申请本身不以转移转化为目的"是主要原因，比例分别为 58.3% 和 54.8%。此外，有相对较高的比例认为"专利转移转化技术团队能力不足""缺少可对接产业与金融资源的服务平台""专利评估、定价困难""缺乏针对专利转化管理人员的激励"是制约因素，比例依次为 41.2%、41.2%、35.4% 和 31.7%。此外，针对发明人的收益激励不足、激励政策缺乏对应的尽职免责制度和政府管理部门协同不足导致优惠政策无法落地也被认为是制约因素，但其比例相对较低，均为一成左右，分别为 12.7%、11.9% 和 8.9%。

截至 2020 年 5 月，高校的发明专利授权量，占我国发明专利总授权量的 23%，但高校的专利权许可或转让的实际比率仅为 3.42%，这显然是一个非常低的数据，值得好好反思。

早在 2008 年，我国就开始施行修订的《中华人民共和国科技进步法》，进一步明确项目承担者，可以获得利用财政性资金完成项目所形成的发明专利权、计算机软件著作权、集成电路布图设计专有权和植物新品种权。与此同时，该法还进一步明确了企业的技术创新主体地位，鼓励高校科研院所和企业之间的专利合作，加速了高校科研院所专利转化和运营发展。同样在 2008 年，《国家知识产权战略纲要》颁布实施，明确提出"鼓励知识产权转化运用"这一重要的战略措施，提出要引导支持创新要素向企业集聚，促进高校科研院所的创新成果向企业转移。

我们的监管和职能部门一直在努力推进，对于高校科研院所技术成果转化方面，给予很大的支持和帮助。需要高校科研院所与企业进行协调，开展广泛的合作。

2. 高校科研院所知识产权转化率偏低的几个原因

（1）高校自身结构缺陷。在我国，大部分高校科研院所都设立了类似技术转移中心的机构，如科研处、科技园以及技术转移中心等，这些机构负责高校科研院所的知识产权管理与技术转移工作。这些机构灵活度较差、运行机制不完善，知识产权转移转化从业人员专业知识匮乏，市场运作经验不足。在激烈的市场竞争中，高校往往无法占据转移转化的有利地位。

（2）高校研究所与市场生产实践脱节。高校科研院所许多知识产权项目的创造性超出了实际生产力的水平，导致这些专利被束之高阁，无法有效地转化为实际应用。这种现象的出现，往往是由于这些项目和课题更倾向于作为高校科研院所科研人员职称评定、项目评估和绩效考核的重要指标，而并非出于对市场需求和商业化应用的考虑。在这种背景下，许多科研项目往往只是为了完成任务而进行，对于后续的专利转化和实际应用缺乏足够的重视。这导致一种常见的现象——"重理论轻应用"，即过于强调理论研究和学术成果，而忽视了技术的应用和产业化。这种倾向的存在，使得许多知识产权在市场上缺乏明确的应用领域和产业化思路，难以与市场需求进行有效对接。为了改变这种局面，高校科研院所需要更加注重知识产权的实用性和产业化，将更多的资源和精力投入具有市场前景和商业化潜力的研究和开发。同时，科研人员也需要更多地了解市场需求和产业化流程，将研究工作与实际应用更好地结合起来，以推动知识产权的有效转化和商业化。

（3）转化收益分配机制待改进。长期以来，高校科研院所产生的科研成果所有权归高校科研院所，对于职务发明人主要采取精神奖励的方式，并给予他们少部分收益作为奖励。然而，由于奖励和报酬机制不完善，职务发明人可能获得的回报相对较少，这在一定程度上阻碍了成果的转移转化。

一些高校为了激励科技成果发明人积极参与转移转化工作，约定了 8∶2 的奖励与报酬比例，即将 80% 的收益分配给发明人所属高校或科研院所，20% 的收益分配给发明人。然而，专利转移转化价格的确定由类似技术转移中心等机构负责，发明人无法左右这一价格。如果价格过高，可能会导致转移转化失败；而如果价格过低，则有国有资产流失的嫌疑。这种情况下，可能会对科技人员从事成果转化的积极性产生一定影响。现在出台了很多科研成果转移转化收益分配指导性文件，很多高校科研院分配比例颠倒了过来，即高校科研院所拿小比例，发明人拿大比例。例如，浙江省科技厅 2022 年 8 月份发布了《浙江省扩大赋予科研人员职务科技成果所有权或长期使用权试点范围实施方案》。这个方案核心的理念是"科技成果只有转化才能真正实现创新价值、不转化是最大损失"，创新了科技成果转化的机制和模式，着力破除制约科技成果转化的障碍和藩篱。这个方案允许试点单位赋予科技成果完成人或团队不低于 10 年的职务科技成果长期使用权，并将不低于转化净收益的 70% 奖励给成果完成人或团队，将不低于转化净收益的 5% 奖励给技术转移机构人员和管理人员。

这样高校科研院所的研发人员就有足够的动力去做研发，转移转化和管理人员也有了足够的动力和激情投入专利技术的转移转化工作中去。分配比例很合理，多方都有收益，多方都有足够的激情和动力促进专利技术转移转化。

5.4.2　企业专利转移转化

　　企业申请专利的目的是保护自己的技术成果，不让竞争对手模仿，以谋求市场利益最大化。企业的专利转移转化，更多体现在企业通过研发获得的专利技术成果，以及通过转让方式获取的专利技术转化上，而企业持有的专利技术的转让许可比例并不是很高。

　　《2021 年中国专利调查报告》显示："我国企业通过研发方式，获得的发明专利产业化率为 50.4%，而通过转让方式获取的发明专利产业化率仅为 24.8%。其中，通过中介机构服务转让，获取的发明专利产业化率为 22.8%，通过技术交易市场或平台获得信息，并转让获得的发明专利产业化率为 19.7%。"

1.　企业科技成果转移转化特征

　　上面的数据说明，企业研发获取的专利转化率相对较高，这是因为企业研发的技术成果，就是为了产业化后投向市场获利的。之所以通过转让的方式获取的发明专利转化率比自研方式要低，主要原因是企业通过转让方式获取专利的目的，大部分是以科技项目申报为主的非产业化导向的转让，且这个比例比较高。

　　至于通过中介服务机构转让获取的发明产业化率高于通过技术平台的，原因在于以产业化为目的的转让，需要比较多的线下沟通交流，以确定更多的技术问题，以便转让后马上能用。而线上交易的专利，大部分是不需要沟通什么技术问题的非产业化导向的专利，线上更注重沟通的效率，只要专利名称、领域和基本内容符合要求，就可以下单交易，且交易金额不是很高，这就造成了线上更多不以产业化为导向的转让。

　　调查数据显示：企业通过转让获取的发明专利中，专利转让费用与其产业化率明显成正比。转让费用不足 5 万元、5 万～10 万元、超过 10 万元的，三个价格区间的发明专利产业化率分别为 16.8%、31.8% 和 43.6%。转让费用在上述三个区间的转让发明专利，占比分别为 80.3%、11.0% 和 8.7%。数据表明部分企业通过转让获取专利的产业化意图比较低，未来需要在专利运营、专利转移转化政策中，进一步强化专利申请和专利转移的产业化导向。

　　通过上面的调查数据可以看到，以价格区间划分的转让中，转让费用越低产业化率越小，且这种低价格的发明专利转让占比非常大，在所有企业获得的发明专利转让中占比高达 80.3%，真正可以产业化的专利价格都是比较高的。所以，强化和引导企业产业化导向的转让，才是后面重点要抓的。

2. 制约企业专利转移转化的原因

（1）市场可行性分析不足

企业对市场需求和产业发展趋势的认知不足，以及在创新过程中对选品和产品系统性定位的准确性把握不够，导致企业在判断技术的市场性需求、技术的可行性以及产品的营销推广方面出现了偏差，这些偏差大概率会导致企业前面申请布局的专利很难在后期进行转移转化。

对市场需求和产业发展趋势的认知不足可能会使企业对市场动态的敏感度降低，从而无法准确地判断应该在哪些领域进行创新。这样一来，企业可能会选择错误的创新方向，导致其产品与市场需求不匹配，进而影响产品的销售和市场份额及专利技术的转移转化。缺少良好的市场回馈，也就缺乏足够的资金去产业化前期申请布局的其他专利技术。

企业在创新过程中的选品和对产品的系统性定位准确性不够，也会导致产品在市场中表现不给力，从而影响专利技术的转移产业化。选品是整个创新过程的方向和起点，主要目的是从众多潜在的创新想法中筛选出最有市场潜力和商业价值的项目。这需要对市场需求、技术可行性、商业模式等多个因素进行全面而深入的分析。通过选品，可以确保企业将有限的资源投入最有前途的创新项目中，以提高创新成功率。而定位是在选品完成后为创新产品确定一个适合的市场位置，以便在市场中获得竞争优势。这需要深入研究目标消费者的需求和行为，分析竞争对手的产品和战略，从而为创新产品制定出有针对性的市场定位策略。

企业在判断技术可行性方面出现偏差，可能会对其创新过程产生负面影响。这是因为企业申请专利可以是先研发后申请专利，也可以有想法了先申请专利后去做研发。对于先申专利的这种，会造成申请的专利在后期的产业化过程中发现技术的可行性有问题，从而导致后期没有办法继续推进专利技术的产业化，这个概率要比先研发后申请专利高。因为专利技术需要经过研发、小试、中试、产品化等多个阶段才能实现产业化。然而，目前很多国内企业的专利技术尚处于早期阶段，成熟度不足。当然，也会存在先研发后去申请专利，但发现大批量生产有问题，导致项目无法再推进下去的可能。

（2）专利质量不高

企业在申请专利过程中，因为前期检索查新工作做得不到位，导致申请了一些授权后保护范围超小或稳定性很差的专利。这些专利对技术的转移转化会造成一定的影响，尤其是专利的转移方面，因为没有人愿意购买一个排他性很差的专利。

专利的撰写质量低下、申请策略不对、布局不到位也会影响后期的转移转化。专利在撰写时，若独立权利要求中写入了非必要技术特征，会导致保护范围变小，从而影响企业将专利技术产业化的信心和技术购买方的购买决策。申请策略不对主要是指申报类型不对或不合理，这也会对技术的转移转化造成一定影响。例如，本应该申请发明或实用新型专利的，只申请了外观设计专利，这会直接影响后面的专利技术转移转化，毕竟外观设计专利不能保护技术；本应该发明和实用新型一起申请的，只申请实用新型专利，这会影响专利的估值，对以后的专利技术转移会造成影响。专利布局不到位，意味着竞争对手通过规避设计的方式，可以实现与专利技术差不多的功能，以此来蚕食专利权人的市场份额，这会导致专利技术估值和市场份额的下降，直接影响专利技术的转移转化。

（3）资金投入不足

专利技术转移产业化需要大量的资金投入，从研发、中试到产业化，每个阶段都需要资金的支持。然而，当前很多企业资金比较紧张，对于先申请专利后去研发这种，有时无法投入更多资金去实现专利技术的研发验证和后面的产业化，直接造成专利转移转化率低的问题。

（4）企业缺乏专利意识的情况相当普遍

有些企业对市场敏感度较低，对有些专利技术产业化后可能产生的巨大效益认识不足，或者企业对专利认知本身就不高，对专利的转移转化没有概念，导致专利转移转化工作没有开展或开展缓慢。再或者企业对专利有认知，但缺乏驱动力，很难立刻推进专利技术的转移转化。

（5）转移转化制度体系不完善

专利技术转移转化制度体系不完善，对企业的专利技术转移转化有着多方面的影响。

目前，全国专利技术转移转化制度体系还处于全面探索阶段。各级政府出台了很多转移转化方面的管理办法、激励政策，有的地方推出了科技大市场、线上线下知识产权交易中心等平台。知识产权代理机构有的也推出了自己的转移转化平台，知识产权运营公司等形式载体。但目前可产业化专利技术转移转化方面，尚无完全跑通的制度体系和转移转化形式载体。目前专利技术服务业普遍存在碎片化、低端化、同质化现象，这种状态不能满足高质量技术转移转化的要求。这不仅制约技术转移机构为企业提供有效服务的能力，也制约企业的技术转移转化效率。

（6）专利技术市场投融资制度体系不健全

市场上专利技术投融资机制没有真正建立起来，存在风险管控、投资退出机制不完善等问题。造成这一现象的主要原因是，专利技术作为无形资产的一种，很难和有形资产一样，可以通过拍卖、交易等形式迅速获益，这就导致用专利等无形资产去质押融资，金融机构一般不是很喜欢。目前的质押融资一般都是政府有风险兜底，金融机构只需要承担一小部分风险，在企业基本面符合要求的情况下，通过专利质押的方式给企业发放一定金额的贷款，以缓解科技型企业在专利技术转移转化方面的困难。企业有专利技术，但基本面不符合金融机构要求的，就很难拿到融资。

5.4.3　非职务发明人专利转移转化

1. 非职务发明人的专利转移转化现状

我国拥有众多发明创造爱好者，中国发明协会的数据显示，其中非职务发明人只有大约5%的专利技术能得到转化，比职务发明人的专利转化率要低很多。很多非职务发明人在申请完专利后，因各方面因素，导致无法转让许可或者无力自孵化，不少发明人只能无奈放弃专利。

目前非职务发明人群体普遍存在以下情况，直接影响了其所拥有的专利技术的转移转化：

（1）资源有限。非职务发明人通常是个人或小型团队，他们大部分没有足够的资源来支持专利转移转化工作的推进。这些资源包括资金、技术和市场渠道等方面的资源。

（2）缺乏专业知识和经验。非职务发明人大多缺乏创新过程中的系统性知识和转移转化方面的经验，如创新过程中的选品与产品定位、专利申请布局、技术评估、商业计划制订、谈判等知识。这些技能和知识的缺乏大概率会导致他们在专利转移转化过程中面临各种困难。

（3）缺乏有效的推广和营销手段。非职务发明人需要将他们的专利技术推广给潜在的企业或投资者，然而，绝大部分非职务发明人都没有足够的时间、精力和资金去推广自己的专利，因此在推广自己的专利时会面临各种困难。

2. 非职务发明人专利转移转化率低的原因

非职务发明人专利技术转移转化率低的原因主要有以下几个：

（1）选品与定位出了问题。非职务发明人往往由于系统性知识匮乏加上认知的局限性，很多在选品和定位上有问题，这种专利授权后转移转化方面都比较差。创新过程中选品是方向，代表往哪个方向努力。定位是为创新产品确定一个适合的市场位置，以便在市场中获得竞争优势。这两个定位至关重要，一旦出错，后面转让许可或产业化基本是奢望。关于这两个定位的详细内容，读者可以翻看第 2 章的内容。

（2）专利技术方案解决的是伪需求问题。非职务发明人只从自身和技术的角度出发，几乎没有从客户角度出发，做出的东西是个伪需求，市场价值极小，直接影响转移转化。

（3）专利质量低下。非职务发明人大部分对于专利的认知仅停留在专利授权与否上，至于专利质量了解甚少。很多在专利申请环节只在意价格，不在意撰写质量和申请布局策略，导致找的代理专利写得不好，保护范围变小；或者没有做专利布局，致使专利很容易被绕开；再或者自身技术方案的创造性不够，导致授权后保护范围变小，使得专利不具有排他性。

（4）技术方案的可行性低。非职务发明人很多申请的专利理论上可行，但缺乏实践性，他们在琢磨这个专利技术方案时，自动忽略很多细节性问题。这些细节在实际做产品时都会出现，有时一个细节搞不定，产品就不能推向市场。这些细节在转移转化过程中，需求方很容易就看出问题点，但非职务发明人却不清楚，或不重视。非职务发明人给需求方邮寄的资料或样品，需求方很多之所以不理，有时只是因为他们比发明人考虑得更深。技术方案可行性低的专利技术是不可能有高的转移转化率的。

（5）专利市场前景差。非职务发明人对市场需求和产业发展趋势缺乏了解，难以判断自己的专利技术是否具有市场价值，从而导致其专利技术转移转化成功率低。有时其他人都能看出来市场前景不好，但非职务发明人却自以为很好，过于盲目自信。市场前景惨淡的专利技术不可能有高的转移转化率。

（6）专利转让许可价格不合理。专利转移转化过程中出价不合理，狮子大张口喊价，过于离谱。其实，非职务发明人应该换位思考，自己的一纸专利能否给企业带来经济效益还是未知数，前面出价太高往往没有站在对方的角度去考虑问题。企业为了把专利变成产品，需要开模具，搞研发，一个新产品没有充足的资金是做不下来的。这还只是前期费用，后面还要做推广做市场，都要花费大笔费用。高的出价直接导致专利转移转化率十分低下。

（7）宣传推广知识匮乏。非职务发明人往往擅长技术研发，不擅长市场营销。搞发明创造也许非职务发明人相对在行，但搞专利推广、产品开发、市场开拓不见得就行。很多非职务发明人在推广专利时，没有样机仅凭一纸证书，或有样机但太过简单。这样推专利，大概率是推不出去的，直接导致较低的专利转移转化率。

（8）缺乏有效的技术转移转化机制。目前，市场上也有专利转移转化平台，但比较杂乱，且转移机制不完善，无法为非职务发明人提供专业的技术转移转化服务。此外，一些非职务发明人对技术转移转化的认识不足，不知道如何进行技术的转移转化。

（9）缺乏资金支持。专利技术的转移转化需要大量的资金支持。然而，许多非职务发明人缺乏资金，无法将专利技术转化为实际产品或应用。很多非职务发明人做发明创造除了爱好外，大部分都是想通过发明创造来获利，前期要投入大量资金孵化自己的专利，但很多并不具备这方面经济实力，这也直接影响了专利技术的转移转化率。

（10）缺乏专业的法律咨询服务。非职务发明人在进行专利技术转移转化过程中，往往需要专业的法律咨询服务。然而，许多非职务发明人无法获得有效的法律咨询服务，从而影响了其专利技术转移转化的成功率。

5.5 提高专利技术转移转化率的应对之策

1. 加强知识产权保护

建立健全知识产权保护体系，严厉打击侵权行为，有利于专利技术的转移转化。这是因为企业的侵权风险变大了，在购买专利技术与侵权之间，企业因忌惮难以承受的侵权赔偿，要么自己研发创新，要么选择专利技术的转让许可，而良好的知识产权保护体系则是专利转移转化的保障。

《中华人民共和国专利法》第七十一条第一款、第二款对侵权赔偿数额有明确的规定："侵犯专利权的赔偿数额按照权利人因被侵权所受到的实际损失或者侵权人因侵权所获得的利益确定；权利人的损失或者侵权人获得的利益难以确定的，参照该专利许可使用费的倍数合理确定。对故意侵犯专利权，情节严重的，可以在按照上述方法确定数额的一倍以上五倍以下确定赔偿数额。权利人的损失、侵权人获得的利益和专利许可使用费均难以确定的，人民法院可以根据专利权的类型、侵权行为的性质和情节等因素，确定给予三万元以上五百万元以下的赔偿。"

2013 年到 2022 年全国知识产权管理部门办理专利侵权纠纷行政案件的总

数为 29.9 万件，年均增幅 34.2%，增幅还是比较高的，如图 5-1 所示。

图 5-1　2013—2022 年全国知识产权管理部门共办理专利侵权纠纷行政案件统计

　　若知识产权保护力度不够，侵权方违法成本过低，专利权人维权成本高、周期长，这些问题不解决，要提高专利技术转移转化率难度很大。加大知识产权保护力度，逐步提高侵权赔偿下限，降低专利权人维权成本、缩短维权周期。对高频次侵权主体除赔偿外增加行政处罚手段，让企业不愿侵权、不敢侵权成为主流认知，以此助力专利技术转移转化率的提高。

2. 提升专利授权质量

　　创新主体在技术研发创新和专利申请之前要做好检索查新工作，以提升专利授权质量。这是因为技术研发之前充分了解现有技术的具体情况，有利于了解国内外这方面的技术发展水平，若有人申请过专利，需要查看他们的技术做到了什么程度，现在往哪个方向发展等。这些对所选创新方向是否具有新颖性的判断能提供客观依据，有助于防止重复研究开发造成的人力、物力、财力浪费，以及后续专利的重复性申请或低质量授权。这里的低质量授权是指，对于发明专利授权后保护范围太小，实用新型和外观设计即便授权但稳定性差、排他性低的专利转移转化指数就大为降低了，因为没有需求方希望购买一个在有人侵权时不能制约对方的专利。

　　另外一个维度，在专利撰写布局环节，要做到高质量撰写和全面的布局保护，这也是提升专利转移转化很重要的一环。因为撰写有瑕疵易被绕开，布局不到位也易被绕开，则专利技术转移转化基础就不存在了，毕竟需求方没有理由购买一个易被他人绕开的专利。所以，提升专利授权质量至关重要。

3. 制定以结果为导向的专利技术转移转化政策

制定以结果为导向的专利技术转移转化政策，政策包括的维度可以是专利技术转移转化后的结果奖励、专利技术转移过程中的税收优惠、购买专利技术过程中的财政补贴等，以鼓励技术持有方和技术需求方积极参与专利技术的转移转化。需要注意的是，政策的实施一定要辅助权威的第三方评估机构，对专利技术转移转化与最终转化结果之间的关系进行评估，并接受公众监督。

4. 建立全方位的专利技术转移转化平台

建立全方位的专利技术转移转化平台，以提供专利技术的信息查询、技术评估、许可谈判、转让交易等服务，方便专利权人和需求方进行专利技术的转移转化。

以专大师平台为例，专大师定位为知识产权全产业链服务平台，除了知识产权基础的申请、维权服务外，平台上还设有知识产权交易板块和专利技术求购板块。专利持有人可以随时上传自己的专利，技术需求方也可以在专利交易板块随时查询自己感兴趣的专利，可以随时发布自己的专利技术求购。这两个板块可以帮助专利持有人和技术需求方快速准确地获取彼此的信息，减少信息不对称的情况出现。在这些板块功能的助力下，专利持有人和需求方可以更好地进行技术的匹配对接，从而更有效地进行专利技术的转移转化。

除了刚才讲的专利技术的展示求购对接外，平台上还提供专利技术评估服务，该服务是专利技术转移转化中非常重要的一环，通过专业的技术评估，可以更好地了解技术的价值和潜力，为后续的许可谈判和转让交易提供更好的支持。

在评估完价值后，专大师平台还可以提供许可谈判和转让交易等服务。这些服务可以帮助专利权人和需求方更好地协商和达成合作协议，促进专利技术的转移转化。

5. 培育专业的专利技术转移转化服务机构

通过培育专业的专利技术转移转化服务机构，可以为专利技术的转移转化提供专业的技术评估、技术转化、技术咨询等服务，提高专利技术转移转化的效率和质量。

政府可以通过资金支持、政策引导等方式，鼓励和推动技术转移服务机构的发展。为技术转移服务机构提供一定的资金支持，用于提升其服务质量、推动科技成果转化、建设技术转移服务平台等。

财政部联合国家知识产权局于 2017 年拨付了 20 亿元资金，在全国范围内挑选了 10 个城市，每个城市拨付 2 亿元资金，用于探索建立知识产权运营体系。宁波市也是运营城市之一，2018 年宁波市先后挑选了 10 多家知识产权机构，每家给一定的资金支持，用于探索知识产权运营工作。

6. 探索专利技术转移转化新模式

常规的专利转让许可方式由于模式本身的原因，运行并不是十分理想，在新时代大环境下，可以重新审视下是否有新的模式可以尝试。下面列出了以下两个模式以供探讨：

（1）数智化助力专利技术转移转化

在互联网、大数据、人工智能等技术的推动下，专利技术转移转化可以通过数字化和智能化助力转移转化的达成。例如，对待转移转化专利进行分析、提醒、链接，以及对技术需求方所需要的专利技术进行智能匹配、深度分析和挖掘，为企业提供定制化的专利技术解决方案，提高技术转移的效率和精准度。

（2）新众筹模式提升专利转移转化率

传统的众筹通常是在产品开发阶段向大众筹集资金，这就意味着在这个阶段，投资者将资金投入一个尚未完全成熟的产品或项目中，风险较为集中。且关于产品的信息通常由项目方单方面提供，投资者可能无法全面、准确地了解项目的整体情况，导致信息不对称。

可以借鉴质押融资的模式，对常规产品或投资型众筹进行模式优化。例如，可以将产品背后的专利权按照众筹金额比例质押给投资人，众筹项目是否可以上线及众筹金额的审批，由第三方风控机构对众筹发起方进行审核，审核内容参考银行贷款时的风控模型进行。为了保障众筹投资人投资金额的安全，可以由政府设立担保资金池对众筹金额安全进行担保。当该项目不能按照约定交付时，由政府担保资金池先行赔付，该专利所有权由第三方机构进行拍卖，所得偿还政府担保资金。同时众筹发起方要有该笔资金的偿还计划，以防止众筹发起方钻模式漏洞。

这种模式可以方便众筹发起方向社会融资，同时测试产品受欢迎程度，在解决专利技术持有方资金的同时，也推动了专利技术的转移转化，值得研究探索。

7. 加强产学研合作

产学研模式是指企业、高校、科研机构相结合，是科研、教育、生产不同社会分工在功能与资源优势上的协同与集成化，是技术创新上、中、下游的对接与耦合。

产学研模式自 1993 年在《中华人民共和国科学技术进步法》中被正式提出，到现在这种协同创新的机制已经运行了超 30 年，在推动科技创新和经济社会发展方面发挥了重要作用，但在实际运作中也存在一些问题。例如，企业、高校和科研机构在产学研模式中的角色和目标可能存在差异。企业追求的是经济效益和商业上的成功，而高校和科研机构则更注重学术研究和人才培养，这种目标差异可能会导致合作过程中产生矛盾和分歧。

产学研模式最重要的目标是推动技术成果转化为实际生产力。然而，实际操作中经常会遇到一些问题。例如，技术与实际有脱节，难以实现产业化、市场需求变化，而科研和教育环节跟不上节奏等，会导致转化效率低下。

针对以上的问题，建议在合作开始前，各方应明确合作目标和预期成果，并建立共同的愿景和目标，以确保合作的方向和重点更加明确，减少目标差异带来的差异化。同时，为了提高科技成果的转化效率，产学研各方可以加强技术研发与市场需求的对接，开展技术预测和市场调研，确保研发方向与市场需求紧密结合。

8. 加强专利技术人才的培养和引进

专利技术转移转化工作最好有技术中介去撮合供给方和需求方，这是因为技术中介相对专业、对接成功率更高。和房屋买卖一样，也可以自己买，也可以找中介，自己买的话很多环节不清楚，很容易走弯路风险也高。而找中介帮忙，中介经理知道的信息比较多，能高效帮客户找到心仪的房源，还能帮客户一条龙办理房屋过户手续。

技术中介掌握的专利技术转移转化信息比较多，对于后续转移转化过程中的专利估值、技术对接、合作模式、双方的撮合促成、合同签订、转让手续办理等都比较擅长，可以一条龙帮助技术持有方和技术需求方高效对接，是专利技术转移转化过程中很重要的促成因素。

因此，培养和引进具有专利技术转移转化经验的高层次人才，对提高专利技术转移转化至关重要。因为这些高层次人才通常具备深厚的科学知识和技术背景，能够理解和掌握专利技术的内涵和价值。这些人才往往也拥有广泛的人脉，可以有效地将专利技术对接到企业中并促进其商业化。

那现实中如何培养这方面人才的专业素养和综合能力呢？可以通过设立相关的专业培训、相关资格认证考试、鼓励参加国际交流等方式培养一批具有国际视野、专业知识和管理经验的高层次人才。

在引进此类人才方面，可以通过制定吸引人才的政策、提供良好的工作环境和丰厚的待遇等方式，吸引更多的优秀人才加入专利技术转移转化领域。

通过加强人才培养和引进，可以为专利技术的转移转化提供更多的人才保障，进一步提升专利技术转移转化的能力和水平，推动专利技术的推广和应用，促进经济发展和社会进步。

9. 选择合适的推广渠道

专利技术的推广渠道是影响其转移成功率的关键因素，不同的推广渠道具有不同的优点和局限性。因此，选择合适的渠道对于提高转移成功率至关重要。

在推广前，首先将专利技术制作成精美的图片、三维图、动画、样机或小样产品直接在短视频平台进行推广，这样曝光量大、传播范围广，但要注意视频质量和视频的展示技巧，原则是怎么能吸引和打动潜在的技术需求方就怎么拍摄视频。

（1）寻找技术许可经纪人，这些经纪人通常与很多公司有广泛的联系，可以帮助专利持有人找到潜在的被许可方，也可以提供关于技术转化、商业化和市场竞争等方面的建议。

（2）在专利技术转移转化平台上发布自己的专利技术，不管是政府主导的还是知识产权公司主导的平台都去发布，多一分曝光就多一分可能。

（3）有些地方政府可能有一些研发项目或资助计划，持有人可以通过与政府机构合作，将专利技术纳入政府项目，从而推广和应用专利技术。

（4）参加相关的专利技术新产品展览会、研讨会、洽谈会、技术交易会等线下推介会，并在技术交易活动中发布和推广技术。这种方式可以增加持有人与潜在合作伙伴、客户和投资者接触的机会。在这些活动中，持有人可以展示专利技术的优势和特点，吸引更多的关注和合作机会。

10. 拓宽专利技术持有方的融资渠道

各地政府可以出台相应的政策引导社会资本进入专利技术的转移和转化领域，以促进专利技术的转化和实施，并推动专利技术与金融的深度融合。例如，设立专利技术转化引导基金，鼓励和引导社会资本投资于专利技术转化项目。

另外，政府还可以推动金融机构为专利技术的转移转化提供多元化的投融资服务，包括科技担保、科技保险、科技租赁等，以满足企业在不同阶段的需求。这些举措将为专利技术的转化落地提供更多的资金支持，推动科技创新和经济发展。

5.6 非职务发明人提高专利转移转化率的几点建议

1. 先要提升个人认知

专利转移转让成功，只是一种结果，是由成功所对应的前期行为决定的，这些行为则是由认知控制的。这就需要有正确的认知，才能发出正确的指令，正确的指令对应产生正确的行为，正确的行为才有可能产生发明人想要的成功。如果不从根本上找原因，只埋怨没有伯乐、没人识货，埋怨专利转移转让这条路太艰辛，这样的思路解决不了问题。于是，以低层次认知再去申请专利，还会产生同样的问题，认知没有得到提升，是发不出正确指令的，又怎么会产生正确的行为呢？产生不了正确的行为，又怎么会得到想要的结果呢？

2. 务必做好选品与定位

认知提升了，但不代表每个想法都是正确的，非职务发明人还得确定每个想法的选品与定位没有问题，同时技术有一定的先进性，这几点确保没有问题再往下走。如果有问题建议就此打住，否则后面即便申请了专利，大概率也没有下文。

3. 要懂得什么是沉没成本

如果因为认知不够导致技术方案定位不准或先进性不够，而申请了专利，非职务发明人要懂得及时止损，要明白什么叫沉没成本。沉没成本就是前面的钱打水漂了，后面再怎么折腾，也不会产生正向影响，还可能为了挽回沉没成本，导致越陷越深。因为认知不够，而盲目去继续推进的人，导致最终深陷泥潭、负债累累的人大有人在。

4. 专利授权后的确认环节

对于已申请的发明或实用新型专利，先看授权文本的权利要求书中的独立权利保护范围，是否有非必要技术特征。何为非必要技术特征？可以理解为把自行车上的铃铛去掉，仍然可以骑行，像这种技术特征一旦写在独权里，会让对方的自行车不要铃铛即可轻松绕开你的专利。无论是因为撰写专利时非必要技术加进去了，还是审批过程中，因修改权利要求书而缩小了保护范围，都会导致专利的保护范围变小，价值随之大打折扣。

如果保护范围没有问题，申请的又是发明专利，那就获得一个保护期20年，且稳定性还不错的专利。如果授权的是实用新型，保护范围没有问题还不能说明什么，因为该专利稳定性暂不确定，非职务发明人应先做专利权评价报告，评价报告全部正面或部分正面但可接受，这才说明该实用新型专利质量还不错。

经过上面的判断和确认，发明和实用新型都没有问题，非职务发明人就可以自信、大胆地去推广该专利了。对于外观设计专利，因它和实用新型一样，不经过实质审查，所以稳定性不确定。同样的道理，授权后最好先做个专利权评价报告再去推广，这样才能稳中求进。

不管哪种专利，推广前请务必确定专利的保护范围和法律稳定性都没问题，这样去推广才有意义，否则精力花了很多，最后发现专利保护范围太小，或者法律稳定性差，那前面的工作就白白浪费了。试想，谁会为了产业化，而购买一个保护范围太小，或者稳定性有问题的专利呢？

5. 制作精美的样机

下面就要去制作样机，要求是不好看就不要拿出来宣传推广，否则很容易让需求方产生不好的第一印象。第一印象产生了，再想去纠正就比较难，有时机会只有一次。另外，做样机也是对专利技术方案落地检验的过程，申请时没有考虑到的问题都会暴露出来。如果能把样机做好，证明至少从 0 到 1 走通了大部分，对于技术推广来说也是加分点。不过有一点要注意，样机没有问题，不代表大批量产品化也没有问题，因为要考虑大批量生产成本需要多少，生产技术上是否可行，成本是否可压低到可接受范围内，这些都要通过计算，一定要客观精细，不要盲目乐观。

6. 制作专利项目介绍资料

如果可以，做个专利项目介绍资料，要讲清楚该项目的技术背景、发明目的、实现方式、技术优点、加工制造难易程度、成本、市场前景、投资规模、回报周期等信息。预算充裕的话，建议做个宣传视频。需要注意的是，资料要做得漂亮些，不好看不要拿出来。全面的信息披露有助于对方更好地评估专利的价值，不然信息披露不全面，需求方对技术理解不够透彻，不利于后续的转移转化。

7. 专利估值要合理

在很多因素都不确定的情况下，专利转让价格一般不会太高，只有以下几种情况方可能产生比较高的转让价格。

（1）通过前期和需求方的沟通交流，足以预测出未来的前景，或已得到市场的检验，且布局保护到位、排他性强，需求方很是看好、迫切度高，同时需求方支付力较强。

（2）该专利只是幌子，但专利持有人手里有技术，正是需求方需要的可落地技术，双方假借购买或许可该专利，目标直指发明人背后的核心技术。

（3）专利申请人或非职务发明人有某些身份，需求方想以此作为信任背书购买其专利，如著名大学的专利或某个非常知名教授的专利，有的企业购买目的就是把这个申请人或非职务发明人身份放到产品中去宣传，以此来增加信用背书。

（4）需求方对专利不太懂，感觉专利很高大上而冲动性购买。

当试图向别人转让专利时，需要了解对方的需求是什么，他们在意什么，知晓他们为什么会对专利感兴趣，以及他们希望从这项技术中获得什么，这点很关键。例如，希望将专利转让给对方收取 100 万元，那换位思考下，若对方也有类似的专利要转让给你，只报价 10 万元，你会不会花费 10 万元去购买这个专利？若不会，会考虑哪些问题？其实，你所担忧的都是对方所担忧的，不解决这些，再低的价格对方都不一定愿意支付。

建议非职务发明人可采用前期让需求方付一部分预付款，后面根据销售获利再分提点。这样做，双方都有进退空间，才会更容易促成专利的转让许可。

8. 借助中介的力量推广专利

支付技术中介足够的中介服务费，让他们有足够的动力去宣传推广发明人的专利。一般建议按照交易总金额的10% ~ 30%给中介，太低的话对方动力不足，太高的放话非职务发明人支付不起。另外要申明一点，专利转让成功后再收费。

9. 专利转移转化方式要灵活

专利转让许可的方式，建议不局限于一种，即转让方式可以是普通许可、独家许可、排他许可、分许可、开放许可中的任何一种形式。也可以选择被投资的方式，或者合作共同开发的方式。一切能推进专利转移转化的方式方法都可以摆到桌面上来谈，思维要灵活。

10. 专利转移转化过程中要强化项目弱化专利

专利推广一定要弱化专利的概念，而要强化项目的概念，因为项目强化了组织性、市场性、盈利性、成熟性、期望性和调性。而专利强化的是排他性、独占性、稳定性，感官上专利单薄了些，若专利的排他性不足，则如同缺少了主角，一切都失去了根基，组织性、盈利性顿时黯然失色。

但项目不一样，有些产品或服务有专利是锦上添花，没有专利靠强营销也不影响获利，只是有专利更显得高大上。所以，在推广专利时，一定要强化专利技术的项目性，最后再强调技术的专利性。这点在专利项目引进投资或与人合作开发时尤为重要。

11. 推广专利要注意方式方法

推销专利也是一种销售性行为，把自己的专利推出去之前，得先把专利包装起来，让专利需求方看到这个专利项目很不错，能产生兴趣。而不是突兀地把一个专利文本让对方去看。

该如何包装自己的专利呢？得至少有一个书面的材料，这个材料主要包括以下十个方面的内容：

（1）专利名称，专利申请号。

（2）这个专利解决了什么问题，原来的技术什么样，有什么优势。

（3）目前有哪些竞争对手，你的技术比他们强在哪里。

（4）市场有多大，消费人群的定位是什么。

（5）加工生产难易程度如何，产品的性能及稳定性怎么样。

（6）生产的成本大概多少，建议售价多少，适合在什么渠道销售推广。

（7）目前做到什么程度了，是拿到专利证书了，还是已经有样机了，是否有人试用，效果反馈怎么样。

（8）这个专利有获得过奖项的，附上证书或其他能证明这个专利厉害的证明材料。

（9）有实物视频的最好把视频附上，这个最直观，三维动画也可以。

（10）如果是实用新型和外观设计专利，最好有专利权评价报告，毕竟这两类专利拿到证书并不代表权利就稳定，提供评价报告会给专利需求方一个安全感。

这里要强调下，以上资料越详细越好，最好是 PDF 格式的，且图文并茂、简洁明了。

12. 提升专利转移转化率的十大原则

（1）选自己熟悉的且风险可掌控的领域做创新，远远超出自己能力和认知范围的，要考虑清楚。

（2）在做创新时，思维可以随便发散，但真正做的时候要谨慎，因为再简单的事情真正做起来都不简单。

（3）从一个想法到最终的商品，一刻都离不开对人性的深度理解，若不擅长，马上去学。

（4）罗马非一日建成，凡事都有个过程，别指望初次涉猎专利创新，凭一个专利就可以一夜暴富。

（5）创新过程中选品和系统性定位都做对了，专利申请布局也没有问题，专利转移转化环节才能走得顺利。另外，专利项目能多人参与的，不要一个人做，要学会风险共担，利益共享。

（6）创新过程中一定要学会换位思考，站在用户角度，站在专利技术需求方角度去考虑问题。

（7）要能时刻跳出自己的思维认知圈，重新审视自己，你认为绝对正确的，不一定真的就对，只有相对正确，没有绝对正确。

（8）发现专利项目希望极其渺茫或者后面还要投入远超自身能力的，以最快的速度止损，不要抱有任何幻想。

（9）避免当局者迷，发明人要多找局外人提意见，他们讲的话要认真思考，虚心接受，不可充耳不闻。

（10）若非必要，不要涉足生产，最好的方式是找企业代工，按照标准下单采购即可。